高等职业教育校企合作系列教材

测量仪表与仪器

郭艳红　李　壮　主编
朱广玉　郑　祥　主审

中国铁道出版社
2018年·北　京

内 容 简 介

本书是高等职业教育校企合作系列教材之一，兼顾了电工测量与电子测量知识，弱化了电工测量与电子测量的区别，从实际应用出发，以电工测量为主，介绍了相关的电子测量知识，分析了各种常见仪表的原理及使用。本书共包含8个项目，分别是测量相关知识、电磁系仪表及交流量的测量、磁电系仪表、感应系仪表、电动系仪表、测量用互感器、电力常用仪器仪表、接触网测量仪器仪表。在各个项目中都安排了相应的实际操作内容，注重理论与实践的紧密结合。

本教材可供高等职业技术学院、高等工程专科学校的电机与电气设备、供用电、电力系统与自动化等专业教学用书，也可供其他各类院校相关专业选用，或供相关专业工程技术人员参考用书。

图书在版编目(CIP)数据

测量仪表与仪器/郭艳红，李壮主编．—北京：中国铁道出版社，2018.3

高等职业教育校企合作系列教材

ISBN 978-7-113-23770-7

Ⅰ.①测… Ⅱ.①郭… ②李… Ⅲ.①电工仪表-高等职业教育-教材②电子测量设备-高等职业教育-教材 Ⅳ.①TM93

中国版本图书馆CIP数据核字(2017)第217822号

书　　名：测量仪表与仪器

作　　者：郭艳红　李　壮　主编

责任编辑：阚济存　　**编辑部电话**：010-51873133　　**电子信箱**：td51873133@163.com

封面设计：崔丽芳

责任校对：胡明锋

责任印制：郭向伟

出版发行：中国铁道出版社（100054，北京市西城区右安门西街8号）

网　　址：http://www.tdpress.com

印　　刷：三河市航远印刷有限公司

版　　次：2018年3月第1版　2018年3月第1次印刷

开　　本：787 mm×1 092 mm　1/16　印张：12.5　字数：330千

书　　号：ISBN 978-7-113-23770-7

定　　价：33.00元

PREFACE 前言

根据近年来我国高职教育改革发展的特点，结合高职教学的实际，为了培养适应社会发展的应用型技术人才，在教学实践的基础上编写了本教材。

本书结合实际电量测量对常用电工及电子仪表进行了介绍，共分成8个项目，包括测量相关知识、电磁系仪表及交流量的测量，磁电系仪表，感应系仪表，电动系仪表，测量用互感器、电力常用仪器仪表和接触网测量仪器仪表。在8个项目中，介绍了万用表、电压表、电流表、功率表、电度表、频率表、功率因数表、兆欧表、接地电阻测试仪、直流单臂电桥、直流双臂电桥、交流电桥、电压互感器、电流互感器、信号发生器、高斯测量仪、激光检测仪等十几种仪表的原理和使用方法，在满足教学需要的基础上给学生留有一定的自学空间。

本教材的特点如下：

1. 弱化了电工仪表与电子仪表的区别，主要介绍了常用的电工电子仪表在实际测量中的应用，突出了实用性。

2. 注重了实际操作，在每个课题中，都安排了适当的实训内容，使实训紧密结合理论内容，强化了理论与实践一体化。

3. 穿插了较多的图片，内容丰富，深入浅出，易于学生研读。

4. 每个项目后都配备了较多的巩固练习题目，为学生学练结合提供了方便。

本书由辽宁铁道职业技术学院郭艳红、李壮主编，由辽宁铁道职业技术学院朱广玉、郑祥主审。具体分工如下：项目1、项目2、项目6、项目8的任务3、4由李壮编写，项目3、项目4、项目8的任务1、2由郭艳红编写，项目5由辽宁铁道职业技术学院胡利民编写，项目7由辽宁轨道交通职业技术学院孙晓鹏编写。

由于时间仓促和编写水平有限，书中错误、疏漏之处在所难免，恳请广大读者和同行批评指正，以便修改和提高。

编者

2018年1月

CONTENTS 目录

项目1 测量相关知识

项目描述

本项目是测量仪表与仪器的基础内容。通过对本项目的学习，掌握仪表的分类、仪表与测量基础知识，了解测量与误差，学会安全用电常识等。

项目要点

1. 测量的目的、意义及分类。
2. 掌握测量误差的表示及计算方法，掌握在实际测量中减小误差的方法。
3. 正确使用仪表。
4. 掌握安全用电常识。

任务1 测量基础知识

一、任务描述

简单认识和使用电表，学会绘制实验曲线和处理有效数字的方法。

二、任务目标

1. 了解测量所需电表。
2. 掌握实验绘制曲线的方法。
3. 处理有效数字的方法。

三、相关知识

1. 测量的定义

测量是按照某种规律，用数据来描述观察到的现象，即对事物作出量化描述。测量是对非量化实物的量化过程。在机械工程里面，测量是指将被测量与具有计量单位的标准量在数值上进行比较，从而确定二者比值的实验认识过程。

2. 测量单位

把测量中的标准量定义为“单位”。

单位是一个选定的标准量，独立定义的单位称“基本单位”(Base unit)；由物理关系导出的单位称“导出单位”(Derived unit)。国际单位制(SI)1980 年由国际计量大会(CGPM)采纳和推荐的一种一贯单位制。

国际单位制有 7 个基本单位：

长度：米 m

质量：千克(公斤)kg

时间：秒 s

电流：安[培]A

热力学温度：开[尔文]K

物质的量：摩[尔]mol

发光强度：坎[德拉]cd

3. 电表常用符号及其含义

在电表的表盘上标有各种各样的符号。当我们拿到一块电表时，首先就要从这些符号来了解它的技术性能，例如仪表的工作原理(测量机构是哪一种系列)准确度等级，正常工作状态，对外界环境的要求等等。为了正确使用电表，这些符号的意义必须弄清楚。

表 1-1 列出了主要电表表盘符号和它们的意义。

表 1-1 主要电表表盘符号及意义

名　称	符号	名　称	符号
磁电系仪表		热电系仪表(带接触式热变换器和磁电系测量机构)	
磁电系比率表		整流系仪表(带半导体整流器和磁电系测量机构)	
电磁系仪表		直流	——
		交流(单相)	～
电磁系比率表		直流和交流	
电动系仪表		具有单元件的三相对称负载交流	≋

续上表

名　称	符号	名　称	符号
电动系仪表		具有二元件的三相不对称负载交流	
铁磁电动系仪表		具有三元件的三相四线不对称负载交流	
铁磁电动系比率表		以标度尺量限百分数表示的准确度等级，例如 1.5 级	1.5
感应系仪表		以标度尺长度百分数表示的准确等级，例如 1.5 级	1.5
静电系仪表		以指示值的百分数表示的准确度等级，例如 1.5 级	1.5
标度尺为垂直的		与仪表可动线圈连接的端钮	
标度尺位置为水平的		调零器	
不进行绝缘强度实验		Ⅰ级防外磁场(例如静电系)	
绝缘强度实验电压为 500 V		Ⅰ级防外电场(例如静电系)	
绝缘强度实验电压为 2 kV	2	Ⅱ级防外磁场及电场	Ⅱ Ⅱ
危险		Ⅲ级防外磁场及电场	Ⅲ Ⅲ

续上表

名　　称	符号	名　　称	符号
电源端钮（功率表、无功功率表、相位表）		Ⅳ级防外磁场及电场	 Ⅳ Ⅳ
接地用的端钮（螺钉或落杆）	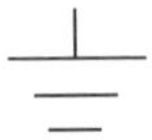	A组仪表	不标注
与外壳相连接的端钮		B组仪表	 B
与屏蔽相连接的端钮		C组仪表	 C

电表防御外磁场的能力共分为四级。如果仪表外在磁场强度为5Oe（奥[斯特]）的均匀磁场中（直流电表处在直流磁场中，交流电表处在同频率的正弦交变磁场中），在最不利的方向下，仪表指示值的改变不应超过表1-2的规定。从表1-2可以看出，一级电表对外磁场的防御能力最强，因为它在外界磁场作用下所引起的附加误差最小。

表1-2　仪表受外界磁场影响产生的允许误差

仪表的准确度等级	仪表的指示值允许改变			
	Ⅰ级	Ⅱ级	Ⅲ级	Ⅳ级
0.1　0.2　0.3	±0.5%	±1.0%	—	—
1.0　1.5	—	±1.0%	±2.5%	—
2.5　5.0	—	—	±2.5%	±5.0%

4. 电表的准确度表示

由于电表的结构不会是十分完善的，因此测量结果一定会有误差。表1-2所说的电表的准确度等级就是根据电表的基本误差来确定的。所谓基本误差，就是在正常工作条件下，电表本身所固有的误差，这种误差是由于电表结构和工艺不完善所引起的，主要包括摩擦误差（支撑测量机构可动部分的轴尖和轴承之间的摩擦引起的误差），倾斜误差（由于装配不合适使指针倾斜所引起的误差），刻度误差（标度尺本身不准确）和游丝变形误差等。电表的基本误差越大，测量结果就越不准确。下面我们就来用准确度说明电表基本误差的大小。

什么是电表的准确度呢？在正常工作条件下，仪表进行测量时很可能出现的最大绝对误差ΔA与该仪表的最大读数A_m（即量限）之比，叫做仪表的引用误差，用百分数表示为：

$$\gamma=\frac{\Delta A}{A_m}\times 100\% \tag{1-1}$$

我们就把这个引用误差叫做仪表准确的等级。例如：一块量程为250 V的电压表，它在测量时的最大绝对误差是2.5 V，那么它的引用误差就是：

$$\gamma=\frac{2.5}{250}\times100\%=1\% \tag{1-2}$$

我们就说，这块电压表的准确度是1.0级。

目前我国生产的直读式指针仪表按准确度分为七级，各级所代表的引用误差见表1-3。

表1-3 仪表的准确度等级

仪表的准确度等级	代表符号	引用误差	仪表的准确度等级	代表符号	引用误差
0.1	(0.1)	≤±0.1%	1.5	(1.5)	≤±1.5%
0.2	(0.2)	≤±0.2%	2.5	(2.5)	≤±2.5%
0.5	(0.5)	≤±0.5%	5.0	(5.0)	≤±5.0%
1.0	(1.0)	≤±1.0%			

在正常工作条件下，可以认为仪表在整个量限内各处的绝对误差相差不大，按最坏情况考虑，都按最大绝对误差计算，所以被测值，比电表量限小得越多，测量的相对误差就越大。例如，有一块2.5级的伏特表，它的量限是50 V，那么它可能产生的最大绝对误差是：

$$\Delta U=\gamma\times U_{\mathrm{m}}=\pm2.5\%\times50=\pm1.25(\mathrm{V}) \tag{1-3}$$

如果用这块伏特表测量实际值为10 V的电压，那么测量结果就会在8.75～11.25 V之间，这时相对误差是：

$$\gamma=\frac{\pm1.25}{10}\times100\%=\pm12.5\% \tag{1-4}$$

而用它来测量实际值为40 V的电压时，测量结果在38.75～41.25 V之间，相对误差是：

$$\gamma=\frac{\pm1.25}{40}\times100\%=3.1\% \tag{1-5}$$

可见，被测值增大时，相对误差明显减小了。因此在选择仪表的量限时，应当使被测值尽量接近仪表量限，一般应使被测值超过仪表量限的一半甚至三分之二以上。

仪表的准确度越高，测量结果也越可靠，选用仪表时要根据工程实际要求选择具有合适准确度的仪表，以保证测量结果的误差不超过允许范围。但是不应该盲目追求仪表的高准确度，因为仪表的准确度越高，价格越贵，维修也比较困难，所以我们要从全局出发，在能用准确度较低的仪表就可以满足测量要求的情况下，就没有必要选用高准确度的仪表。

通常准确度为0.1级和0.2级的仪表作标准及精密测量用，0.5级至1.5级的仪表用于实验室一般测量，1.0级至5.0级的仪表用于一般工业生产。所以一般工厂控制盘和配电盘上的仪表是1.0级到2.5级的仪表。

选用准确度高的仪表，测量结果不一定就准确，因外界因素也会造成测量结果不准确。例如，当环境温度不是所规定的正常温度时，仪表就会出现温度误差；仪表放置的位置不正确也会引起不平衡误差;读数时眼睛的位置不正确又会形成视觉误差,如图 1-1 所示。

在准确度比较高的仪表中,为了减小读数误差,装有带镜子标尺,就是在标尺下方装一块弧形的镜子如图 1-2 所示,镜子里可以反映出指针的映像,读取数据时,眼睛的位置应与指针和指针的映像重合,这时所读得的数据就比较准确。

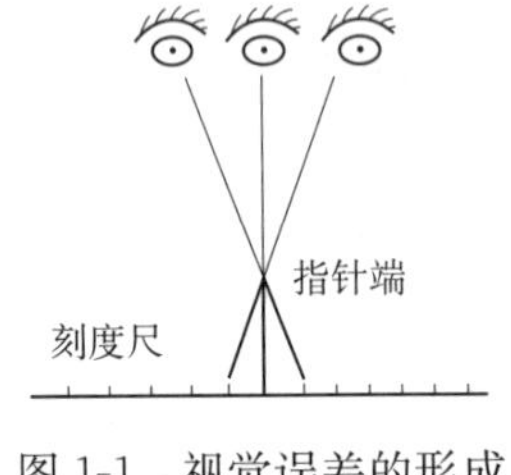

图 1-1　视觉误差的形成

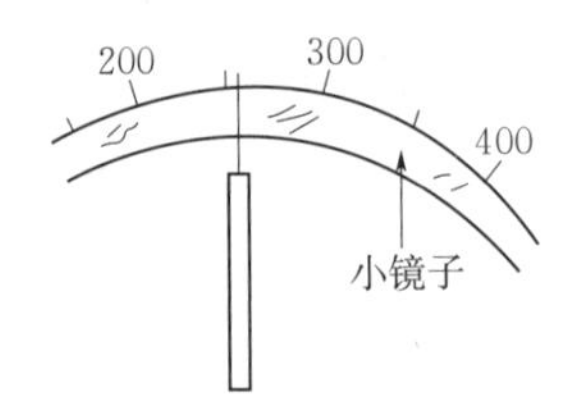

图 1-2　标尺下方装一块小镜子

所以,在使用电工仪表时,首先应该使仪表有正常的工作条件。例如要按规定的位置放置,仪表要远离外磁场,工作地点要保持清洁,尽量符合仪表所要求的环境温度等等。使用前应把仪表的指针调到零位,测量时要正确读数。此外还要正确选择仪表的量限,选择合适的测量方法等等,这样才能减小测量的误差。

四、任务实施

绘制实验曲线和有效数字处理。

1. 怎样绘制曲线

(1)首先选择坐标纸。

当绘制曲线时,我们应当根据数据的特点来适当的选择合适的坐标纸。当确定自变量与因变量的关系是线性关系时,可采用直角坐标。当变量之一在所研究的范围内有若干数量级变化,或当自变量在起始段的少许变化,引起因变量有剧烈变化,以及需将非线性函数关系变换成直线函数关系时,采用单对数坐标。而当自变量和因变量都有若干数量级变化时,采用双对数坐标。当实验中有周期性重复的变量时采用极坐标。

(2)选择比例尺。

实验得到的一组实验数据所能表示的函数关系是客观存在的,不能因作图方法的不同,而发生改变。为此,在绘制实验曲线时,应保证两个坐标轴各自所取的比例尺遵守一定的关系,且所有测试数据易于在图纸上给出确切的坐标点;沿 Y 轴标示的变量应包括所研究区域间的全部变化值;另外,应使所绘曲线,占满坐标纸,如果是直线关系应使其尽量接近一根斜率为 1 的直线。当标度尺确定后,在绘制图形时,其坐标轴上必须写明标度尺所代表的变量的名称和单位。在轴上标注数字时,应保证与测量准确度相适应,既不能提高测试精度也不能损失其精度。

(3)通过数据点描绘曲线。

通过数据点描绘曲线时,要求所绘曲线与各数据点最接近,并不希望曲线通过所有数据点,而是希望分布在曲线上下的数据点数大致相等。

①在标绘数据点时,可用各种常用符号,符号的大小与观测值的准确度相当。

②所配曲线应圆滑,不要强求经过所有的点而连成折线或不连续的线。

③当实验点的间隔很大时，采用拉格朗日插值法等来补充某些中间数值。

2. 有效数字的处理

设用电压表测量电压时其指针位置如图 1-3 所示，它的读数是多少呢？我们把它读成 14.1 V，表中显示的 1 和 4 两个数字是准确的，称为准确数字，而最末的 1 是凭目测和经验估计的，是不准确的，称为欠准确数字。可见仪表指示数的末位数字是根据指针在标尺之最小分格中的位置估计出来的，所以仪表数的末位数字是欠准确数字，超过一位欠准确数字的估计数是没有意义的。准确数字加末位欠准确数字称为有效数字，所以 14.1 V 是 3 位有效数字。

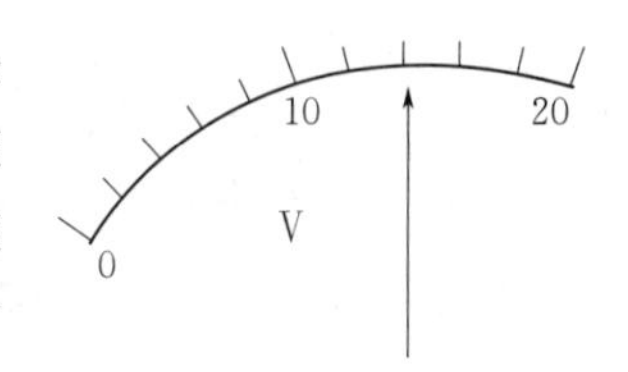

图 1-3 有效数字的概念

在实验中记录有效数字应照下面的规定：

有效数字的位数与小数点无关，例 32.48 与 3 248 都是四位有效数字。

(1)“零”在数字之间或数字之末算作有效数字，在数字之前不算作有效数字。例如 10.4，3.07，400，都是 3 位有效数字，而 0.012，0.12 都是两位有效数字。注意 6.40 和 6.4 的有效数字的位数是不同的。前者是三位有效数字，其中 4 是准确数字，0 是欠准确数字；后者是两位有效数字，4 是欠准确的数字，所以 6.40 中的 0 字不能省略。

(2)对于很大的数字和很小的数字，有效数字记法如下：例如 8.3×10^3，8.30×10^3 分别为二位及三位有效数字，不可误认为是相同的准确度。如以千伏为单位的电压表，其读数为 6.25 kV，是三位有效数字，可写成 6.25×10^{-3}(三位有效数字)，但不能写成 6 250 V(四位有效数字)。对于很小的数，如 0.003 81 可以写成 3.81×10^{-3}，都表示三位有效数字。

对有效数字进行运算时，其运算结果的记法，应按有效数字的规定处理，其基本原则：

①只保留一位欠准确数字。

②去掉第二位欠准确字时用四舍五入法。

当几个数相加或相减时，所得数在小数点以后的位数，应保留与几个数中的小数点后位数最少的一个数相同的位数，例如：

$$23.7+4.156=27.856$$

因为 8 是欠准数字，所以上式应写成

$$23.7+4.156=27.9$$

几个数字相乘除时，其得数的小数点位数一般只要保留与该几个数中位数最少的一个相同的位数，但有时要多保留一位或少保留一位，这要根据具体数字的演算过程来定，例如：

$$14.21\times1.23=17.478\ 3$$

因 4 字已是欠准确数字，故上式应写成

$$14.21\times1.23=17.5$$

又如：

$$2.568\times5.13=13.173\ 84$$

其中 7 字已是欠准确数字，故上式应写成

$$2.568\times5.13=13.17$$

总之，关于有效数字的位数，及其运算后得数的位数的确定，其基本原则就是只保留一位欠准数字。如果保留更多的位数，反而会使人错误地认为实验结果的准确度很高，这是不对的。

任务2 测量误差

一、任务描述

分析误差产生的原因，了解误差种类，掌握减小误差的方法。

二、任务目标

1. 了解测量误差的来源与分类。
2. 掌握修正误差的方法。

三、相关知识

1. 误差的定义

在测量时，测量结果与实际值之间的差值叫误差。真实值或称真值是客观存在的，是在一定时间及空间条件下体现事物的真实数值，但很难确切表达。测得值是测量所得的结果。这两者之间总是或多或少存在一定的差异，就是测量误差。

2. 仪表的误差

对于各种质量不同的仪表，它的指示值和被测量的实际值之间存在的某种差别即为仪表的误差，误差越小，仪表越准确。

3. 误差的来源

(1)读数误差

读数误差又由以下几种原因产生。

①校准误差。通常指仪器在出厂时，用标准仪器对其指定的某些校准点进行校准(定标)时所产生的误差。

②刻度误差。为了适应批量生产的特点，一般电工、电子测量仪器都采用统一的刻度盘，由于每一台仪器的特性都不完全相同，故在非校准点，就可能引起不同程度的误差。例如，校准某台仪器的频率刻度盘，在一个量程上只有两个校准点 a_1 和 a_2 其对应的频率分别为 f_1 和 f_2，如图 1-4 所示。经非校准点 a_0 时，可以根据理论分析或抽测某台仪器而确定相应函数关系(如直线 1)，得出其频率为 f_0，但对另外两台仪器，可能函数关系分别为曲线 2 及曲线 3，即对应的频率分别为 f'_0 及 f''_0，于是产生了刻度误差(其中最常见的是刻度的非线性所致的误差)。为了减小此项误差，可给出每台仪器的校准曲线或必要时对每台仪器分别进行刻度。

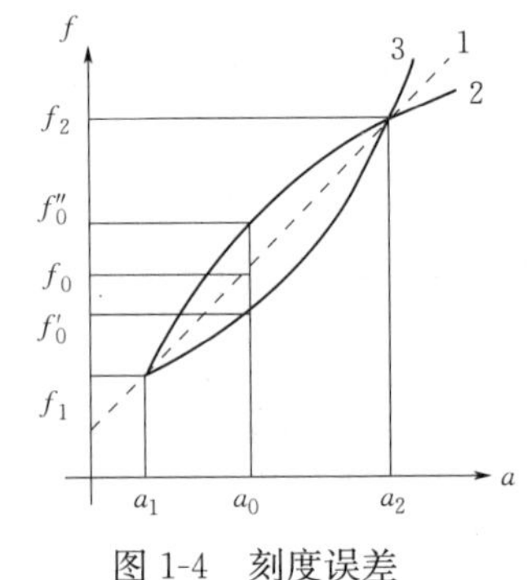

图 1-4 刻度误差

③读数分辨率不高所致的误差。仪器的读数分辨率是指仪器能读出被测量的最小变化量，分辨率的高低应与仪器的允许误差相适应。如果仪器读数机构的分辨不高，则将带来误差。例如，一只 0.5 级 10 mA 的电流表，其刻度如图 1-5(a)所示，可以读出电表的示值约为

9.41 mA，其中小数点后第二位“1”是估计出来的。把刻度改为如图 1-5(b)所示，则只能读出示值约为 9.4 mA，其小数点后第一位“4”是估计的。

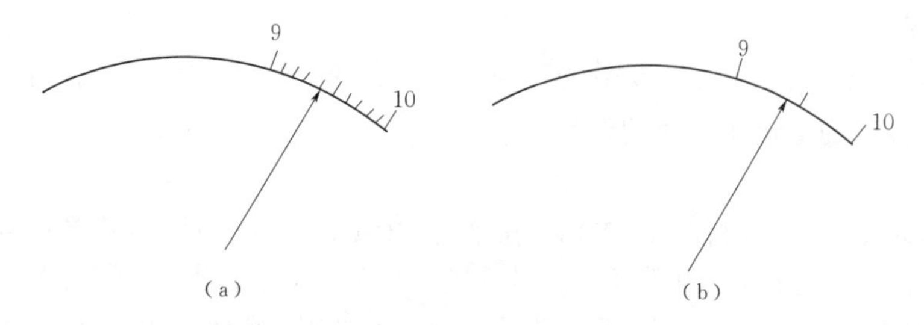

图 1-5 读数分辨率不高引起的误差

显然，图 1-5(b)所示刻度将因读数分辨率太低而增加测量误差。但是不适当地提高仪器读数机构的分辨率也是毫无意义的。因为这时仪器本身的不确定性，将使读数不可信赖。

④读数调节机构不完善所致的误差。对某些通过齿轮转动的调节装置，这项误差特别明显。由于调节机构的不完善，在顺时针转动和逆时针转动时，齿轮的啮合不在同一位置，引起的误差，即称为回差。为了消除回差的影响，除了仪器设计时应采取各种措施外，使用中应注意仪器说明书上的规定以及采取两次反向调节取平均等办法来解决。

⑤量化误差。又称为±1 误差，这是数字式仪器固有的误差。

⑥内部噪声引起的误差。一般把仪器内部产生的噪声称为噪声或内部噪声，而把来自仪器外部的噪声称为干扰或外部噪声。内部噪声包括各种电子器件产生的闪变噪声，电子原件产生的热噪声、散粒噪声、电流噪声以及因开关或接插件接触不良，继电器动作，电动机转动、电源不稳等所引起的噪声。

噪声的存在，限制了测量灵敏度的进一步提高，而且必然出现一定的误差。

⑦稳定误差。仪器的不稳定主要是由于电子器件的老化、电气性能对供电电压及环境条件(如温度、湿度、大气压等)的敏感性，以及机械磨损、弹性疲劳等原因所致。在使用中，它表现为工作点不稳定、零点漂移、读数变化、调节机构松动、接触不良等。

⑧动态误差。这是泛指在进行快速测量、扫频测量以及其他动态测量时，由于电路中的过渡过程以及电表的阻尼时间、调节机构的速度有限度，形成一个总的滞后作用，造成动态误差。由于滞后作用，使得读数装置所记下的是工作状态尚未稳定时的数值，这反映在测量时间、波形幅度等时尤为严重。动态误差的存在，使测量速度受到一定限制。

⑨其他误差。构成电工测量仪器的误差因素还可列出很多。例如，在一个测量装置或测量系统中各辅助装置附件等也会产生误差。

(2)使用误差

使用误差又称操作误差，是指在使用仪器过程中，由于安装、调节、布置、使用不当所造成的误差。例如，把规定应垂直安放的仪器水平放置，接线太长或未考滤阻抗匹配，接触不良，未按操作规程进行预热调节、校准、测量都会产生使用误差。

减小和消除使用误差的方法是：严格按技术规程操作，提高实验技巧，以及提高对各种现象的分析能力。

(3)人身误差

人身误差是指由于人的感觉器官和运动器官不完善所产生的误差。对于某些需借助于人耳、人眼来判断结果的测量以及需进行人工调解等的测量工作，均会引入人身误差。

提高操作技巧和改进测量方法有可能削弱甚至消除人身误差。

(4)影响误差

影响误差又称环境误差，是由于仪器受到外界温度、湿度、气压、电磁场、机械震动、声音、光照、放射性等的影响所产生的误差。

(5)方法误差

方法误差是由于测量时使用的方法不完善，所依据的理论不严密，对某些理论尚未掌握清楚，以及对被测量定义不明确等所产生的误差。例如，用电流表、电压表测量电阻时，可采用图 1-6(a)或图 1-6(b)两种测量电路，根据 $R=U/I$ 求得被测量的电阻值。由于测量结果忽略了电压表和电流表的内阻分流、分压作用的影响，因而产生了方法误差。又如，利用并联谐振现象测频率时常用公式如：

$$f_0=\frac{1}{2\pi\sqrt{LC}} \tag{1-6}$$

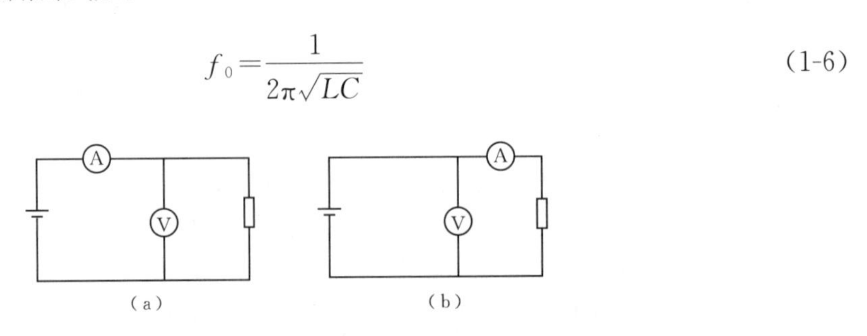

图 1-6　用电流表和电压表测电阻

而实际上，如考虑回路中电感 L 及电容 C 之串联损耗电阻 r_L 及 r_c 时谐振频率应为：

$$f_0=\frac{1}{2\pi\sqrt{LC}}\sqrt{\frac{1-\frac{r_L^2C}{L}}{\frac{r_cC}{L}}} \tag{1-7}$$

于是便产生了一个方法误差，这种误差也称理论误差。

4. 误差的分类

误差按其性质及特点可分为以下几类：

(1)系统误差

系统误差是指在一定条件下误差的数值，保持恒定或按已知的函数规律变化的误差。

①恒定系差(简称恒差)是指误差的数值在一定条件下保持不变的误差，例如：一只10 mH 标准电感经鉴定其实际值为 10.03 mH，则其误差 $\Delta L=1-10.3=-0.03$(mH)为恒定系差。

②变值系差(简称变差)是指误差的数值在一定条件下，按某一确定规律变化的误差。根据变化规律又可分为下述几种情况：

a. 累进性系差是指在整个测量过程中误差的数值逐渐增加或逐渐减少的系统误差。例如：蓄电池在使用过程中会因放电而使其电动势逐渐下降，形成累进性系差。

b. 周期性系差是指在测量过程中误差的数值发生周期性变化的系统误差。

c. 按复杂规律变化的系差，这种系差的变化规律十分复杂，一般用曲线、表格或经验公式来表示。

系统误差是不被人们觉察而存在着的，有时将严重影响测量的准确度。因此，在测量之前，必须检查一下所有可能产生系统误差的来源并设法消除或确定其大小。应当正确选择仪器的类型并预先校对所有的测量仪器，决定各种外界因素对于读数的影响，并给予适当的修正；应细心的做好仪器的测量准备工作，以消除误差的来源(例如：减小接线长度，严格按要求或水平、垂直装置指示仪)；在可能的情况下，为了消除固定的系统误差可以采用零示法、替代法、补偿法、交换法等测量方法。

(2)随机误差

随机误差又称偶然误差，这是一种具有随机变量的一切特点，一定条件下服从统计规律的误差。

由于随机误差服从统计规律，故研究随机误差必须进行多次测量，随机误差一般很小，测量的灵敏度应足够高。

(3)粗大误差

粗大误差又称粗差或差错，它是指那些在一定条件下测量结果显著的偏离其实际值时所对应的误差。从性质上来看，粗差并不是单独的类别，它本身即可能具有系统误差的性质、也可能具有随机误差的性质，只不过在一定测量条件下其绝对误差特别大而已。由于粗差严重地歪曲了测量结果，故有必要单独加以讨论。

产生粗差的主要原因如下：

①测量方法不当，这时粗差实际上是一种绝对值很大的方法误差，具有系统误差的性质。

②随机因素影响，例如，测量过程中供电电源的瞬时跳动，仪器中某个元器件突然跳火，外界偶然的电磁干扰等，都可能产生粗差。

③测量人员的粗心，因测量人员的粗心造成的粗差又称疏失误差。例如测量前忘记对仪器进行校对或调零，测量时读错数据，计算中发生错误。

在测量及数据处理中，当发现某次测量结果所对应的误差特别大时。应认真判断该误差是否属于粗差。通常经过理论分析，增加测量次数或重新进行测量，改变测量条件或人员，利用统计学方法等，是可以在相当程度上作正确判断的。

四、任务实施

误差的表示与修正。利用任何量具或仪器进行测量时，总存在着误差。故测量结果总不可能准确地等于被测量的真值而只是它的近似值。

所谓真值，是指在一定的时间及空间条件下，某物理量所体现的真实数值，这个真实数值是利用理想无误差的量具或测量仪器而得到的。

1. 绝对误差

(1)绝对误差的表示

绝对误差是被测量的测量值 X 与其真值 A_0 的差值，用公式表示为：

$$\Delta X = X - A_0 \tag{1-8}$$

式中　ΔX——绝对误差；

A_0——真值；

X——测量值，就是仪器的示值。

由于真值 A_0 一般无法求得，故式(1-8)只有理论上的意义，常用上一级标准仪器的示值作为实际值 A 以代替真值 A_0。由于上一级标准也存在误差(只是小一些)，故 A 并不等于 A_0，但一般的说总比 X 更接近于 A_0。

X 与 A 之差称为仪器的示值误差，记为：

$$\Delta X = X - A \tag{1-9}$$

由于式(1-9)以代数差的形式给出误差的绝对值大小及其符号，故通常称为绝对误差。

(2)修正值

绝对值与 ΔX 相等但符号刚好相反的值，称为修正值，一般用 C 表示。于是有：

$$C = -\Delta X = A - X \tag{1-10}$$

通过鉴定，可以由上一级标准给出受检仪器的修正值。利用修正值便可求出该被测量的实际值。

$$A = X + C \tag{1-11}$$

例如：某电流表的量程为 1 mA、通过鉴定而得出其修正值为－0.02 mA。如用这只电流表测某一未知电流，其示值为 0.78 mA，于是得被测电流的实际值为：

$$A = 0.78 + (-0.02) = 0.76(\text{mA}) \tag{1-12}$$

修正值给出的方式不一定是具体的数值，也可以是一条曲线、公式或数表。

要说明的一点是仪器的示值和读数往往容易混淆，但两者是有区别的。读数通常是指仪器的刻度盘，显示器等读数装置上直接读到的数字，而示值则是该读数所代表的被测量的数值。有时，读数与示值在数字上相同，但一般说来它们的实际值是不同的。通常需要把读数经过简单的计算，查曲线或数表才能得出示值。

例如：一只线性刻度为 0～100，量程为 500 mA 的电流表，当指针指到 85 分度位置时，读数就是 85，而示值 X 为：

$$X = 85/100 \times 500 = 425(\text{mA}) \tag{1-13}$$

在记录测量结果时，为避免差错和便于查对，应同时记下读数及其相应的示值。

2. 相对误差

绝对误差与真值之比的百分数叫做相对误差。由于相对误差能更准确地表示测量精度的高低，实际中经常被采用。

(1)实际相对误差

实际相对误差是用绝对误差 ΔX 与被测量的实际值 A 的百分比来表示的相对误差。

记为：

$$\gamma_A = \frac{\Delta X}{A} \times 100\% \tag{1-14}$$

如前例，已知 $\Delta X = -C = 0.02$ mA，$A = 0.76$ mA，故：

$$\gamma_A = \frac{0.02}{0.76} \times 100\% \approx 2.6\%$$

(2)示值相对误差

示值相对误差是用绝对误差 ΔX 与仪器的示值 X 的百分比值来表示的相对误差。

记为：
$$\gamma_x=\frac{\Delta X}{X}\times100\% \tag{1-15}$$

例如，已知 $\Delta X=0.02$ mA，$X=0.80$ mA，故：

$$\gamma_x=\frac{0.02}{0.80}\times100\%=2.5\%$$

(3)满度(或引用)相对误差

满度相对误差是用绝对误差 ΔX 与仪器的满度值 X_m 之比来表示的相对误差，简称满度误差。

记为：
$$\gamma_m=\frac{\Delta X}{X_m}\times100\% \tag{1-16}$$

由于 γ_m 是用绝对误差 ΔX 与一个常数 X_m(量限)之比值来表示的，故实际上给出的是绝对误差大小。电工仪表正是按 γ_m 之值来进行分级的，例如 1.5 级的电表，就表明其 $\gamma_m\leqslant1.5\%$并在其面板上标以 1.5 的符号。

比较式(1-15)及(1-16)可以看出：为了减少测量中的示值误差，在选择量程时应使指针尽可能接近于满度值。一般最好能工作在不小于满度值 2/3 以上的区域，如图 1-7 所示。

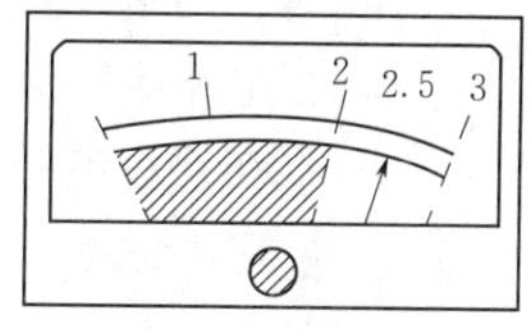

图 1-7 工作区域

(4)用分贝(dB)表示的相对误差

对于电流、电压类电参量有：

$$\gamma_{dB}=20\lg\left(1+\frac{\Delta X}{X}\right)\quad \text{dB} \tag{1-17}$$

对于功率类电参量有：

$$\gamma_{dB}=10\lg\left(1+\frac{\Delta X}{X}\right)\quad \text{dB} \tag{1-18}$$

用分贝表示的相对误差，在电子测量仪器中应用十分广泛。当误差本身不大时，它与一般的相对误差之间有下列简单关系，对于电流、电压类电参量有：

$$\gamma_{dB}\approx8.69\gamma_x$$

或
$$\gamma_x\approx0.115\gamma_{dB} \tag{1-19}$$

对于功率类电参量有：

$$\gamma_{dB}\approx4.3\gamma_x$$

或
$$\gamma_x\approx0.23\gamma_{dB} \tag{1-20}$$

例如，WFG-1 型高频毫伏表在 2MHz 以下测量电压的误差为 0.5 dB。如用一般相对误差表示，则有：

$$\gamma_x=0.115\times0.5=0.0575\approx5.8\%$$

任务 3 安全用电常识

一、任务描述

学会触电相关知识以及对人体危害，了解电气设备的保护接地方法，掌握如何安全用电。

二、任务目标

1. 了解触电知识以及电流对人体危害。
2. 掌握安全用电知识。
3. 了解电气设备的保护接地。

三、相关知识

1. 用电原则

(1)不靠近高压带电体(室外高压线、变压器旁),不接触低压带电体。

(2)不用湿手扳开关、插入或拔出插头。

(3)安装、检修电器应穿绝缘鞋,站在绝缘体上,并且要切断电源。

(4)禁止用铜丝代替保险丝,禁止用橡皮胶代替电工绝缘胶布。

(5)在电路中安装触电保护器,并定期检验其灵敏度。

(6)不在架设电缆、电线的下面放风筝和进行球类活动。

2. 有关触电的基本知识

电的发明使人类社会产生了革命性的进步,人类的生产生活都已经离不开电了,但是如果使用不当,就会对人身、设备或电力系统造成危害,在用电过程中,掌握安全用电常识非常必要。为了防止触电事故发生,在实验前应熟悉安全用电常识,在实验过程中必须严格遵守安全用电制度和操作规程。

人体是导体,当人体不慎触及电源或带电导体时电流流过人体,因而使人受到伤害。这就是电击。这种电击对人体的伤害程度与通过人体电流的大小,通电时间的长短,电流流过人体的途径,电流的频率以及触电者的健康状况有关。因此,实验前了解安全用电常识是非常必要的。

(1)触电的类型

触电是指人体触及带电体后,电流对人体造成的伤害。它有两种类型,即电击和电伤。

①电击。电击是指电流通过人体内部,破坏人体内部组织,影响呼吸系统、心脏及神经系统的正常功能,甚至危及生命。

②电伤。电伤是指电流的热效应、化学效应、机械效应及电流本身作用造成的人体伤害。电伤会在人体皮肤表面留下明显的伤痕,常见的有灼伤、烙伤和皮肤金属化等现象。在触电事故中,电击和电伤常会同时发生。

(2)常见的触电形式

①单相触电。当人站在地面上或其他接地体上,人体的某一部位触及一相带电体时,电流通过人体流入大地(或中性线),称为单相触电,如图 1-8 所示。

②两相触电。两相触电是指人体两处同时触及同一电源的两相带电体,以及在高压系统中,人体距离高压带电体小于规定的安全距离,造成电弧放电时,电流从一相导体流入另一相导体的触电方式,如图 1-9 所示。两相触电加在人体上的电压为线电压,因此不论电网的中性点接地与否,其触电的危险性都最大。

③跨步电压触电。当带电体接地时有电流向大地流散，在以接地点为圆心，半径 20 m 的圆面积内形成分布电位。人站在接地点周围，两脚之间（以 0.8 m 计算）的电位差称为跨步电压 U_k，如图 1-10 所示，由此引起的触电事故称为跨步电压触电。

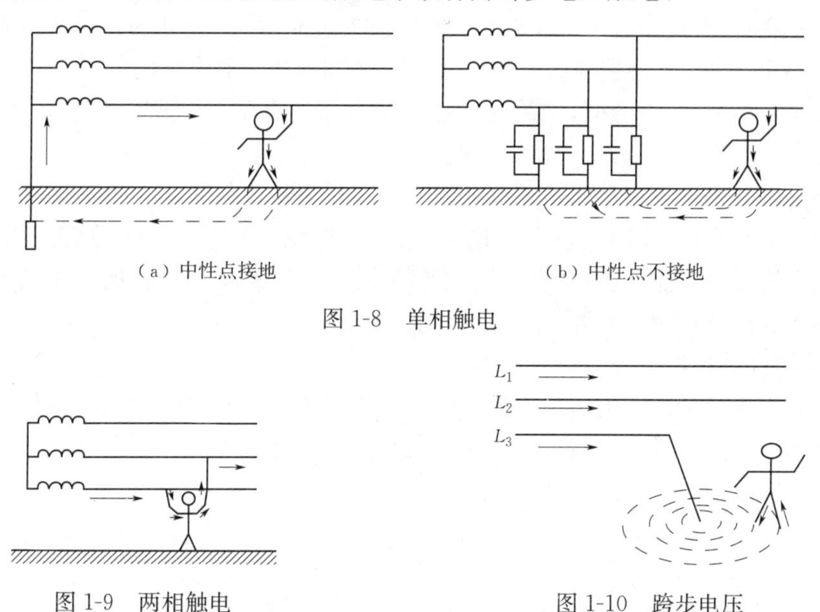

（a）中性点接地　　（b）中性点不接地

图 1-8　单相触电

图 1-9　两相触电

图 1-10　跨步电压

④接触电压触电。运行中的电气设备由于绝缘损坏或其他原因造成接地短路故障时，接地电流通过接地点向大地流散，会在以接地故障点为中心，20 m 为半径的范围内形成分布电位，当人触及漏电设备外壳时，电流通过人体和大地形成回路，造成触电事故，这称为接触电压触电。这时加在人体两点的电位差即接触电压 U_j。

⑤感应电压触电。当人触及带有感应电压的设备和线路时所造成的触电事故称为感应电压触电。

⑥剩余电荷触电。剩余电荷触电是指当人触及带有剩余电荷的设备时，带有电荷的设备对人体放电造成的触电事故。设备带有剩余电荷，通常是由于检修人员在检修中摇表测量停电后的并联电容器、电力电缆、电力变压器及大容量电动机等设备时，并在检修前、后没有对其充分放电所造成的。

(3)触电事故产生的主要原因

①缺乏用电常识，触及带电的导线。

②没有遵守操作规程，人体直接与带电体部分接触。

③由于用电设备管理不当，使绝缘损坏，发生漏电，人体碰触漏电设备外壳。

④高压线路落地，造成跨步电压引起对人体的伤害。

⑤检修中，安全组织措施和安全技术措施不完善，接线错误，造成触电事故。

⑥其他偶然因素，如人体受雷击等。

3. 电流对人体的危害

电流对人体的危害程度与多种因素有关，电流的大小、频率、通电时间长短、以及电流经过人体时的流通路径等，都有一定程度的影响。

(1)电流大小对人体的影响

有电流通过人体并达到一定值时,人体就会产生反应,通过的电流越大,人体的生理反应就越明显,感应就越强烈,引起心室颤动所需的时间就越短,致命的危害就越大。工频交流电是比较危险的,当人体有 1 mA 工频交流电流通过时就有不舒服的感觉;当人体通过的电流在 30 mA 以上时,就会造成人呼吸困难,肌肉痉挛,甚至更严重的危害。50 mA 电流流过时就可能发生痉挛,心脏麻痹,如果时间过长就会有生命危险。所以一般认为 30 mA 以下的电流是安全电流。

(2)频率影响

电流频率不同,对人体的危害程度也不一样,一般认为 40～60 Hz 的交流电对人最危险。随着频率的增加,危险性将降低。当电源频率大于 20 000 Hz 时,所产生的损害明显减小,但高压高频电流对人体仍然是十分危险的。

(3)通电时间的影响

通电时间长短也是影响电流危害效果的主要因素之一,通电时间越长,人体电阻因出汗等原因降低,导致通过人体的电流增加,触电的危险性亦随之增加。引起触电危险的工频电流和通过电流的时间关系可用下式表示:

$$I=\frac{165}{\sqrt{t}} \tag{1-21}$$

式中 I——引起触电危险的电流(mA);

t——表示通电时间(s)。

(4)电流路径

电流通过头部可使人昏迷;通过脊髓可能导致瘫痪;通过心脏会造成心跳停止,血液循环中断;通过呼吸系统会造成窒息。因此,从左手到胸部是最危险的电流路径;从手到手、从手到脚也是很危险的电流路径;从脚到脚的电流路径的危险性要小一些。

4. 人体电阻及安全电压

(1)人体电阻

一般人体的电阻分为皮肤的电阻和内部组织的电阻两部分,由于人体皮肤的角质外层具有一定的绝缘性能,因此,决定人体电阻的主要是皮肤的角质外层。人的外表面角质外层的厚薄不同,电阻值也不相同,人体与导体的接触面积及压力不同,皮肤电阻也不同,电流通过人体的路径,人体的电阻也不一样。通常,由一只手臂到另一只手臂或由一条腿到另一条腿的通路电阻大约在 1 000～3 000 Ω,对不同体质的人和不同的环境,人体电阻变化范围较大。

(2)人体安全电压

从安全的角度看,确定对人体的安全条件通常不采用安全电流而采用安全电压,因为影响电流变化的因素很多,而电力系统的电压是较为恒定的。当人体接触电压后,随着电压的升高,人体电阻会有所降低。若接触了高电压,则因皮肤受损破裂而会使人体电阻下降,通过人体的电流也就会随之增大。在高压情况下,即使不接触高电压,接近时也会产生感应电流的影响,因而也是很危险的。一般认为,人体的安全电压为 36 V,大于这个值,就会给人体带来危害甚至有生命危险。

我国GB/T 13870.1—2008《电流对人和家畜的效应 第一部分:通用部分》阐明了15～100 Hz的正弦交流电流、直流电流通过生理状况正常的成人和儿童人体引起的生理效应曲线,是制定电气安全规范、设计电击防护装置和分析电气事故的基本依据。

四、任务实施

1. 触电急救

(1)解脱电源

①人在触电后可能由于失去知觉或超过人的摆脱电流而不能自己脱离电源,此时抢救人员不要惊慌,要在保护自己不被触电的情况下使触电者脱离电源。如果接触电器触电,应立即断开近处的电源,可就近拔掉插头,断开开关或打开保险盒。

②如果碰到破损的电线而触电,附近又找不到开关,可用干燥的木棒、竹竿、手杖等绝缘工具把电线挑开,挑开的电线要放置好,不要使人再触碰到。

③一时不能实行上述方法,触电者又趴在电器上,可隔着干燥的衣物将触电者拉开。

④在脱离电源过程中,如触电者在高处,要防止脱离电源后跌伤而造成二次受伤。

⑤在使触电者脱离电源的过程中,抢救者要防止自身触电。

(2)脱离电源后的判断

触电者脱离电源后,应迅速判断其症状,根据其受电流伤害的不同程度,采用不同的急救方法。

①判断触电者有无知觉。

②判断呼吸是否停止。

③判断脉搏是否搏动。

④判断瞳孔是否放大。

(3)触电的急救方法

①口对口人工呼吸法。人的生命的维持,主要靠心脏跳动而产生血循环,通过呼吸而形成氧气与废气的交换。如果触电人伤害较严重,失去知觉,停止呼吸,但心脏微有跳动,就应采用口对口的人工呼吸法。具体做法是:

a. 迅速解开触电人的衣服、裤带,松开上身的衣服、护胸罩和围巾等,使其胸部能自由扩张,不妨碍呼吸。

b. 使触电人仰卧,不垫枕头,头先侧向一边清除其口腔内的血块、假牙及其他异物等。

c. 救护人员位于触电人头部的左边或右边,用一只手捏紧其鼻孔,不使其漏气,另一只手将其下巴拉向前下方,使其嘴巴张开,嘴上可盖上一层纱布,准备接受吹气。

救护人员做深呼吸后,紧贴触电人的嘴巴,向他大口吹气。同时观察触电人胸部隆起的程度,一般应以胸部略有起伏为宜。

救护人员吹气至需换气时,应立即离开触电人的嘴巴,并放松触电人的鼻子,让其自由排气。这时应注意观察触电人胸部的复原情况,倾听口鼻处有无呼吸声,从而检查呼吸是否阻塞。

②人工胸外挤压心脏法。若触电人伤害得相当严重,心脏和呼吸都已停止,人完全失去知觉,则需同时采用口对口人工呼吸和人工胸外挤压两种方法。如果现场仅有一个人抢救,

可交替使用这两种方法，先胸外挤压心脏 4～6 次，然后口对口呼吸 2～3 次，再挤压心脏，反复循环进行操作。人工胸外挤压心脏的具体操作步骤如下：

a. 解开触电人的衣裤，清除口腔内异物，使其胸部能自由扩张。

b. 使触电人仰卧，姿势与口对口吹气法相同，但背部着地处的地面必须牢固。

c. 救护人员位于触电人一边，最好是跨跪在触电人的腰部，将一只手的掌根放在心窝稍高一点的地方(掌根放在胸骨的下三分之一部位)，中指指尖对准锁骨间凹陷处边缘，另一只手压在那只手上，呈两手交叠状(对儿童可用一只手)。

d. 救护人员找到触电人的正确压点，自上而下，垂直均衡地用力挤压，压出心脏里面的血液，注意用力适当。

e. 挤压后，掌根迅速放松，但手掌不要离开胸部，使触电人胸部自动复原，心脏扩张，血液又回到心脏。

2. 安全用电的措施

安全用电的措施可分为组织措施和技术措施。

(1)组织措施

①在电气设备的设计、制造、安装、运行、使用和维护以及专用保护装置的配置等环节中，要严格遵守国家规定的标准和法规。

②加强安全教育，普及安全用电知识。

③建立健全的安全规章制度，如安全操作规程、电气安装规程、运行管理规程、维护检修制度等，并在实际工作中严格执行。

(2)技术措施

技术措施主要有停电工作中的安全措施和带电工作中的安全措施。

①停电工作中的安全措施，是指在线路上作业或检修设备时，应在停电后进行，并采取下列安全技术措施：

a. 切断电源。

b. 验电。

c. 装设临时地线。

②带电工作中的安全措施，是指在一些特殊情况下必须带电工作时，应严格按照带电工作的安全规定进行：

a. 在低压电气设备或线路上进行带电工作时，应使用合格的、有绝缘手柄的工具，穿绝缘鞋，戴绝缘手套，并站在干燥的绝缘物体上，同时派专人监护。

b. 对工作中可能碰触到的其他带电体及接地物体，应使用绝缘物隔开，防止相间短路和接地短路。

c. 检修带电线路时，应分清相线和地线。

d. 高、低压线同杆架设时，检修人员离高压线的距离要符合安全距离。

此外，对电气设备还应采取下列一些安全措施：

(a)电气设备的金属外壳要采取保护接地或保护接零。

(b)安装自动断电装置。

(c)尽可能采用安全电压。

(d)保证电气设备具有良好的绝缘性能。

(e)采用电气安全用具。

(f)设立屏护装置。

(g)保证人或物与带电体的安全距离。

(h)定期检查用电设备。

3. 电气设备的保护接地与保护接零

接地,是利用大地为正常运行、发生故障及遭受雷击等情况下的电气设备提供对地电流构成回路,从而保证电气设备和人身的安全。保护接地和保护接零的方式有下面的几种,如图 1-11 所示,它们的具体作用也有所不同。

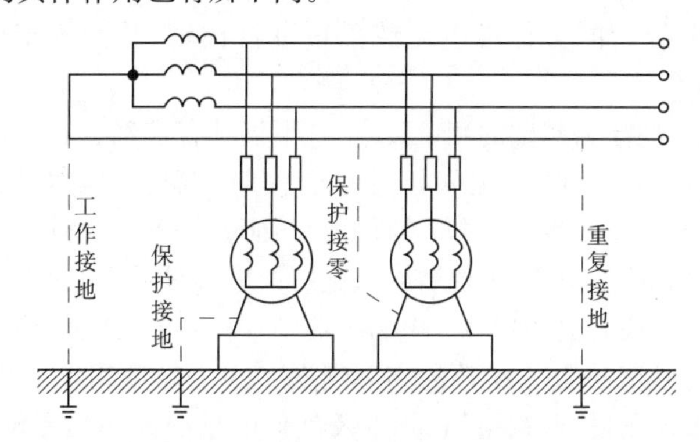

图 1-11 保护接地、工作接地、重复接地及保护接零示意图

(1)保护接地

保护接地方式将电气设备不带电的金属外壳和同金属外壳相连接的金属构架用导线与接地体电器可靠地连接在一起。

(2)工作接地

为了保证电气设备的正常工作,将电力系统中的某一点(通常是中性点)直接用接地装置与大地可靠地连接起来就称为工作接地。

(3)重复接地

三相四线制的零线(或中性点)一处或多处经接地装置与大地再次可靠连接,称为重复接地。

(4)保护接零

在中性点接地的三相四线制系统中,将电气设备的金属外壳、框架等与中性线可靠连接,称为保护接零。

任务4 测量及测量仪表的分类

一、任务描述

掌握测量的种类及用途,特别要了解指示仪表和数字仪表这两类仪表。而测量仪表则是间接或直接测量各种自然量的(仪表)设备。

二、任务目标

1. 了解测量的概念与意义。
2. 掌握测量及测量仪表的分类。

三、任务实施

1. 测量的意义

测量就是按某种规律，借助于专用工具或专门的设备，通过实验的方法求出以测量单位表示被测量的数值大小的过程。各种电量或磁量的测量，统称为电工测量，即将被测的电量或磁量，跟作为测量单位的同类标准电量或磁量进行比较，从而确定这个被测量大小的过程。

电工测量是以电磁规律为基础的测量技术，它不仅具有准确、灵敏、操作简便、反应迅速及容易进行遥测等优点，而且利用它还可以进行非电量（如温度、压力、机械量等）的测量，因此电工测量广泛应用于工农业生产、国防建设和科学研究等各个领域。

电路中的各个物理量（如电压、电流、功率、电能及电路参数等）的大小，除用分析与计算的方法外，常用电工测量仪表去测量。在电力工业中，电能的生产、传输、分配及使用各环节都需要各种仪表测量，以反映电气参数的实际情况。为了保证用电的质量，对电力用户负责，也需要用电工仪表来测量、监视电压、频率及其他电量的大小和变化情况。电气设备的安装、调试、检修、运行过程中，都需要电工仪表进行测量，甚至家庭中的电器维修也离不开电工仪表的测量，电工仪表的使用及测量已经成为电气工作人员必备的技能之一。电工仪表的使用及电量的测量在生产和生活中有着不可替代的作用。

在电气测量技术发展的过程中，新一代的仪表不断出现，从最早的机械式模拟指示仪表，发展到电子式的模拟指示仪表，进而又有电子式的数字仪表、智能仪表及到现在的虚拟仪表都代表了科学技术的进步。然而新一代仪表的出现，并不是完全取代了旧式仪表，而是发挥各自的特点，应用在不同场合。

2. 测量的分类

测量可以从测量形式和测量方法两个方面进行分类。

(1)按测量形式分

按测量的形式可分为直接测量、间接测量和组合测量。

①直接测量：直接测量是指被测量和标准量直接比较后得到被测量值的测量方法。例如：用千分尺测量工件尺寸，用电压表测量电路中的电压等，都属于直接测量。

②间接测量：通过测量与被测量有函数关系的其他量，才能得到被测量值的测量方法。例如，要测量一个未知电阻元件的电阻值，可以通过测量电阻的端电压 U 和通过它的电流 I，然后利用公式 $R=\frac{U}{I}$ 求出该元件的电阻，这种测量方法就是间接测量。

③组合测量：在有些测量中，被测量与多个未知量有关，测量一次无法得出完整的测量结果，需要进行多次的直接测量和间接测量来获得某些可测量的不同组合，然后测出这些组合的数值，按被测量与未知量的函数关系建立方程，求解未知量，这种测量方法称为组合

测量。

(2)按测量方法分

按测量方法分为比较法、零位法、偏位法、替代法。

①比较法:比较法是指被测量与已知的同类度量器在比较器上进行比较,从而求得被测量的一种方法。这种方法用于高准确度的测量。

②零位法:被测量与已知量进行比较,使两者之间的差值为零,这种方法称为零位法。例如电桥、天平、杆秤、检流计。

③偏位法:被测量直接作用于测量机构使指针等偏转或位移以指示被测量大小。

④替代法:替代法是将被测量与已知量先后接入同一测量仪器,在不改变仪器的工作状态下,使两次测量仪器的示值相同,则认为被测量等于已知量。例如曹冲称象。

(3)按测量过程分

根据测量过程的不同可将测量方法分为直读测量法和比较测量法两大类。

①直读测量法

直读测量法就是通过电工指示仪表直接读取测量数据的测量方法。如用万用表测量电流、电压和电阻等都是直读测量法。直读法的特点是:

a. 方法简便实用,测量过程快捷、迅速。

b. 测量结果的准确度受测量仪表的精度限制,仪表精度越高,测量准确度就越高。

c. 测量数据可以是中间量,也可以是最终量,如用电桥测电阻,测得的就是最终量,而用电压表测量变压器的初、次级电压然后求得变压器的变比时,测得的就是中间值。

②比较测量法

所谓比较测量法,就是将被测量与已知同类量具或标准进行比较,从而得到被测数据的测量方法。用电桥测电阻采用的就是比较测量法。对测量准确度要求较高时,一般采用比较测量法。比较测量法有如下几个特点:

a. 准确度和灵敏度较高,当标准量具的精度及指零仪表灵敏度较高时,其测量的最小误差可达到±0.001%。

b. 测量设备一般都比较复杂,操作较麻烦。

3. 测量仪表的分类

电工类测量仪表主要可分为指示仪表和数字仪表。指示仪表有多种分类方式,其主要分类有:

(1)按仪表的工作原理分,有磁电系、电磁系、电动系、感应系及静电系等。

(2)按被测电流的种类分,直流表、交流表、交直流两用表。

(3)按被测量的名称分,有电压表、电流表、兆欧表、功率表、电度表等。

(4)按使用方式分,有开关板式仪表和便携式仪表。开关板式仪表通常固定在开关板或某一装置上,一般准确度低,价格便宜。便携式一般准确度较高,价格也比较昂贵,适合于实验室使用。

(5)按使用环境分,可分为A组、B组、和C组仪表。

(6)按仪表准确度分,分为0.1,0.2,0.5,1.0,1.5,2.5,5.0共七个等级。

巩固练习

一、名词解释

1. 直接测量。
2. 间接测量。
3. 测量误差。
4. 引用误差。
5. 系统误差。
6. 随机误差。
7. 最大引用误差。
8. 仪表的准确度。
9. 测量方法误差。

二、判断题

1. 绝对误差比相对误差能更准确的反应测量的准确度。（ ）
2. 引用误差不仅与测量的相对误差有关，还与仪表的满刻度值大小有关。（ ）
3. 系统误差大小是始终保持恒定的。（ ）
4. 常用电工仪表准确度一般有6个等级。（ ）
5. 含小数的数字进行运算时，保留的小数位数多，会增加数字的准确度。（ ）
6. 当人体受到电击时，频率高的电压或电流造成的伤害相对较大。（ ）
7. 保护接地就是将电力系统中的某一点（通常是中性点）直接用接地装置与大地可靠地连接起来。（ ）
8. 用电压表测电压属于直接测量。（ ）
9. 用万用表测电阻属于间接测量。（ ）
10. 对同一个被测量在同一条件下进行多次反复测量可以消除系统误差。（ ）

三、填空题

1. 测量误差的表示方法通常有________和________两种。
2. 引用误差是用________误差与________值之比来表示的相对误差。
3. 仪表的准确度等级是用____________误差来表示的。
4. 测量仪表按使用环境分，可分为________、________和________组仪表。
5. 按测量的形式分，测量可以分为________测量、________测量和________测量。
6. 根据测量过程的不同可将测量方法分为________测量法和________测量法两大类。

四、选择题

1. 随机误差又叫做（ ）

A. 系统误差　　B. 偶然误差

C. 疏失误差　　D. 绝对误差

2. 下列哪个选项属于系统误差？（ ）

A. 热噪声　　B. 外界的干扰

C. 电表的零点不准或是温度湿度变化

3. 对于同一个被测量而言，测量的绝对误差越(　　)，测量就越准确？

A. 小　　B. 大　　C. 不确定

4. 下列哪个选项属于疏失误差？(　　)

A. 外界的干扰　　B. 电源电压不稳

C. 读错刻度记错数字

五、简答题

1. 测量可以分为哪几类？并简要说明。

2. 测量仪表可以分为哪几类？

3. 测量误差的来源有哪些？

4. 电流对人体危害有哪些？

5. 安全用电措施有什么？

6. 触电时如何进行急救？

项目2 电磁系仪表及交流量的测量

在实际工作当中，测量交流电流和电压使用的最常用的仪表就是电磁系仪表。电磁系仪表由于结构简单而在电工测量中获得了广泛的应用。它还具有很多优点，例如具有抗过载能力强、造价低廉、交直流两用等。目前，电磁系原理除用于制造电流表和电压表外，还用于制成比流计型仪表，用来测量电容、相位和频率等。

通过对本项目的学习，要求了解电磁系仪表的结构与工作原理；掌握电磁系电流表和电压表的使用方法，接线和扩大量程的方式；了解交流电压、电流的参数和各类测量方法。

项目要点

1. 电磁系仪表的结构与工作原理。
2. 电磁系电流表的使用方法，接线和扩大量程的方式。
3. 电磁系电压表的使用方法，连接和扩大量程的方式。
4. 交流电压、电流的参数和测量方法。

任务1 认识电磁系仪表的结构与工作原理

一、任务描述

通过任务认识电磁系仪表的原理、结构，并学会用其测量交流电流和电压。

二、任务目标

1. 了解电磁系仪表的工作原理。
2. 掌握电磁系仪表的结构。
3. 培养学生理论结合实际能力。

三、相关知识

各种电磁系测量机构虽然形式有所不同，但其工作原理都是基本相同的，都是由通过固定线圈的电流产生磁场，使处于该磁场中的铁片磁化，使铁片与铁片或铁片与线圈之间产生吸引力或排斥力，从而产生转动力矩的。

当电磁线圈中有电流 I 通过时，线圈储存的磁场能量为：

$$A=\frac{1}{2}I^2L \tag{2-1}$$

式中 L——线圈的电感。

线圈的能量对仪表可动部分的偏转角 α 的变化率就是仪表的转动力矩 M，即：

$$M=\frac{\mathrm{d}A}{\mathrm{d}\alpha}=\frac{1}{2}I^2\frac{\mathrm{d}L}{\mathrm{d}\alpha} \tag{2-2}$$

若线圈中通过有交流电流 i 时，则转动力矩的瞬时值为：

$$M(t)=\frac{1}{2}i^2\frac{\mathrm{d}L}{\mathrm{d}\alpha} \tag{2-3}$$

由于测量机构具有惯性，它的转动力矩不能随电流的瞬时值而变化，只能反映转动力矩在一个周期 T 内的平均值 M_{p}，其大小为：

$$M_{\mathrm{p}}=\frac{1}{T}\int_0^T M(t)\mathrm{d}t=\frac{1}{2}\frac{\mathrm{d}L}{\mathrm{d}\alpha}\frac{1}{T}\int_0^T i^2\mathrm{d}t=\frac{1}{2}\frac{\mathrm{d}L}{\mathrm{d}\alpha}I^2$$

即：

$$M_{\mathrm{p}}=\frac{1}{2}\frac{\mathrm{d}L}{\mathrm{d}\alpha}I^2 \tag{2-4}$$

式(2-4)与式(2-2)虽然形式上相同，但式(2-4)中的电流是交流电流的有效值。

用电磁系仪表进行测量时，式(2-4)中的电磁力矩就是转动力矩，仪表的游丝将产生一个反作用力矩，当两个力矩相等时，指针等转动部分将在某个位置处于平衡状态，指针偏转的角度与通过的电流一一对应，当电流改变时，偏转角度也随之改变，这样每个角度都对应一个电流，电磁系仪表就是根据这个原理进行测量的。

设游丝产生的反作用力矩为：

$$M_{\alpha}=D\alpha$$

式中 D——游丝的反作用系数。

力矩平衡时有：

$$M_{\alpha}=M_{\mathrm{p}}$$

$$D\alpha=\frac{1}{2}\frac{\mathrm{d}L}{\mathrm{d}\alpha}I^2$$

可得仪表的偏转角：

$$\alpha=\frac{1}{2D}\frac{\mathrm{d}L}{\mathrm{d}\alpha}I^2=k_{\alpha}I^2 \tag{2-5}$$

$$k_{\alpha}=\frac{1}{2D}\frac{\mathrm{d}L}{\mathrm{d}\alpha}$$

式中 k_{α}——比例系数。

k_{α} 与偏转角有关的变量，与线圈特性、铁片材料、尺寸、形状以及与线圈的相对位置有关，当结构一定时，可以认为它是一个常量；此时偏转角 α 与 I^2 成正比，仪表的标尺刻度将是不均匀的，这给读数带来不便。因此，在仪表设计时，总是使$\frac{\mathrm{d}L}{\mathrm{d}\alpha}$随$\alpha$的增大而减小，使仪表的标尺刻度尽可能均匀，当不能使全标尺上刻度都均匀时，就尽量使其工作部分标尺的刻度较为均匀，但总的来说，电磁系仪表的刻度是不均匀的。

四、任务实施

1. 吸引型结构

吸引型电磁系测量机构的结构如图 2-1 所示。它的固定部分是扁平的固定线圈 1。活动部分由偏心地装在转轴上的可动铁片 2、指针 3、阻尼片 4 及游丝 5 等组成。固定线圈和可动铁片组成了一个电磁系统。固定线圈的中间有一条窄缝，动铁片受力后可以旋转进入此窄缝中。

吸引型电磁系测量机构工作原理如图 2-2(a)所示，当线圈中有电流通过时，其附近就产生磁场，使可动铁片磁化，线圈与可动铁片之间产生吸引力，从而产生转动力矩，引起动铁片带动指针偏转。当转动力矩与游丝产生的反作用力矩相等时，指针便稳定在某一平衡位置，从而指示出被测量的大小。由此可见，吸引型电磁系测量机构是利用通有电流的线圈和铁片之间的吸引力来产生转动力矩的。当线圈中的电流方向改变时，线圈所产生的磁场的极性和被磁化的铁片的极性同时随之改变，如图 2-2(b)所示。因此，线圈与可动铁片之间的作用力方向仍保持不变，也就是说，指针的偏转方向不会随电流的方向而改变。可见这种电磁系仪表可以用于交流电路中。吸引型电磁系测量机构由于结构上的原因，不能达到较高的准确度，一般多用于安装式仪表或 0.5 级以下的便携式仪表中。

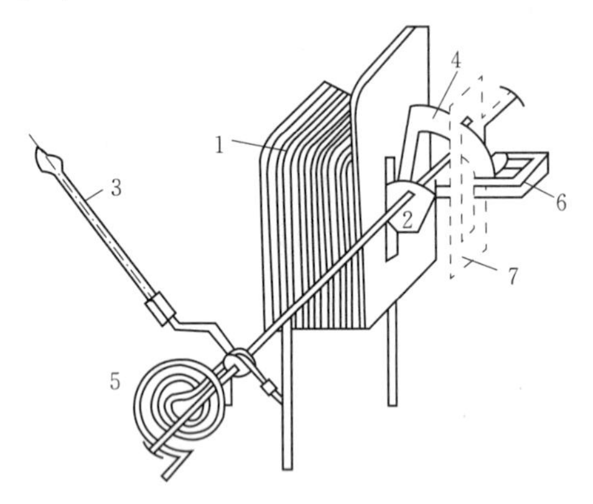

图 2-1　吸引型电磁系测量机构的结构

1—固定线圈；2—可动铁片；3—指针；4—阻尼片；5—游丝；6—永久磁铁；7—磁屏

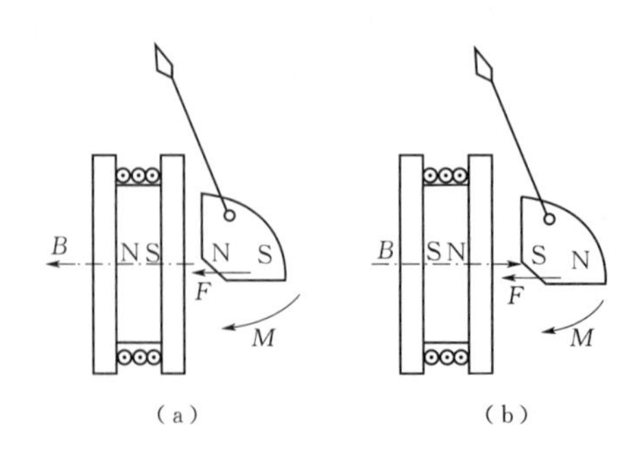

图 2-2　吸引型电磁系测量机构工作原理

2. 排斥型结构

排斥型电磁系测量机构的结构如图 2-3 所示。它的固定部分由圆形的固定线圈 1 和固定在其内壁的固定铁片 2 组成。活动部分由固定在转轴 3 上的可动铁片 4、游丝 5、指针 6 及阻尼片 7 等组成。当线圈中通有电流时，电流所产生的磁场使固定铁片和可动铁片同时被磁化，并且两个铁片同一侧的磁化极性相同，如图 2-4(a)所示，从而产生排斥力，使指针偏转。当转动力矩与游丝产生的反作用力矩平衡时，指针便稳定在某一位置，从而指示出被测量的大小。当线圈中的电流方向发生改变时，它所建立的磁场方向随之改变，两个被磁化铁片的极性也同时随着改变，如图 2-4(b)所示，但两个铁片仍然相互排斥，因此转动力矩的方向依然保持不变，即指针的偏转方向不会改变，所以这种排斥型电磁系测量机构也可用于交流电路中。

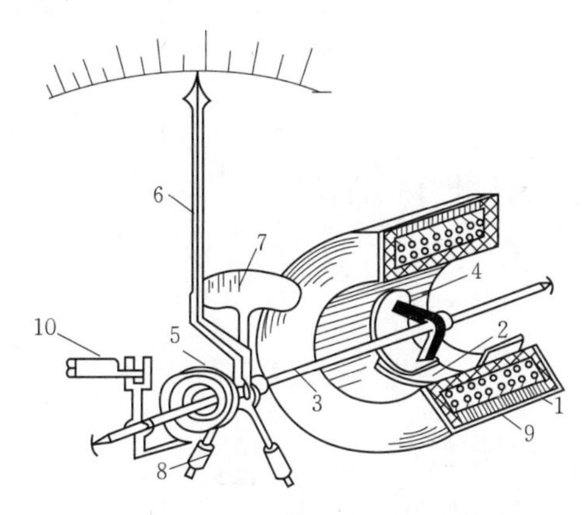

图 2-3 排斥型电磁系测量机构的结构
1—固定线圈；2—固定铁片，3—转轴；
4—可动铁片；5—游丝；6—指针；7—阻尼片；
8—平衡锤；9—磁屏；10—调零装置

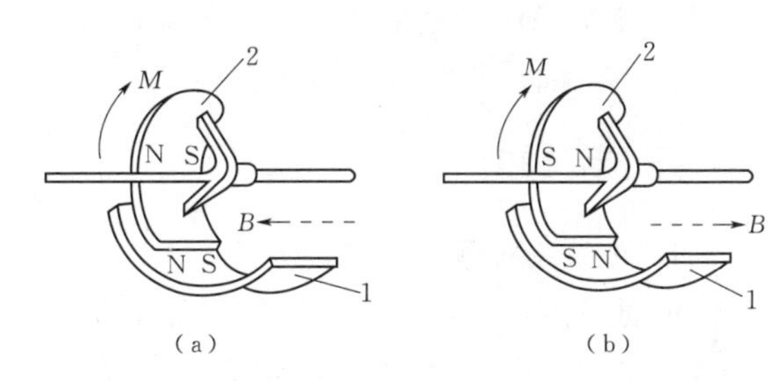

图 2-4 排斥型电磁系测量机构工作原理
1—固定铁片；2—可动铁片

由于排斥型结构中线圈的电感相对变化小，故频率误差容易补偿，因此可以制成 0.2 级或 0.1 级的高准确度仪表。目前，国内外高准确度的电磁系仪表一般都采用排斥型结构。另外，排斥型结构的标度尺与吸引型结构相比较为均匀。

3. 排斥-吸引型结构

排斥-吸引型电磁系测量机构的结构如图 2-5 所示。它也是由固定线圈及固定于线圈上的固定铁片和固定于转轴上的可动铁片组成，它与排斥型结构的主要区别是固定于固定线圈内壁上的固定铁片及与转轴相连的可动铁片均有两组。两组铁片分别位于轴心两侧并上下排布。当线圈中有电流通过时，两组铁片同时被磁化。固定铁片 A、A′与可动铁片 B、B′之间因极性相同而相互排斥；而 A 与 B′、A′与 B 之间因极性相异而相互吸引。随着可动部分的偏转角度的增加，排斥力逐渐减弱而吸引力逐渐增强。在这种结构中，转动力矩是由排斥力和吸引力共同作用而产生的。排斥-吸引型结构的转动力矩较大，因而可制成广角度指示仪表，但由于铁芯中可动铁片和固定铁片的增多，磁滞误差随之增大，所以准确度不高，一般多用于精度要求不高的安装式仪表中。

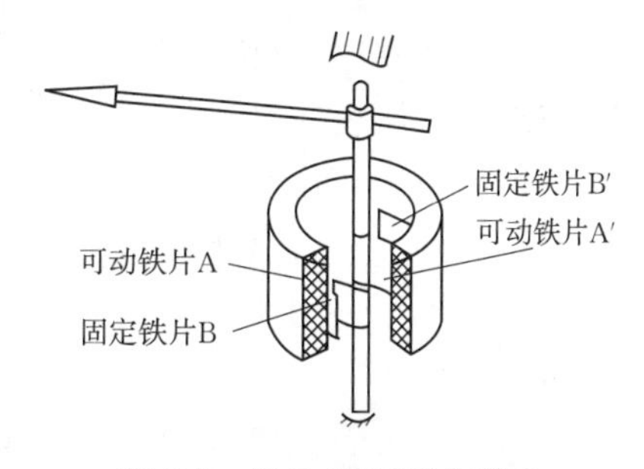

图 2-5 排斥-吸引型电磁系测量机构示意图

任务 2　电磁系电流表和电压表的使用

一、任务描述

分别使用电磁系电流表和电压表测量交流电流和电压。

二、任务目标

1. 了解电磁式电压表和电流表的原理特性。
2. 掌握使用电磁系电压表和电流表测量交流电流和电压的方法。
3. 学会自己设计实验电路。

三、相关知识

1. 电磁式电压表

电磁系测量机构串联一定的附加电阻就构成电磁式电压表。电磁式电压表的工作电流较小，为了产生足够大的磁场，线圈必须有足够的匝数，因此线圈的匝数就要多，电磁式电压表的固定线圈是用很细的绝缘导线绕制而成的，它的匝数比电磁式电流表的匝数多得多。这种电磁系电压表与磁电系电压表的原理一样，通过改变与线圈串联的附加电阻的值就可以改变电压表的量程，如图 2-6 所示，就是双量限电磁系电压表的电路原理图。

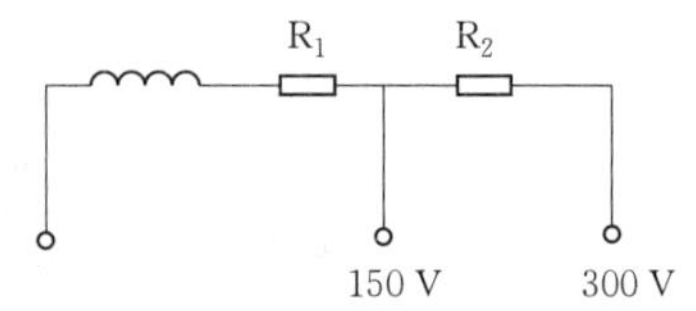

图 2-6　双量限电磁系电压表的电路原理图

由于受结构的限制，电压表线圈的匝数一般不能太多，电流就不能太小，因此，附加电阻就不能太大，电磁系电压表的内阻比磁电系电压表的内阻小的多，一般只有几十欧每伏，多则也只有几百欧每伏，相比之下电磁系电压表对被测电路的影响比磁电系电压表要大。

安装式电压表一般都制成单量程的，其最高量限可以很高，但由于制造起来比较困难，我国生产的电磁系电压表一般最高量限不超过 600 V，要测量更高的电压，就要与电压互感器配合使用，电压互感器的二次电压一般为 100 V，与其相连的电压表则按一次电压刻度。

便携式电压表一般都制成多量程的，多量程电磁系电压表的测量线路是将分段绕制的固定线圈进行串并连改变量限的。低量限采用将分段的固定线圈并联后与附加电阻串联的方法，高量限采用将分段的固定线圈串联后再与附加电阻串联的方法实现量程转换的。

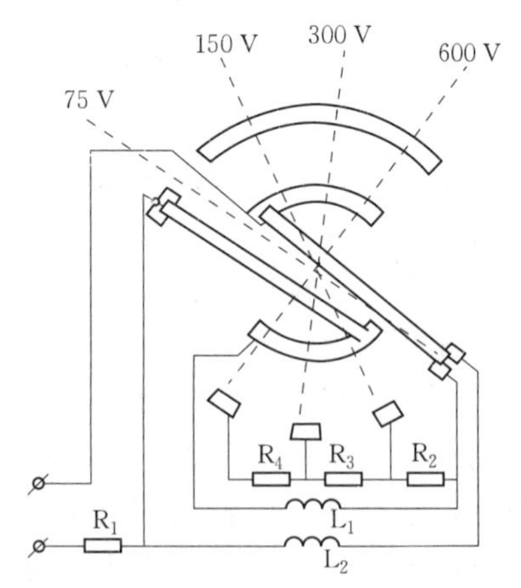

图 2-7　多量程电磁系电压表测量线路

如图 2-7 是一个多量限电压表测量线路示意图，它共有 4 个量程，分别是 75 V，150 V，300 V 和 600 V。当在 75 V 量程时，两个绕组 L_1 与 L_2 并联后与附加电阻

R_1 串联，而在另外三个量程时，两个绕组 L_1、L_2 及电阻 R_1 串联后再分别与附加电阻 R_2 或 R_2，R_3 或 R_2，R_3，R_4 串联。一般多量程电磁系电压表只有 2～4 个量程，这是因为电磁系测量机构要同时满足低量程和高量程的要求是很困难的，而且当被测电压高于 600 V 时，一般应与电压互感器配合使用。

需要注意的是：电磁系电压表、电流表的使用方法基本上与磁电系电压表、电流表相同，只是电磁系电压表、电流表在与被测电路连接时，不需要考虑正、负端钮的连接问题；另外，有些电磁系电压表、电流表可以交直流两用。

电磁系电压表在一定频率的电压作用下，通过线圈电流的有效值与电压的有效值成正比，因此，指针的偏转角也与被测电压有效值的平方成正比。其刻度规律与电磁系电流表相同。

2. 电磁式电流表

在电磁系测量机构中，被测电流直接通过固定线圈，固定线圈一般用较粗的导线绕制，允许通过较大的电流，因此，这种测量机构可以直接作为电流表来使用。测量时，只要把固定线圈与被测电路串联就可以测量电路的直流电流或交流电流的有效值。

电磁系电流表的优点之一是被测电流不经过游丝和可动部分，因此可以做成较大量限的电流表，由于电磁系测量机构的磁场大部分是以空气为介质的，要产生足够的磁场和转矩，要求固定线圈的安匝数必须足够大，一般要求固定线圈的安匝数要达到 200～300，从这一点看电磁系测量机构适合做成大量限电流表。要做成低量限电流表，必须增加线圈匝数，但匝数增多会使线圈的分布电容和电感增大，从而产生较大频率误差，同时，随着匝数的增多，线圈的电阻也增大，功率损耗随之增大，这将对被测电路的工作状态造成较大的影响。因此电磁系电流表的低量限不能做得太小，一般不能低于 1 mA。

当做成高量限电流表时，随着电流表量限的提高，其固定线圈的匝数随之减少，导线线径就要随之增大，线圈导线的截面积随之增大，这在较高频率下会产生集肤效应，使线圈的交流电阻增大，仪表的功率损耗增大。为了减小集肤效应，对于高量限电流表的线圈，一般是采用多股导线或中间绝缘的扁铜线绕制。

用电磁系电流表进行测量时，如果被测电流太大，会在接线端钮处引起发热，接触不良时，发热严重甚至损坏仪表或被测电路，因此，用于直接测量的电磁系电流表一般量限不超过 200 A，例如我国生产的 1T1-A 型，19T1-A 型电磁系安装式电流表，对于 200 A 以上的电流的测量，一般用低量限电流表与电流互感器配合使用。由于电流互感器二次电流一般为 5 A，所以单量程电流表只做成 5 A 的即可。当改变了电流互感器的变比时，就改变了仪表的量程。

安装式电流表一般为单量限的，便携式电流表一般做成多量限的。当构成多量程电流表时，不宜采用分流器。因为线圈内阻较大，对一定的电流分配关系，分流器电阻也大，它的尺寸和功耗也要增大，这样做不合理。为构成多量限电流表，通常是将固定线圈分段绕制，采用两个或多个线圈串并联结合的方法改变量程。如图 2-8 是双量限电流表改变量限示意图，图 2-8(a)为两个线圈串联，图 2-8(b)为两个线圈并联，无论采用哪种连接方式，测量机构的各段线圈通过的电流大小一样，他们所产生的磁场是一样的，因而指针的偏转也一样。但是，图 2-8(a)中被测电流是 I，图 2-8(b)中被测电流是 $2I$。仪表的标尺可以按量限 I 刻度，图 2-8(b)的情况下，仪表的读数可由标尺刻度乘以 2 得到。

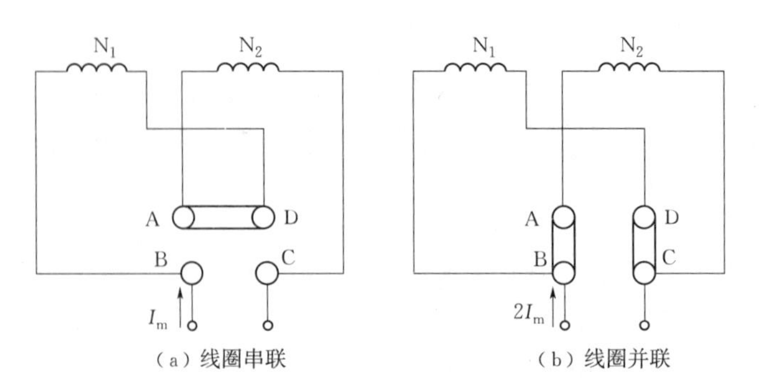

图 2-8 双量限电磁系电流表改变量限示意图

如将线圈分成四段绕制，通过四段的串联、并联和混联可构成三个量限的电流表。设该线圈的线径允许流过的电流为 I，则通过串并联可得到 I、$2I$ 和 $4I$ 的量限，连接方式如图 2-9 所示。

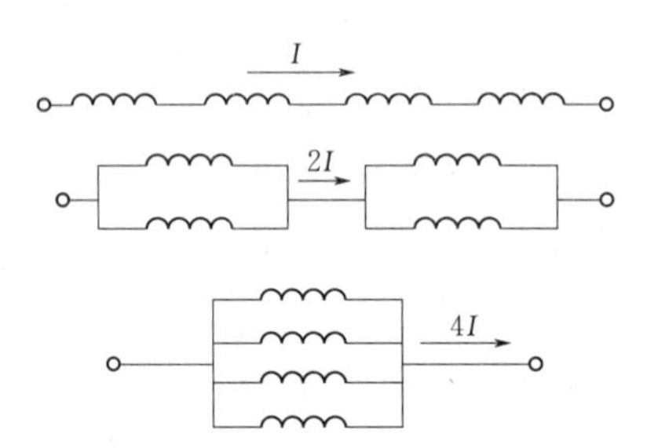

图 2-9 通过改变线圈连接方式改变电表量限示意图

四、任务实施

1. 如图 2-10(a)所示连接日光灯电路，测量启辉状态和稳态时的电流与电压，将测量值和计算值填入表 2-1 中。

表 2-1 日光灯电路测量值

电路状态	测量数值				计算灯管的实际功率	计算功率误差%
	I(A)	U(V)	U_R(V)（灯管电压）	U_L(V)（镇流器电压）	P(W)	
启辉值						
正常值					$P=U_R\times I$	

2. 如图 2-10(b)所示连接白炽灯电路，测量电流与电压，将测量值和计算值填入表 2-2中。

表 2-2 白炽灯电路测量值

序号	测量数值		计算灯泡的实际功率	计算功率误差%
	I(A)	U(V)	P(W)	
1				
2			$P=U\times I$	

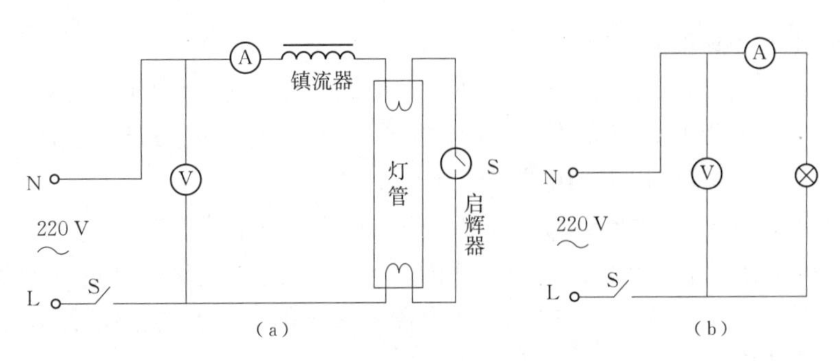

图 2-10　日光灯和白炽灯照明电路

五、注意事项

1. 电磁系测量机构结构简单、抗过载能力强

由于测量机构的可动部分与固定部分没有直接的电路连接，所以使得结构变得比较简单。又因为电磁系仪表测量机构的可动部分没有电流通过，尤其是游丝中没有电流经过，而固定线圈对电流的承受能力较强，使得整个测量机构有较强的抗过载能力。

2. 交、直流两用

由于固定线圈中磁场的极性与其中被磁化的铁片的极性能够随着电流方向的改变而同时变化，使可动铁片与磁场或被磁化的固定铁片之间的相互作用力不发生改变，其转动力矩的方向也不随电流方向的改变而发生改变，所以用电磁系仪表测量直流时，与测量交流一样，不存在极性问题。

3. 测量直流量时误差较大

电磁系测量机构中的铁片是铁磁性物质，而铁磁性物质都存在着磁滞现象，它一方面使得这种仪表的准确度较低，另一方面由于铁片在交流和直流情况下的磁化过程不同，使得交流的电磁系仪表不宜于在直流下应用。在直流下应用时，对于同一大小的被测量，在其上升达到该值和下降达到该值时仪表的示值会有所不同，当测量逐渐增加的直流时读数偏低，当测量逐渐降低的直流时，读数偏高，所以会出现“升降变差”，测量交流量时，不存在这种现象。例如，按交流刻度的电磁系仪表，用于测量直流电路时，读数不稳定，而且误差很大，一般可达 10%左右。但现在采用了优质铁磁材料——坡莫合金作电磁系仪表的铁片，这在一定程度上提高了仪表的准确度，随着新材料的不断出现和使用，仪表的准确度还将得到进一步提高。

4. 灵敏度较低

电磁系测量机构的工作磁场是由固定线圈通过电流后产生的，当用于电流测量时，为提高灵敏度，就必须加强工作磁场，增加线圈的安匝数，这就使得线圈内阻相应增大；当用于电压测量时，由于要保证线圈通过一定的电流，其相应的附加电阻不能太大，从而使得内阻又显得太小。目前，国产电磁系电流表的内部压降约为几十至几百毫伏，电压表内阻约为每伏几十至几百欧姆，大大低于磁电系测量机构，因此，这种机构无论用作电压的测量还是电流的测量，其内阻都要受到安匝数的限制，其灵敏度也必然受到影响。

5. 工作频率范围不大

由于固定线圈的匝数较多,相应感抗较大,而线圈感抗随频率的变化将给测量带来影响,特别是对电压表的影响比较显著,造成频率误差,因此电磁系仪表不适宜用于频率高的电路中,一般用于 1 000 Hz 以下的电路中。

6. 工作磁场弱,易受外磁场影响

由于电磁系测量机构的磁场是由固定线圈产生的,其磁路几乎全部处在空气中,磁场较弱,所以外磁场的影响不可避免,这也是造成电磁系仪表附加误差的主要原因。

7. 标尺刻度不均匀

电磁系测量机构的指针偏转角与电流或电压的平方成正比,所以标出刻度不均匀,经过处理后标尺的大部分变得比较均匀,但标尺的起始部分还不均匀。标尺始端附近标有起始工作位置的小黑圆点,此点之前的部分标尺刻度不均匀度较大,不宜使用。

六、知识拓展

1. 减小外界影响的方法

(1)减小磁滞误差

磁滞误差主要是由于仪表的铁芯、磁屏蔽等铁磁物质的磁滞所造成的,它的大小与铁芯的材料、形状、尺寸等因素有关。要减小这种误差,除合理设计铁芯的形状和尺寸外,主要就是要采用磁导率高、矫顽力低、饱和磁感应强度大的铁磁材料做铁芯。

(2)减小频率误差

用电磁系仪表测量交流量时,频率的变化会给仪表带来影响,造成频率误差。频率误差主要是由仪表金属件中的涡流引起的,因为涡流所引起的磁场总是起着削弱原有工作磁场的作用,其结果将使仪表的示值偏小。要减小这种误差,第一,要采用新材料和新工艺以减少磁场线圈附近的金属件,例如,采用无磁性、无涡流的材料制作某些零件;第二,采用电阻系数大的软磁性合金材料制作磁屏蔽,并设置磁屏蔽开口以断开涡流途径;第三,仪表的铁芯采用薄片叠制而成,零件之间的装配采用胶粘技术等。此外,对精度要求较高的电流表来说,还要进一步利用电路元件进行频率补偿。

我国生产的 T22 型电磁系仪表就是交、直流两用的多量限仪表,该仪表精度较高,为 0.2 级。它的可动部分采用新型的张丝支撑,动片、静片采用高导磁、低矫顽力的坡莫合金材料,上下用高强度合金张丝固定在减震片上,并装有限制器,使仪表具有比较好的耐震动性。仪表的测量机构部分装在用铁和高导磁材料做成的双层磁屏蔽中,较好地防御了外来磁场的影响。

(3)减小外磁场引起的误差

由于电磁系仪表的结构特点,外磁场对它的影响较大。为减小外界磁场的影响,一般采用磁屏蔽方法或采用无定位结构。

磁屏蔽是把测量机构装在导磁良好的磁屏内,使外磁场的磁力线沿着磁屏通过,而不进入测量机构。有时为了进一步减小外磁场的影响,还可以采用双层或三层磁屏。

无定位结构就是将测量机构中的固定线圈分为两部分,并将二者反向串联,当线圈通电时,两线圈产生的磁场相反,但对转到部分产生的转动力矩却是相加的,当有外磁场影响时,使一个线圈的磁场被削弱，而另一个线圈的磁场加强，由于两部分结构是对称的，所以不论仪表放置的位置如何，外磁场的影响总会被削弱。因此，这种结构被称为无定位结构。

2. 电磁系仪表常见故障及消除方法

电磁系仪表常见故障及其消除方法见表2-3。

表2-3　电磁系仪表常见故障及其消除方法

序号	故障	主要原因	一般消除方法
1	卡针	1. 空气阻尼器的翼片碰到阻尼箱 2. 阻尼片碰到阻尼器的永久磁铁 3. 动铁片或静铁片松动而发生接触 4. 动铁片碰到电流线圈 5. 辅助铁片松动而碰到动铁片	1. 调整阻尼片在阻尼箱中的位置，避免二者发生碰擦 2. 调整阻尼片，使其位于磁铁缝隙的中间 3. 紧固动、静铁片 4. 调整线圈的位置，使动铁片位于线圈的宽孔中 5. 固定辅助铁片
2	测量机构有响声	1. 阻尼片碰到阻尼器的永久磁铁 2. 屏蔽罩松动 3. 阻尼机构零件有松动	1. 调整阻尼片，使其位于磁铁缝隙的中间 2. 紧固屏蔽罩 3. 紧固松动的零件
3	交直流误差大	1. 测量电路感抗大 2. 测量机构中铁磁元件的剩磁较大	1. 改变附加绕组的绕制方法或并联电容以减小感抗 2. 将有剩磁的元件进行退磁
4	通电后指针反偏	固定静铁片的铝罩位置装反	调整铝罩位置
5	指针抖动	测量机构的固有频率与转矩频率共振	1. 增减可动体的重量 2. 更换游丝

任务3　交流电压与电流的测量

一、任务描述

学会使用万用表测量交流电压与电流。

二、任务目标

1. 了解测量交流电压、电流的参数。
2. 掌握测量交流电压与电流的方法。
3. 培养学生团结协作能力。

三、相关知识

在供电系统中，交流供电是使用最普遍、获取最容易的一种供电方式，也是最重要的一种供电方式。供、用电企业对电源的不可用度有着严格的要求，重要的局站均要求实现一类市电供电方式。掌握交流电量参数的定义和测量方法是动力维护人员做好动力维护工作的基础，也是需要掌握的最基本的技能。

1. 交流电压有效值的测量方法

电厂供应的交流电，其电压、电流都是按正弦规律变化的，我们称之为正弦交流电。交流电压又可分为峰值电压、峰—峰值电压、有效值电压和平均值电压四种。

交流电压的有效值测量通常使用万用表、交流电压表（不低于 1.5 级）或示波器。测量方法主要有直读法和示波器测量法。

（1）直读法测量

根据被测电路的状态，将电压表或万用表放在适当的交流电压量程上，测试表棒直接并联在被测电路两端，电压表或万用表的读数即为被测交流电源的有效值电压。

以上方法适用于低压交流电的测量。对于高压电，为了保证测试人员和测量设备的安全，一般采用电压互感器将高压变换到电压表量程范围内，然后通过表头直接读取。在电压测量回路中，电压互感器的作用类似于变压器。值得一提的是进行电压互感器的安装和维护时，严禁将电压互感器输出端短路。

常用的交流电压表和万用表测量出的交流电压值，多为有效值。要得到交流电源的全波整流平均值、峰值和峰—峰值等，需要把交流电压的有效值，进行相应的系数换算，换算关系可以通过推导得出。表 2-4 中列出了各种常见电源的有效值，全波整流平均值、峰值和峰—峰值的转换关系，供测量电压时查阅。

表 2-4　各种常见电源的有效值、平均值、峰值和峰—峰值的转换关系

交流电源	波　形	有效值	平均值	峰值	峰—峰值
正弦波	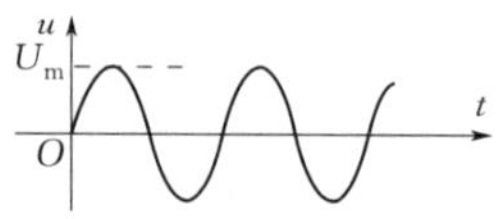 u, U_m, O, t	$0.707U_m$	$0.637U_m$	U_m	$2U_m$
正弦波全波整流	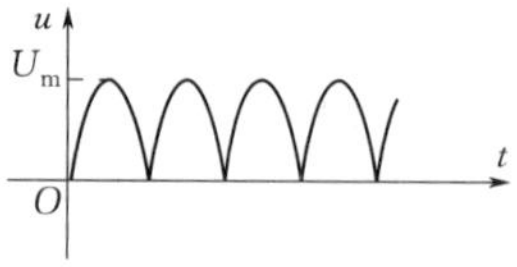 u, U_m, O, t	$0.707U_m$	$0.637U_m$	U_m	U_m
正弦波半波整流	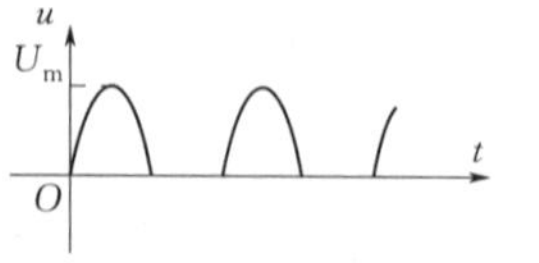 u, U_m, O, t	$0.5U_m$	$0.318U_m$	U_m	U_m

续上表

交流电源	波　形	有效值	平均值	峰值	峰—峰值
三角波		$0.577U_m$	$0.5U_m$	U_m	$2U_m$
方波		U_m	U_m	U_m	$2U_m$

(2)示波器测量法

用示波器测量电压,不但能测量到电压值的大小,而且能正确地测定波形的峰值、周期以及波形各部分的形状,对于测量某些非正弦波形的峰值或波形某部分的大小,示波器测量法是必不可少的。

用存储示波器测量电压时,不但可以利用屏幕上的光标对波形进行直接测量,并且能够将存储下来的波形复制到计算机中以便日后进行比较和分析。

用示波器可以测出交流电源的峰值电压或峰—峰值电压。如果需要平均值电压或有效值电压,可以通过表 2-4 给出的系数进行换算。

2. 交流电流的测量方法

交流电流的测试一般选用精度不低于 1.5 级的钳形表、电流表或万用表。测量一般电流时,选择电流表或万用表的合适挡位,可直接测量交流电流的有效值。

测试大电流时,一般选用交流钳形表测量。测试时将钳形表置于 AC 挡,选择适当的量程,张开钳口,将表钳套在电缆或母排外,直接从钳形表上读出电流值。测试接线如图 2-11(a)所示。如果被测试的电流值与钳形表的最小量程相差很大时,为了减少测量误差,可以将电源线在钳形表的钳口上缠绕几圈,然后将表头上读出的电流值除以缠绕的导线圈数,测试接线如图 2-11(b)所示。

测量精度要求较高且电流不大时,应选用交流电流表(或万用表)进行测量。测量时将电流表串入被测电路中,从表上直接读出电流值。测试接线如图 2-12 所示。

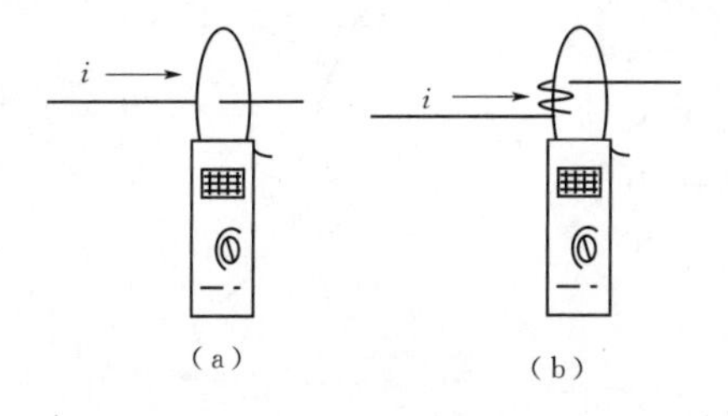

图 2-11　钳形表测量接线

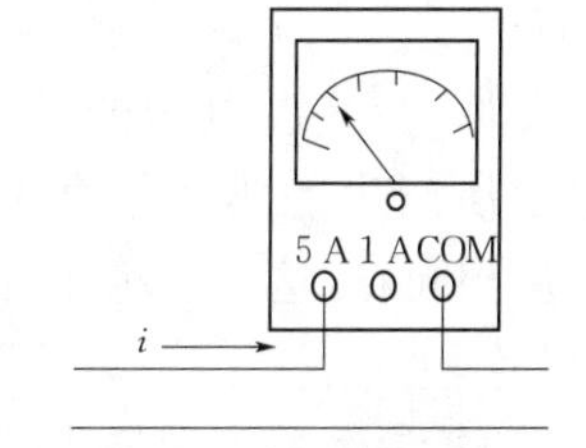

图 2-12　交流电流表测量接线图

3. 交流电压的参数

在电工、电子技术领域中所要测量的大都是各种随时间不断变化的电信号，这些电信号具有频率范围宽、幅度范围大、波形复杂、含有噪声干扰等特点，对这些信号幅度的测量即为交流电压的测量。表征交流电压的基本参数有峰值、平均值、有效值、波峰因数和波形因数。

(1)峰值

交流电压的峰值，是指交流电压 $u(t)$ 在一个周期内电压所达到的最大值。用 U_m（或 U_P）表示。

峰值 U_{P-P} 表示信号的最大值与最小值的差。对于对称的正弦信号来说，更常用的是峰值 U_P，其等于 1/2 的 U_{P-P}。

如：$u(t)=2\cos\omega t$（V），则有 $U_{P-P}=4V$，$U_P=2V$。

(2)平均值

设电压信号为 $u(t)$，其周期为 T，则平均值为：

$$U_{av}=\frac{1}{T}\int_0^T u(t)\mathrm{d}t \tag{2-6}$$

式中　T——被测信号的周期；

$u(t)$——被测信号，为时间的函数。

对于一个对称的周期信号如正弦波、方波等，平均值等于 0，因此无法用平均值来表征电压的大小。

在交流电压的测量中，指示电表的指针偏转角度与直流电压成正比，交流电压需变换成对应的直流电压。典型电路就是检波器。交流电压的平均值是指经过测量仪器的检波器后的平均值。而仪器的检波有半波检波器和全波检波器两种。电压经全波检波后的平均值定义为：

$$U_{av}=\frac{1}{T}\int_0^T |u(t)|\mathrm{d}t \tag{2-7}$$

由于全波平均值应用广泛，如果不特殊说明，平均值都指全波平均值。

(3)有效值

有效值指的是信号的均方根值(RMS)。电压信号的有效值用 U 或 U_{RMS} 表示，其数学表达式为：

$$U=\sqrt{\frac{1}{T}\int_0^T u^2(t)\mathrm{d}t} \tag{2-8}$$

其物理意义是：在交流电压的一个周期内，这个交流电压在某电阻上所产生的热量与直流电压加在同一电阻上所产生的热量相同时，这个交流电压的有效值就等于该直流电压的值。

对于正弦波，各参数的关系如式(2-9)和图 2-13 所示。

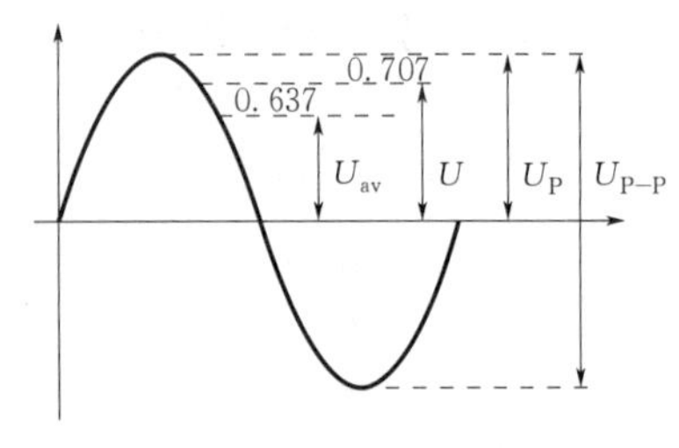

图 2-13　正弦波参数关系图

$$\begin{cases} U_{P}=\dfrac{U_{P-P}}{2} \\ U_{av}=\dfrac{2}{\pi}U_{P}=0.637U_{P} \\ U=\dfrac{U_{P}}{\sqrt{2}}=0.707U_{P} \end{cases} \tag{2-9}$$

(4)波形因数 K_{F} 与波峰因数 K_{P}

不仅正弦交流电的峰值、平均值和有效值存在一定的数量关系，其他非正弦交流电也存在一定的数量关系，因此工程上定义了如下两个参数：

①波形因数 K_{F}，表示电压的有效值与平均值之比，即：

$$K_{F}=\frac{U}{U_{av}} \tag{2-10}$$

②波峰因数 K_{P}，表示交流电压的峰值与有效值之比，即：

$$K_{P}=\frac{U_{P}}{U} \tag{2-11}$$

对于正弦信号有：

$$K_{P}=\sqrt{2}=1.414$$

$$K_{F}=\frac{\pi}{2\sqrt{2}}=1.11$$

不同电压波形，K_{F}、K_{P} 值不同，对不同的电压参数，需要用不同的仪表进行测量。

四、任务实施

1. 连接电路，使发光二极管正常发光。

2. 按前面讲的使用前的要求准备好万用表并将选择开关置于 mA 或 100 mA 量程挡。

3. 断开电位器中间接点和发光二极管负极间引线，形成“断点”。这时，发光二极管熄灭。

4. 将万用表串接在断点处。红表笔接发光二极管负极，黑表笔接电位器中间接点引线。这时，发光二极管重新发光，万用表指针所指刻度值即为通过发光二极管的电流值。

5. 正确读出通过发光二极管的电流值，旋转电位器转柄，观察万用表指针的变化情况和发光二极管的亮度变化。

6. 记录通过发光二极管的最大电流是××mA，最小电流是××mA。

7. 测量完毕，断开电源，按要求收好万用表。

五、知识拓展

测量不同电压参数的电压表。在电工、电子技术中经常遇到各种非正弦波形，对这些波形参数的测量和采样需要用到各种不同的电压表，利用这些仪表可以直接测量信号的平均值、峰值及峰-峰值等，不需要再进行转换。

1. 均值电压表

(1)均值电压表的组成

交流模拟电压表中检波器是实现交流电压测量(AC/DC 转换)的核心,同时为了测量小信号电压,放大器也是电压表中不可缺少的部件,因此按照检波器在放大器之前或之后,电子电压表有两种组成方案,即放大-检波式电子电压表和检波-放大式电子电压表。

均值电压表为均值响应,它的响应过程为:$u_x(t)$—放大—均值检波—驱动表头,即放大—检波式。

均值电压表的组成框图如图 2-14 所示,它包括阻抗变换电路、分压器、放大器、检波器、磁电式表头等部分,特点是先放大后检波。

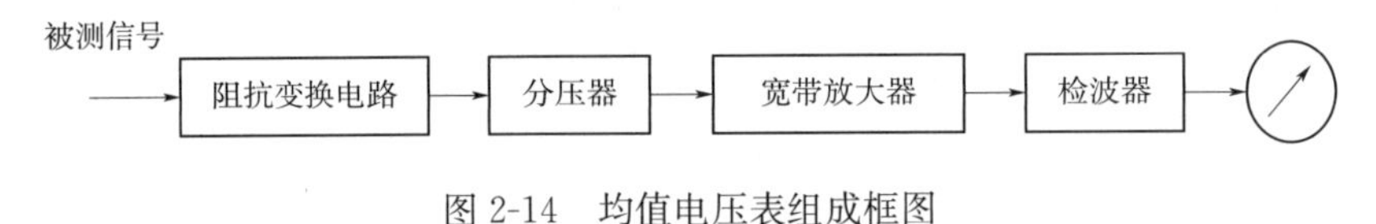

图 2-14　均值电压表组成框图

①阻抗变换器的作用是提高输入阻抗,减小对被测电路的影响,组成如图 2-15 所示。

②分压器的作用是在测量大信号时对输入信号进行衰减以扩大测量量程。

a. 可变分压器:可变分压器的电路如图 2-16 所示,这种分压器也常称为低阻分压器。只要将波段开关 S 与不同的触点连接,即可方便地改变分压比。

b. 补偿式分压器:在可变分压器中,分压电阻越大,输入阻抗越大。但分压电阻大,寄生电容的影响也大,使电路的工作频率降低。因此需要考虑对分压器的频率响应进行补偿。图 2-17 所示为补偿式分压器,也称高阻分压器,采用复合阻容结构。

$$Z_1=\frac{R_1}{1+j\omega C_1R_1}$$

$$Z_2=\frac{R_2}{1+j\omega C_2R_2}$$

$$U_0=\frac{Z_2}{Z_1+Z_2}U_1$$

电路参数不同,补偿式分压器的输出响应也不同。

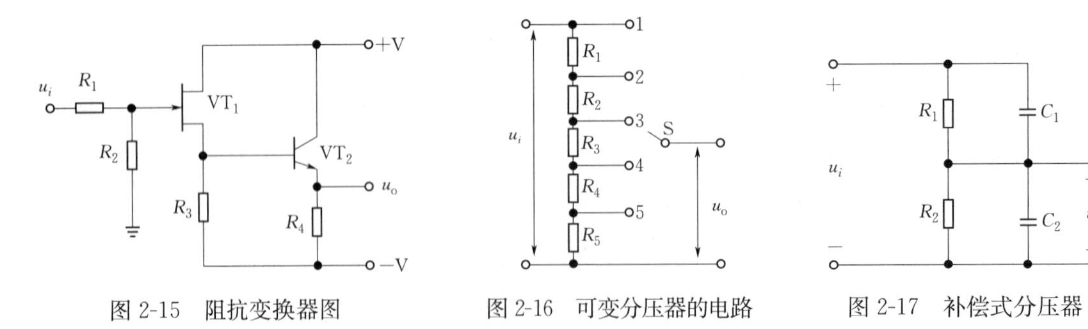

图 2-15　阻抗变换器图　　图 2-16　可变分压器的电路　　图 2-17　补偿式分压器

设输入 U_i 为阶跃信号,当 $R_1C_1=R_2C_2$ 时,输出响应为临界补偿状态,如图 2-18(a)所示;当 $R_1C_1>R_2C_2$ 时,输出响应为过补偿状态,如图 2-18(b)所示;当 $R_1C_1<R_2C_2$ 时,输出响应为欠补偿状态,如图 2-18(c)所示。

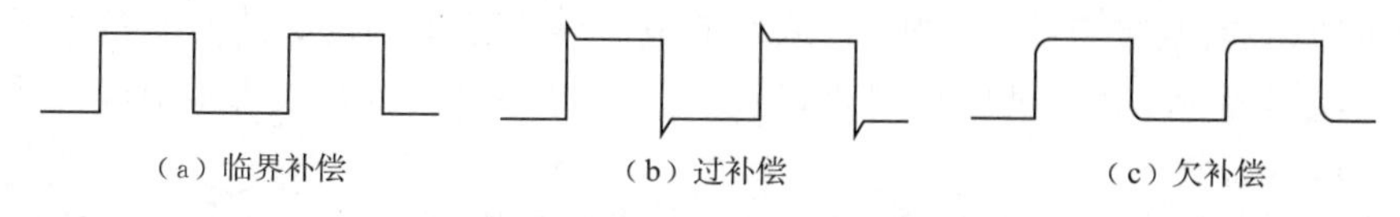

图 2-18 不同补偿时的波形

当满足 $R_1C_1=R_2C_2$ 时，Z_1、Z_2 表达式中分母相同，则衰减器的分压比为：

$$\frac{U_0}{U_i}=\frac{Z_2}{Z_1+Z_2}=\frac{R_2}{R_1+R_2} \tag{2-12}$$

衰减比与频率无关，因此电路可获得宽频带的平坦响应。

③宽带放大器可实现信号放大。宽带放大器一般选用宽带线性集成放大器，如 LM733，可工作在 0～50 MHz 的频率范围，它输入阻抗高，频带宽，动态范围大，线性好。

④均值检波器。均值电压表的检波方式是放大—检波式，即先放大被测交流信号的电压，然后再经检波将交流转化为直流驱动电流表。其检波后的直流输出正比于检波器的输入电压的平均值，这种检波器称为均值检波器。均值检波器一般都采用二极管全波或半波整流电路。为了使指针稳定，在表头两端跨接滤波电容，滤去检波器输出电流中的交流成分。如图 2-19 为全波平均值检波电路。我们就以它为例，来分析均值检波器的工作原理。

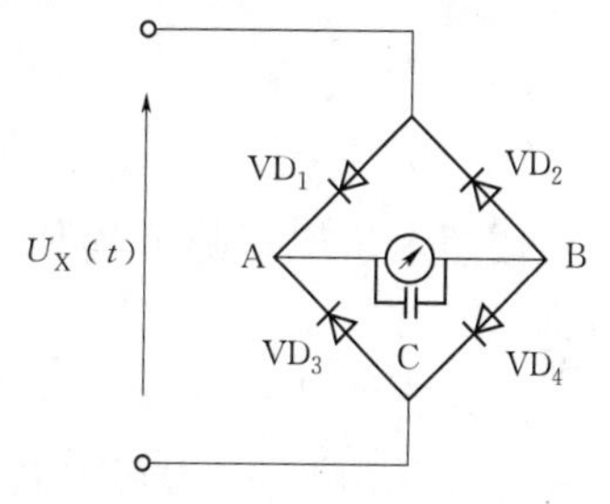

图 2-19 全波平均值检波电路

被测信号电压 U_x 加到输入端，在正弦波的正半周，VD_1、VD_4 导通，VD_2、VD_3 截止；在正弦波的负半周，VD_2、VD_3 导通，VD_1、VD_4 截止，检波器输出端 A、B 之间的电压波形是全波整流波形，整流后的单向导电电流通过微安表表头。交流分量由 C 旁路，所以流过表头的就是 A、B 支路的平均电流。

设输入电压为 $U_x(t)$，VD_1～VD_4 具有相同的正向电阻 R_d，微安表表头内阻为 r_m。则正向平均电流为：

$$I_{av}=\frac{1}{T}\int_0^T\frac{|U_X(t)|}{2R_d+r_m}dt=\frac{U_{av}}{2R_d+r_m} \tag{2-13}$$

由上式可以看出，流过表头的电流值正比于检波器输入电压的平均值，而与其波形无关。

(2)均值电压表的刻度特性

在均值电压表中，检波器对被测电压的平均值产生响应，即电压表的指针偏转正比于被测电压的平均值。但是，除特殊需要(例如，脉冲电压表)外，仪表的刻度盘均是按正弦电压的有效值来刻度的。也就是说，在电压表的额定工作频率范围内加正弦交流电压时的指示值就是正弦电压的有效值且正比于被测电压的平均值，即：

$$U_\alpha=U_W=K_FU_{av}=1.11U_{av} \tag{2-14}$$

式中 U_α——电压表读数；

U_W——电压表所刻度的正弦电压有效值；

U_{av}——被测电压平均值；

K_F——正弦电压的波形因数。

由此可知，只有测量正弦波电压时，从均值电压表上读得的读数才是它的有效值，才有实际意义。而当测量非正弦波电压时，示值没有直接物理意义，必须将示值经过换算，才能测出被测电压的有效值。

波形换算方法是，当测量任意波形电压时，将从电压表刻度盘上读得的示值先除以正弦波的波形因数 K_F 折算成正弦电压的平均值，然后再按照“平均值相等则读数相等”的原则，用被测波形的波形因数换算出被测的非正弦电压的有效值。

【例 2-1】 用均值电压表分别测量正弦波、方波及三角波，电压表均指在 10 V 处，问被测电压的平均值、有效值、峰值各是多少？

解：对于正弦波，示值就是其有效值。

$$U_{av}=\frac{U_{\sim}}{K_{F\sim}}=\frac{10}{1.11}=9(\text{V})\quad(\text{平均值})$$

$$U=U_{\alpha}=10(\text{V})\quad(\text{有效值})$$

$$U_P=K_PU_{\sim}=1.41\times10=14.1(\text{V})\quad(\text{峰值})$$

按照示值相等则平均值也相等的原则，所以方波和三角波的平均值也都是 9 V，即可得：

对于方波，因其 K_F 与 K_P 均为 1，所以方波的均值、有效值、峰值均是 9 V。

对于三角波，因为它的 $K_F=1.15$，$K_P=1.73$，所以可得：

$$U_{av}=9\ \text{V}\quad(\text{平均值})$$

$$U=1.15\times9=10.35(\text{V})\quad(\text{有效值})$$

$$U_P=K_PU=1.73\times10.35=17.91(\text{V})\quad(\text{峰值})$$

可见，对于非正弦波的测量，均值电压表的示值如果作为相应波形的有效值是有误差的，称波形误差，误差大小分别为：

$$\Delta U_{方}=|9-10|\ \text{V}=1\ \text{V}$$

$$\Delta U_{\Delta}=|10.35-10|\ \text{V}=0.35\ \text{V}$$

实际测量中两款均值电压表的外形如图 2-20 所示。

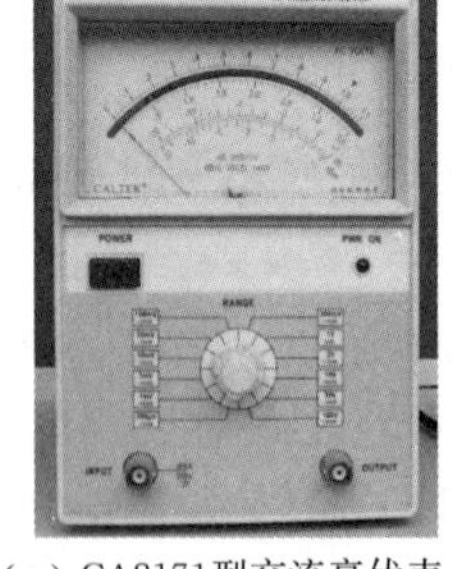

（a）CA2171型交流毫伏表

（b）SX2172型交流毫伏表

图 2-20　两款均值电压表外形

(3)均值电压表的特点

①被测信号先经宽带放大器放大，测量灵敏度高，测量最小幅度为几百微伏或几毫伏。

②因进行的是大信号检波，避免了因检波器的非线性产生的失真。

③采用阻抗变换来提高电压表的输入阻抗，减少了对被测电路的影响。

④读数按正弦波有效值刻度，测非正弦信号的有效值需要进行换算。

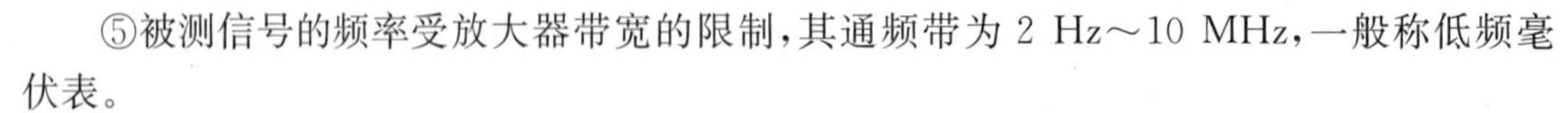

⑤被测信号的频率受放大器带宽的限制，其通频带为 2 Hz～10 MHz，一般称低频毫伏表。

2. 峰值电压表

(1)峰值电压表的组成

峰值电压表是峰值响应,即 $u_x(t)$—峰值检波—放大—驱动表头,所以是检波—放大式电压表。特点是先将被测交流电压检波变为直流电压,然后再经直流放大器放大,用放大后的直流电流去驱动磁电式电流表指针的偏转。其组成框图如图 2-21 所示。

图 2-21 检波—放大式电压表组成框图

①峰值检波器。采用二极管检波的检波器安装在探头内(接线短)。其检波器的输出是峰值响应,即电压表的指针偏转角度正比于被测电压的峰值。其峰值检波器有两种,基本电路形式如图 2-22 所示,图中 VD 为检波二极管,C 为储能电容,R 为检波器的负载电阻。图 2-22(a)为串联式电路,因检波二极管与检波负载电阻串联而得名;图 2-22(b)为并联式电路,因检波二极管与检波负载并联而得名。

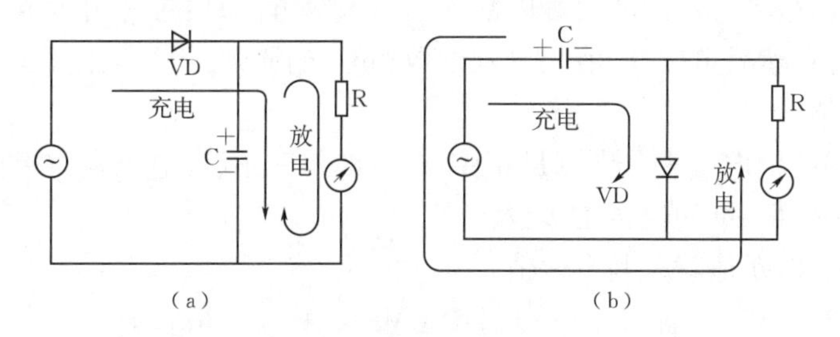

图 2-22 峰值检波器电路

以串联式电路为例来说明峰值检波的原理。

如图 2-23 所示,当被测信号电压 U_X 为正半周时,二极管 VD 导通,U_X 通过二极管 VD 对电容器 C 充电,U_C 上升至被测电压的峰值,此后被测信号电压 U_X 下降直到负半周,二极管截止,电容 C 通过电阻放电,由于 $RC \gg T_X$,故放电进行很慢,到下一次充电开始时 U_C 下降很少,使得 U_C 基本维持在输入电压的峰值 U_p。

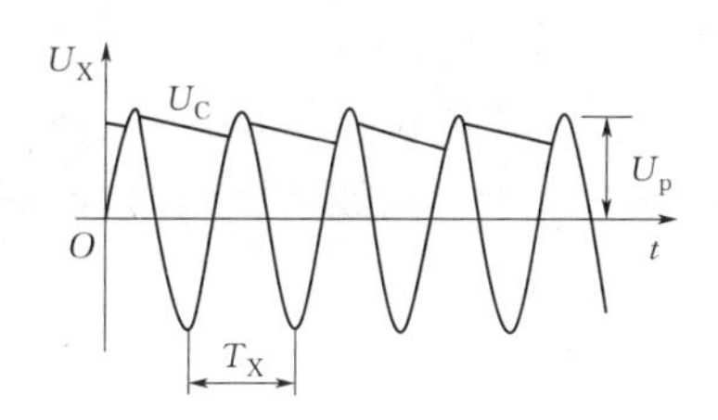

图 2-23 峰值检波器波形

由图 2-23 可知流过电流表的电流为:

$$I=\frac{U_{cav}}{R}\approx\frac{U_p}{R} \tag{2-15}$$

式中 U_{cav}——是电容端电压的平均值。

式(2-15)表明,表头指针的偏转与被测电压的峰值成正比,从而实现了峰值检波。

②放大器。一般采用桥式直流放大器,它具有较高的增益,但灵敏度不高。

直流放大器的零点漂移是影响电压表灵敏度的因素之一,为了提高灵敏度,目前普遍采用高增益、低飘移的直流放大器,如斩波放大,即利用斩波实现直流电压—交流电压—用交流放大器放大—恢复成直流电压的过程,其灵敏度可达几十微伏。

(2)峰值电压表的刻度特性

峰值电压表的检波器输出的是峰值响应，即经过峰值检波器的直流电压正比于被测电压的峰值。而一般情况下，磁电式电流表的读数刻度是按正弦有效值来定度的，即电压表的读数正比于被测正弦信号的有效值。所以，采用峰值检波器的电压表进行非正弦信号的测量时，应通过波峰因数进行变换。

$$U_\alpha=U_W=\frac{U_p}{K_p}=\frac{U_p}{\sqrt{2}} \tag{2-16}$$

式中 U_α——电压表读数；

U_W——电压表所刻度的正弦电压有效值；

U_p——被测电压的峰值；

K_p——正弦电压的波峰因数。

也即只有测量正弦波电压时，示值才是它的有效值，而测量非正弦波电压时，示值没有直接物理意义，必须经过换算后方可求得被测电压的有效值。

不同波形的信号具有不同的波峰因数 K_p，其换算方法是：首先用示值乘以波峰因数，求出正弦电压的峰值，然后再按"峰值相等则读数相等"的原则，用被测波形的波峰因数换算出被测电压的有效值。

【例 2-2】 用峰值电压表分别测量正弦波、方波及三角波，电压表均指在 5 V 位置，问被测电压的峰值、有效值、平均值各是多少？

解：对于正弦波，示值就是其有效值：

$$U_p=K_pU=1.41\times5\text{V}=7.1\text{ V}\quad(\text{峰值})$$

$$U=U_\alpha=5\text{ V}\quad(\text{有效值})$$

$$U_{av}=\frac{U}{K_F}=\frac{5}{1.11}\text{ V}=4.5\text{ V}\quad(\text{平均值})$$

对于方波：$U=U_{av}=U_p=7.1\text{ V}$

对于三角波：$U_p=7.1\text{ V}$(峰值)

$$U=\frac{U_p}{K_p}=\frac{7.1}{1.73}\text{V}=4.1\text{ V}(\text{有效值})$$

$$U_{av}=\frac{U}{K_F}=\frac{4.1}{1.15}\text{V}=3.57\text{ V}(\text{平均值})$$

可见，用峰值电压表测量非正弦电压时，若直接将示值作为被测信号的有效值，将产生很大的误差，称为波形误差。

$$\Delta U_{方}=|7.1-5|\text{V}=2.1\text{ V}$$

$$\Delta U_{\Delta}=|4.1-5|\text{V}=0.9\text{ V}$$

如图 2-24 所示 DA22A 型超高频毫伏表即为一款峰值电压表(检波—放大式电子电压表)，它的电压测量范围是 800 μV～10 V，频率 20 kHz～1 GHz。

图 2-24　DA22A 型高级毫伏表

(3)峰值电压表的特点

①检波二极管导通时有一定的起始电压，且采用普通直

流放大器有零点漂移，故灵敏度低，非线性失真大，不适于测小信号。

②输入阻抗高，可达数兆欧。

③带宽主要取决于检波器，其带宽可很宽，目前上限频率可达 1 GHz，故有高频或超高频毫伏表之称。

④读数按正弦波有效值刻度，测非正弦信号的有效值需要进行换算。

⑤采用二极管构成的峰值检波器安装在屏蔽良好的探头（探极）内，用探头的探针触及被测点，把被测高频信号首先变成直流电压，可以大大减少分布参数的影响以及信号传输的损失。

3. *有效值电压表*

（1）热电偶变换式电子电压表

热电偶变换式电子电压表是有效值电压表的一种类型。它根据热电现象和热电偶原理，利用热电偶的热电变换功能将被测交流电压的有效值转换成直流电流，是真有效值电压表。下面阐述它的工作原理。

两种不同材料导体的两端相互连接在一起，组成一个闭合回路，当两节点处温度不同时，回路中将产生电动势，从而形成电流，这一现象称为热电效应，所产生的电动势称为热电动势，如图 2-25(a)所示。

利用此原理，可做成热电偶式有效值检波器，如图 2-25(b)所示。

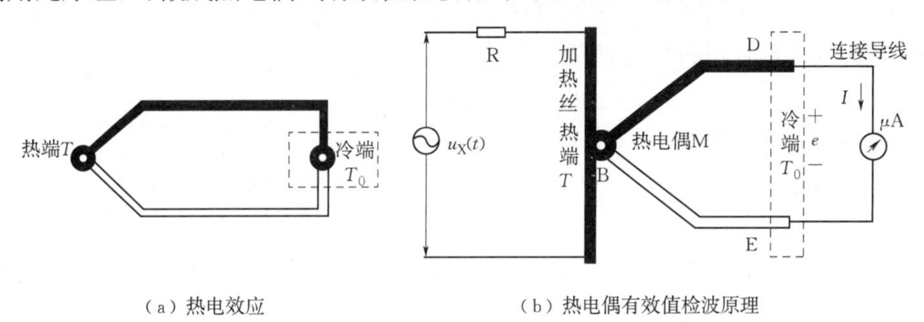

（a）热电效应　　（b）热电偶有效值检波原理

图 2-25　热电转换原理

热电偶 M 由两种不同材料的导体组成，如铜和康铜[图 2-25(b)中 BD 和 BE]，它们的相交界面 B 与热电阻丝耦合，B 端称为“热端”，D 和 E 端称为“冷端”。在 D 和 E 之间接入电流表，当热电阻丝通过分压电阻 R 接入被测交流信号 $u(t)$时，电阻丝发热，使热端 B 与冷端 D、E 出现温差 ΔT，热端电子能量大于冷端电子能量，产生电子的扩散，由于材料不同，故 D、E 两端产生了电位差，即温差电动势 e，这个热电动势 e 使热电偶电路产生直流电流 I，电流 I 使电流表指针偏转。

从上面的工作原理可知，直流电流 I 正比于所产生的热电动势 e，热电动势 e 正比于温差，温差正比于热电阻丝产生的热能，热能正是由被测信号 $u(t)$的电能转换来的，因此正比于被测电压有效值的平方 u_X^2，所以流过电流表的直流电流 I 正比于被测电压的平方 u_X^2，这就完成了交流电压有效值到直流电流之间的变换，变换关系如下：

$$I \propto e \propto \Delta T \propto Q \propto U_X^2$$

显然，这种变换是非线性的，所以实际的有效值电压表，必须采取措施来使表头刻度线性化。

表头刻度线性化处理：采用两种相同的热电偶，分别作为测量热电偶和平衡热电偶，如图 2-26 所示。

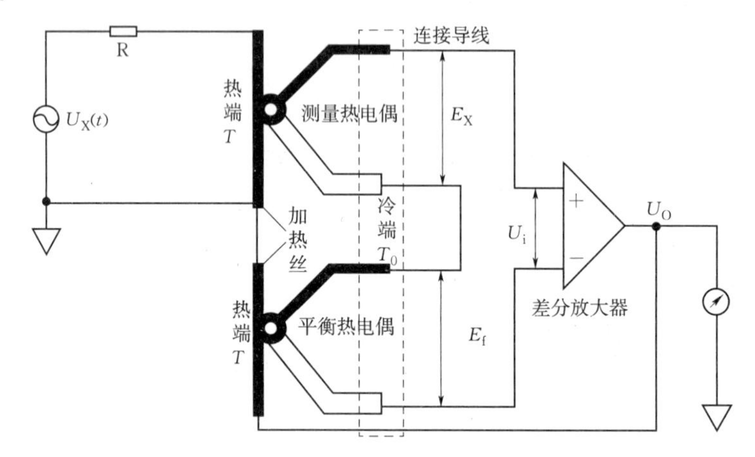

图 2-26　有效值电压表的组成

图 2-26 中，通过平衡热电偶形成一个电压负反馈系统。

两对热电偶的热电动势分别为：

$$E_X=k_1U_X^2,\quad E_f=k_2U_O^2 \tag{2-17}$$

因两对热电偶具有相同特性，所以有：

$$k_1=k_2=k \tag{2-18}$$

故差分放大器输入电压为：　$U_i=E_X-E_f=k(U_X^2-U_O^2)$

当系统达到平衡时，$U_i=0$，即 $U_O=U_X$。即输出电压等于被测电压有效值，实现了线性刻度。

上述为原理电路，实际电路同样需要附加分压器和放大器等，实际的 $U_O=kU_X$，k 与放大器的增益有关。

(2)模拟计算变换式

热电式有效值电压表存在两个缺点：一是热惯性，使用时需要等指针偏转稳定才能读数；二是过载能力差，容易烧坏，因此现代电压表中广泛应用模拟计算变换式。即利用乘法器、积分器和开方器等计算电路按公式直接完成有效值的计算。如图 2-27 为计算式有效值电压表原理方框图。

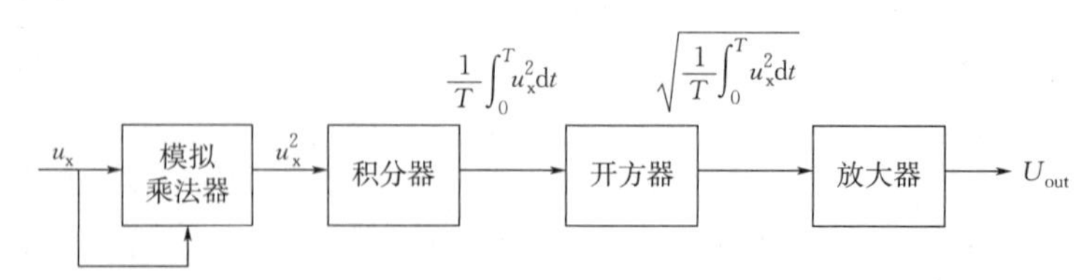

图 2-27　计算式有效值电压表原理框图

(3)有效值电压表的刻度特性

有效值电压表按正弦电压有效值刻度，当测量非正弦波时，理论上不会产生波形误差，因为，一个非正弦波可以分解成基波和一系列谐波电压，具有有效值响应的电压表，其响应的直流电流正比于基波和各项谐波电压的平方和，即读数 $U_\alpha = kU = k\sqrt{U_1^2 + U_2^2 + \cdots}$，而与各次谐波的频率无关，即与波形无关。所以，一般来说，利用有效值电压表可直接从电表上读出被测电压的有效值而无需换算。所以这种电压表被称为真有效值电压表。

图 2-28 是型号为 DA24 型和 DA30A 型的真有效值电压表，用于测量频率为 10 Hz～10 MHz，的各种信号的真正有效值电压，电压测量范围分别为 100 mV～300 V 和 100 μV～300 V，满量程上可测峰值因数为 10∶1 的非正弦波电压。对正弦波、脉冲波、方波、锯齿波、三角波及无规则的噪声等各波形的有效值电压均能精确的测量。仪器的指示具有线性刻度，并附有直流输出装置，能驱动直流数字电压表来提高测量精度，也可驱动其他辅助设备作为交直流转换器及其他用途，仪器使用方便，故广泛适用于科研、计量、工厂、实验室等单位。

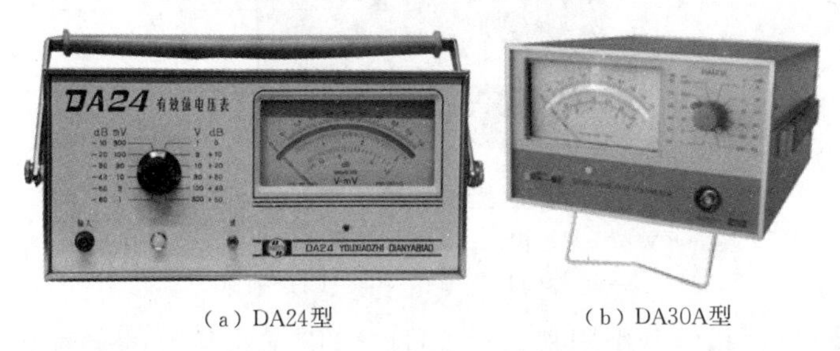

（a）DA24型　　（b）DA30A型

图 2-28　两款真有效值电压表

但在实际应用中，下面两种情况使读数偏小：①对于波峰因数较大的交流电压波形，由于电路饱和使电压表可能出现“削波”；②高于电压表有效带宽的波形分量将被抑制。它们都将损失有效值分量。

有效值电压表的缺点是受环境温度影响较大，结构复杂、价格较贵。因而在实际应用中，常采用峰值或均值电压表测有效值。

（4）实例分析

【例 2-3】 用一峰值电压表去测量一个方波电压，读数为 10 V，问该方波电压的有效值是多少？

解：峰值检波器的输出为被测信号的最大幅度，由仪表的刻度关系知，被测方波的峰值为：

$$U_{P方波} = \sqrt{2} \times 10\ \text{V} = 14.1\ \text{V}$$

由于：

$$K_{P方波} = 1$$

所以：

$$U_{方波} = \frac{U_{P方波}}{K_{P方波}} = 14.1\ \text{V}$$

【例 2-4】 用正弦有效值刻度的均值电压表测量一个三角波电压，其读数为 1V，求其有效值。

解：先将 $\alpha = 1$ V 换算成正弦波的平均值：

$$U_{av} = \frac{U}{K_P} = \frac{1}{1.11}\ \text{V} = 0.9\ \text{V}$$

三角波电压的平均值也是 0.9 V，再通过三角波电压的波形因数计算其有效值：

$$U_{三角波}=K_{F三角波}\times U_{av}=1.15\times 0.9\ V=1.04\ V$$

4. YB2173 型交流毫伏表

(1)前面板配置

如图 2-29 所示为 YB2173 型交流毫伏表前面板实物图。

图 2-29 YB2173 型交流毫伏表前面板实物图

1—电源开关;2—显示窗口;3—机械调零电位器;4—量程旋钮;

5—输入 CH1 通道;6—输入 CH2 通道

显示窗口中黑、红色指针分别用来指示 CH1、CH2 输入信号的交流有效值。量程旋钮左边为 CH1 量程旋钮,右边为 CH2 量程旋钮。

(2)技术指标

①电压测量量程:300 μV~100 V,共 12 个量程。

②工作频率范围:5 Hz~2 MHz(双路)。

③电源电压:220 V(50 Hz)。

④刻度值:正弦波有效值,1 V=0 dB。

⑤最大输入电压:300 μV~1 V 量程时 300 V,3~100 V 量程时 500 V。

⑥输入阻抗 1 MΩ;输入电容 50 pF。

⑦电压误差:≤±3%(基准频率 1 kHz)。

⑧频率响应误差,20 Hz~200 kHz 挡:≤±3%;5~20 Hz 和 200 kHz~2 MHz 挡:≤±10%。

以上误差均为满度相对误差。

(3)使用方法

①电压表平放于桌面;插接电源线;机械调零;检查量程旋钮是否在最大量程处。

②打开电源,将输入信号送入输入端口,先接地线,后接高电位线。

③选择合适量程:使测量时指针指在满度的 2/3(至少 1/3)以上。

④根据指针位置和量程挡位读取电压值。

⑤测量完毕,拆除连线时应先拆高电位线,再拆低电位线。最后将量程旋钮置于最大量程处。

巩固练习

一、填空题

1. 电磁系仪表既可测量________，也可以测量________。

2. 电磁系测量机构是利用载流固定线圈的磁场对动铁片产生的________力或______力而制成的，其游丝产生________力矩。

3. 电磁系测量机构的驱动转矩与固定线圈电流的________有关，因而仪表标尺刻度________。

4. 电磁系仪表根据测量机构的不同可分为________，________，________三种。

5. 电磁系测量机构的磁路是以________为介质，为产生足够的磁场，线圈安匝数不能太小，因此，电磁系电流表的________量限不能做得太小。

6. 电磁系电流表不采用并联________来扩大量限，而是将固定线圈____________，然后通过________来改变量限，________联时量限小，________ 联时量限大。

7. 用电磁系仪表测量较大的电流或电压时，需要与________配合使用。

8. 电磁式电压表的内阻比磁电式电压表的内阻________。

二、判断题

1. 电磁系电压表的附加电阻除可扩大量程外，还起到温度补偿作用。 ( )

2. 电磁系仪表的抗外磁场干扰能力比磁电系仪表强。 ( )

3. 电磁系仪表在使用时不分正负极且交直流两用。 ( )

4. 电磁系电流表与磁电系电流表扩大量程的方式是一样的。 ( )

5. 电磁系测量机构可以直接作为电流表来使用。 ( )

三、简答题

1. 简述电磁系电流表的优点。

2. 简述电磁系测量机构的工作原理，它与磁电系测量机构的区别是什么？

3. 为什么电磁式仪表的标尺刻度不均匀？

4. 电磁系电流表和电压表各采用什么方法来扩大量程？

5. 为什么制造较高量程的电磁系电流表很困难？

6. 在电测量指示仪表中，常见的阻尼装置有哪些？

7. 仪表可动部分的阻尼力矩大小影响什么？

8. 电工测量仪表在装设阻尼装置后，可使指针的摆动如何变化？

项目3 磁电系仪表

利用通电线圈在永磁体磁路系统中的转动来指示电学量或非电学量的仪表叫磁电系仪表，它广泛地应用于直流电流和电压的测量。同时跟整流元件配合，又可以用于交流电流与电压的测量；跟变换电路配合，可以用于功率、频率、相位等其他电学量的测量，还可以用来测量多种非电学量，例如温度，压力等。

项目要点

1. 磁电系测量机构的结构、原理和性能特点。
2. 磁电系测量机构的直流电流表、直流电压表、欧姆表和万用表的结构和原理、使用方法。
3. 磁电系测量机构的检流计及直流单臂电桥、直流双臂电桥、交流电桥的结构和原理、使用方法。
4. 磁电系测量机构的比流计及兆欧表的结构和原理、使用方法。
5. 磁电系测量机构的接地电阻表的结构和原理、使用方法。

任务1　磁电系测量结构

一、任务描述

了解磁电系仪表的核心部分和磁电系测量机构。

二、任务目标

1. 了解和掌握磁电系测量机构的工作原理。
2. 了解磁电系测量机构的结构。
3. 掌握磁电系测量机构的特点。

三、相关知识

磁电系测量机构，是利用通电线圈在磁场中，受到磁场作用力产生转动力矩的原理制成的，如图 3-1 所示。当可动线圈通电时，线圈受均匀辐射型磁场的作用而产生电磁力 F，从而形成转动力矩 M，使可动部分发生偏转。根据图中所设电流方向和磁场方向，运用左手定则，可以判断线圈两有效边 L 所受电磁力 F 的方向都与线圈平面垂直且方向相反，产生使可动线圈发生顺时针方向偏转的转动力矩。

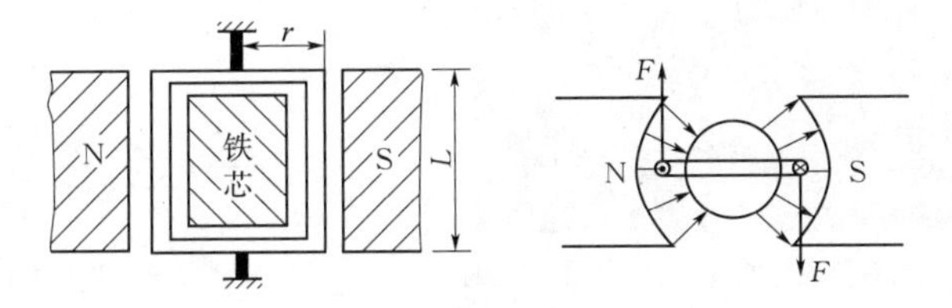

图 3-1　磁电系仪表的工作原理示意图

设均匀辐射的磁感应强度为 B，线圈匝数为 n，垂直于磁场方向的可动线圈有效边长为 L，则当通过线圈的电流为 I 时，每个有效边受的电磁力 F 为：

$$F=nBLI \tag{3-1}$$

若转轴到 L 的距离为 r，那么转动力矩为：

$$M=2Fr=2nBLI \tag{3-2}$$

式中　r——转轴中心到线圈有效边的距离，其值为线圈有效短边长的 1/2。

线圈包围的面积为：

$$S=2rL$$

由此可得：

$$M=nBSI \tag{3-3}$$

线圈偏转时引起游丝变形，而产生反作用力矩 $M\alpha$，这个力矩的大小与游丝变形的大小成正比，也就是和线圈的偏转角 α 成正比，即反作用力矩为：

$$M\alpha=D\alpha \tag{3-4}$$

式中　D——游丝的反作用系数，与游丝的力学性质和尺寸有关；

α——可动部分偏转角，即指针偏转角。

随着偏转角 α 不断增大，反作用力矩 $M\alpha$ 也增大，直到和转动力矩 M 相等时，可动部分因所受力矩达到平衡而停留在一个平衡位置上，指针的偏转角 α 不再变化。

根据力矩平衡关系得到：

$$M=M\alpha$$

故：

$$\alpha=\frac{nBS}{D}I=S_1 I \tag{3-5}$$

式中　α——指针偏转角；

S_1——电流灵敏度。

电流灵敏度 S_1 由仪表结构参数所决定，对于某一个仪表来讲，它是一个常数，n、S、B、D 这些量决定于各仪表的结构和材料性质，其数值都是固定的。

因此，仪表指针偏转角 α 与通过可动线圈的电流 I 成正比。所以磁电系仪表可用来测量电流以及与电流有联系的其他物理量(即经过变换可以转化为电流的量)。而且磁电系仪表标度尺上的刻度是均匀的如图 3-2(a)所示。

(a)磁电系仪表标度尺上的刻度是均匀的

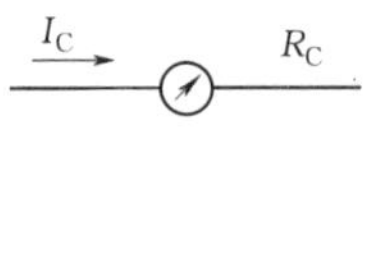

(b)磁电系测量机构的符号

图 3-2　磁电系测量机构图上符号和表盘刻度

磁电系测量机构通常叫做表头，电路图中用 G 表示，其中的可动线圈具有一定的电阻 R_C，通常用 R_g 表示，叫表头内阻；测量时通过电流 I_C，指针偏转到满刻度时的 I_C 通常用 I_g 表示满偏电流；R_g 和 I_g 是磁电系测量机构的基本参数，如图 3-2(b)所示。

四、任务实施

磁电系测量机构实物和符号如图 3-3 所示。磁电系测量机构是磁电系仪表的核心部分，由固定的磁路部分和可动的线圈部分组成，其结构如图 3-4 所示。

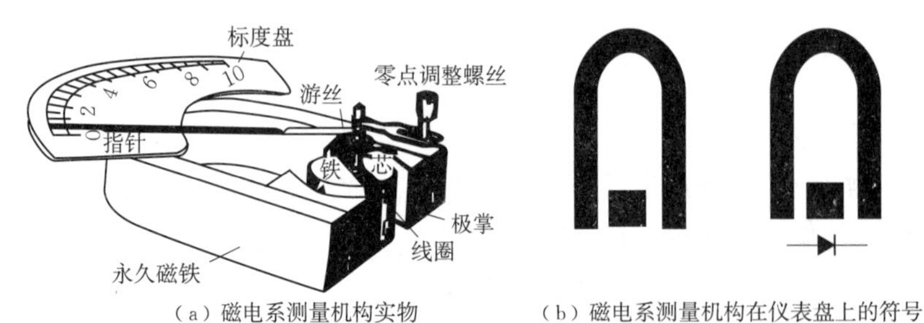

(a)磁电系测量机构实物　　(b)磁电系测量机构在仪表盘上的符号

图 3-3　磁电系测量机构实物和符号

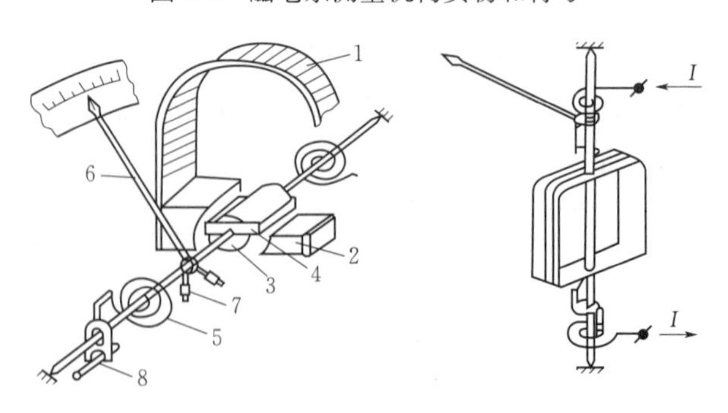

图 3-4　磁电系测量机构的结构示意图

1—永久磁铁；2—极掌；3—圆柱形铁芯；4—可动线圈；

5—游丝；6—指针；7—平衡锤；8—调零器

仪表的固定部分是磁路系统,磁路系统包括永久磁铁1、固定在磁铁两极的极掌2以及处于两个极掌之间的圆柱形铁芯3。圆柱形铁芯固定在仪表支架上,采用这种结构是为了减少磁阻,并使极掌和铁芯间的空气隙中产生均匀的辐射型磁场。这个磁场的特点是,沿着圆柱形铁芯的表面,磁感应强度处处相等,而方向则和圆柱形表面垂直。圆柱形铁芯与极掌间留有一定的气隙,使可动线圈能在气隙中转动。磁电系测量机构按磁路结构的不同,可分为外磁式、内磁式和内外磁式三种,如图3-5所示。外磁式结构是指永久磁铁在可动线圈的外部。内磁式结构是指永久磁铁在可动线圈的内部。内外磁式结构是在可动线圈的内外都有永久磁铁,因此,磁性更强,仪表的结构可以做得更紧凑。

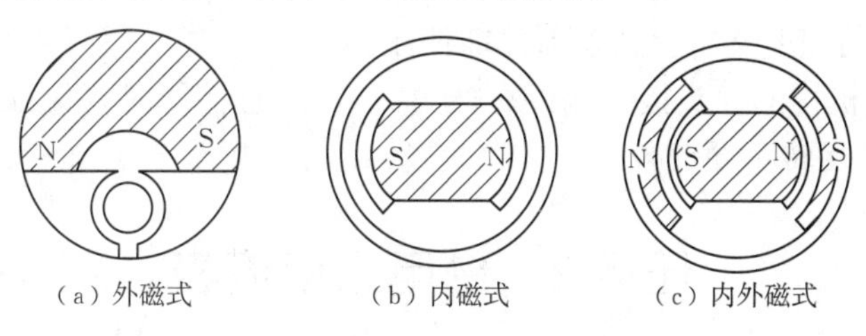

图3-5 磁电系测量机构的磁路结构

可动部分由绕在铝框架上的可动线圈4、两个半轴、与转轴相连的指针6、平衡锤7以及游丝5所组成。在矩形框架的两个短边上固定有转轴,转轴分前后两个半轴,每个半轴的一端固定在矩形框架上,另一端则是轴尖。在前半轴上装有指针6,整个可动部分由轴尖支承在轴承上,线圈位于环形气隙之中。可动部分偏转时,带动指针偏转,用来指示被测量的大小。

当可动线圈通以电流之后,在永久磁铁的磁场作用下,产生转动力矩并使线圈转动。反作用力矩通常由游丝产生。磁电系仪表的游丝一般有两个,且绕向相反,游丝一端与可动线圈相连,另一端固定在支架上,它的作用是既产生反作用力矩,同时又是将电流引进可动线圈的引线。

仪表的阻尼力矩由铝制的矩形框架产生。高灵敏度的仪表为了减轻可动部分的重量,通常采用无框架可动线圈,并在可动线圈中加短路线圈,利用短路线圈中产生的感应电流与磁场相互作用产生阻尼力矩。

为了使仪表指针起始在零刻度的位置,通常还存在一个“调零器”,如图3-4中8所示,“调零器”的一端与游丝相连。如果在仪表使用前其指针不指在零位,则可用起子轻轻调节露在表壳外面的“调零器”的螺杆,使仪表指针逐渐趋近于零位。

五、注意事项

由以上分析的磁电系测量机构的结构和原理可以看出,磁电系仪表具有以下特点:

1. 准确度高、灵敏度高。由于永久磁铁的磁性很强,能在很小的电流作用下产生很大的转矩,所以,由于摩擦、温度改变及外磁场影响所造成的误差相对较小,可以忽略,因而准确度高。另外,由 $S_1=\dfrac{nBS}{D}$ 可知,当 B 很大时,灵敏度 S_1 必然高。

2. 刻度尺均匀。因为磁电系测量机构指针的偏转角与被测电流的大小成正比,因此仪表的标度尺刻度是均匀的,便于读数。

3. 过载能力小。由于被测电流是通过游丝导入和导出可动线圈的,而且线圈的导线又很细,所以通入的电流如果太大的话,会烧毁线圈,甚至使游丝的弹性遭到破坏。

4. 功率消耗小。由于磁电系测量机构通入的电流很小,故仪表本身消耗的功率很小。

5. 只能测量直流电量。由于永久磁铁的极性是固定不变的,所以只有在线圈中通入直流电流,仪表的可动部分才能产生稳定的偏转。如果在线圈中通入交流电流,则产生的转动力矩也是交变的,可动部分由于惯性的作用来不及转过去又得转回来,使得指针只能在零位左右摆动而不能读数,所以,磁电系测量机构只能直接测量直流电量。要想测量交流电流,就必须在测量机构前加上交直流转换器才能使用。

6. 磁电系测量机构的表头接线端标有"+""-"号,且接线时要保证电流经"+"接线端流入表头,否则指针反转不便读数。

任务2　磁电系电流表

一、任务描述

掌握磁电系电流表的使用方法,学会使用电流表测电阻。

二、任务目标

1. 了解磁电系电流表结构和工作原理。
2. 掌握磁电系电流表的用法。
3. 培养学生动手实践能力。

三、相关知识

电磁系电流表如图3-6所示。

磁电系电流表由磁电系测量机构和测量线路即分流器构成。图3-7(a)是最基本的磁电系电流表电路,图中R_f是分流电阻,它并联在测量机构的两端;R_C为测量机构内阻。

由于磁电系测量机构的过载能力很小,如果直接用于电流测量,则电流量程很小,往往只有几十微安至几十毫安。所以必须用分流器扩大其量程,才能达到从微安级到千安级的电流测量要求。

分流器(即分流电阻)如图3-7(b)所示的作用是将被测电流I分流,使得通过测量机构的电流I_C能够被测量机构承受,并使电流I_C与被测电流I之间保持严格的比例关系。

在一个电流表中,采用不同电阻值的分流电阻,可以制成多量程电流表,如图3-8所示。多量程电流表的分流器可以有两种连接方法,一种是开路连接方式,如图3-8(a)所示。它的优点是各量程具有独立的分流电阻,互不干扰,调整方便。但它存在严重的缺点,因为开关的接触电阻包含在分流电阻支路内,使仪表的误差增大,甚至会因开关接触不良引起电流过大而损坏测量机构,所以开路连接方式实际上是不采用的。

（a）仪器上的直流电流表

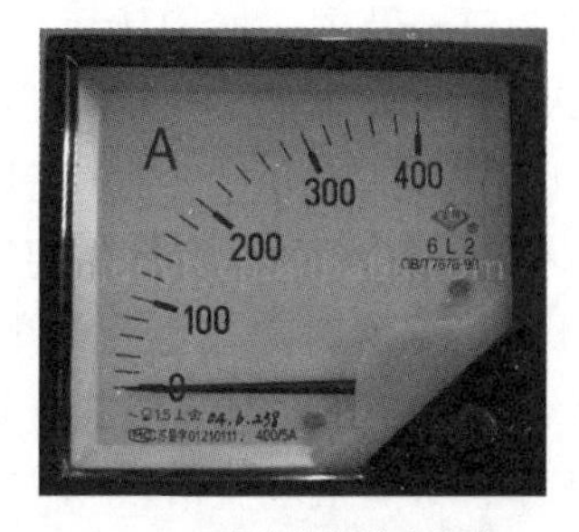

（b）配电盘上的电流表

（c）实验室里的直流电流表

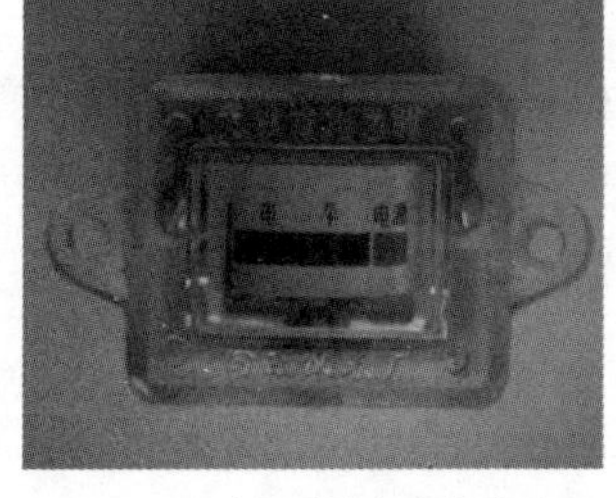

（d）显示电平的直流电流表

（e）分流器

图 3-6　磁电系直流电流表和分流器实物

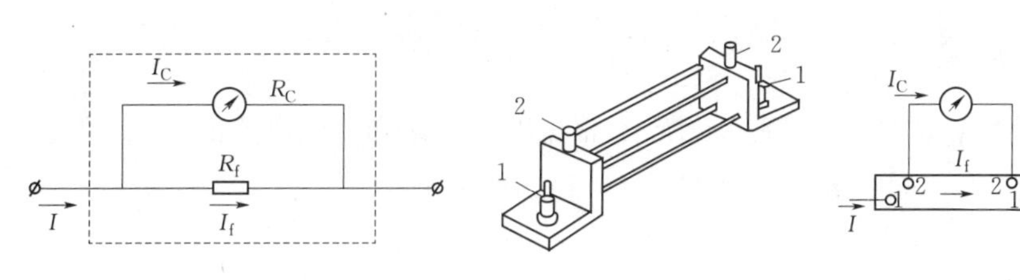

（a）磁电系电流表电路　　（b）分流器接线图

图 3-7　磁电系电流表电路

1—电流端钮；2—电位端钮

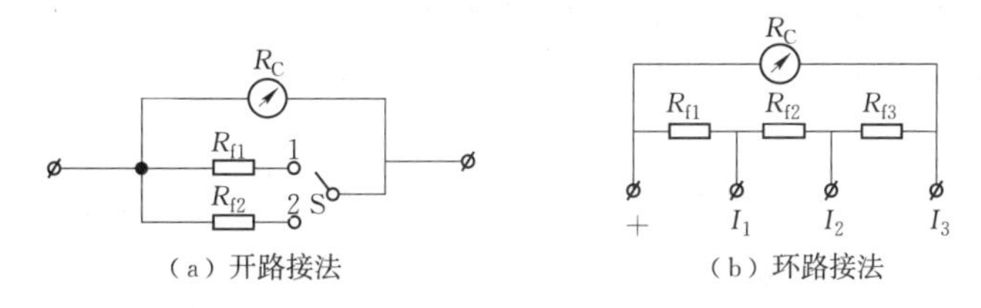

（a）开路接法　　（b）环路接法

图 3-8　多量程电流表电路

另一种是环路连接方式，如图 3-8(b)所示。实用的多量程电流表的分流器都采用此种方式，在这种电路中，对应每个量程在仪表外壳上有一个接线柱。在一些多用仪表（如万用表）中，也有用转换开关切换量程的，它们的接触电阻对分流关系没有影响，即对电流表的误差没有影响，也不会使测量机构过载。但这种电路中，任何一个分流电阻的阻值发生变化时，都会影响其他量程，所以调整和修理比较麻烦。

当分流器电流增大时，分流器发热量也增大。为防止因过热而改变分流器的阻值，应使分流器有足够大的散热面积，因而大电流（30 A 以上）分流器的尺寸较大，通常做成一个单独的装置，称为外附分流器，如图 3-6(e)及图 3-7(b)所示。

外附分流器参数一般用“□A □mV”标出，叫分流器的额定电流、额定电压，含义是分流器通过额定电流时，电位端钮间电压值。国标的分流器有 30 A、75 A、150 A、450 A，30 mV、45 mV、75 mV、150 mV、300 mV 等多种组合。例如：150 A 75 mV 即指这个分流器是用在 150A 以下电路中，通过 150A 电流时接表电位端电压 75mV，配用的电流表也要求 75mV 端电压下指针指 150A 满刻度。当分流器与带分流器的电流表规格不对应时可以根据表盘示数及它们的参数通过计算获得测量电流值。

四、任务实施

1. 观察电流表的外壳、接线柱等结构状况，观察表盘上有关型号、刻度、标记、精度、测量机构类型等参数信息。

2. 按“电流表内接法”用电压表、电流表组成测量电路，读出电压、电流示数，算出电阻器的值。

3. 按“电流表外接法”用电压表、电流表组成测量电路，读出电压、电流，并算出电阻器的值。

4. 分析两种接法测得结果，归纳不同接法的适用条件。

五、知识拓展

扩大量程测量原理，如图 3-9(a)所示，根据欧姆定律和并联电路的特点，可得：

$$I_C R_C = I\frac{R_C R_f}{R_C + R_f}$$

故：

$$I_C = \frac{R_f}{R_C + R_f} I \tag{3-6}$$

由式(3-6)可知，对某一电流表而言，I_C、R_C 和 R_f 是固定不变的，所以通过测量机构的电流 I_C 与被测电流 I 成正比。根据这一正比关系对电流表标度尺划定刻度，就可以指示出被测电流 I 的大小。如果用 n 表示量程扩大的倍数，即：

$$n = \frac{I}{I_C}$$

则由式(3-6)可得：

$$R_f = \frac{1}{n-1} R_C \tag{3-7}$$

式(3-7)表明，将测量机构的电流量程扩大 n 倍，则分流电阻 R_f 应为测量机构内阻 R_C 的 $\frac{1}{n-1}$，即量程扩大的倍数越大，分流电阻的阻值就越小。当确定测量机构内阻及需要扩大量程的倍数以后，可以由式(3-7)计算出所需要的分流电阻的阻值。

【例 3-1】 某磁电系测量机构(表头)，$R_g = 200\ \Omega$；$I_g = 500\ \mu A$；把它做成量程 1 A 的电流表，求分流电阻值。若用它测 100 A 的电流，应选哪种分流器？

解:(1) 因为 $I_C = I_g = 500 \times 10^{-6}$ A, $R_C = R_g = 200\ \Omega$ 所以 $n = \dfrac{I}{I_C} = \dfrac{1}{500 \times 10^{-6}} =$ 2 000则:

$$R_f = \frac{1}{n-1} R_C = \frac{1}{2\ 000 - 1} \times 200\ \Omega = 0.1\ \Omega$$

(2)表头满偏时 $U_C = I_C R_C = 500 \times 10^{-6} \times 200$ V$=100$m V

可选 100 A,100 mV 的分流器。

选择适当的分流电阻可以制成微安(μA)表、毫安(mA)表、安培(A)表、千安(kA)表等。磁电系直流电流表接线端标有"+""-"号,接线时要保证电流经"+"接线端流入表头,否则指针反转不便读数。

电流表内阻都很小,且内阻越小从电路上分压越小,品质越高。

电流表可以分为安装式和便携式,安装式用于配电盘或仪器上作电流指示,便携式用于实验室或移动检测;后者要求内阻够小,分压要小才方便使用。

磁电系电流表内的测量机构上加接整流电路后,也可以测量交流电流,只是除了用在配电盘上之外通常应用不多。

任务3 磁电系电压表

一、任务描述

了解磁电系电压表的工作原理和方法,特别注意测量直流电压时,要将表头并联在被测电路两端。

二、任务目标

1. 了解磁电系电压表的结构原理。
2. 掌握磁电系电压表的用法。
3. 培养学生团队协作精神。

三、相关知识

图 3-9 是几个磁电系电压表,电压表的盘面通常标有 kV、V、mV、μV 等,分别表示盘面刻度数值以千伏特、伏特、毫伏特、微伏特为单位。

磁电系电压表由磁电系测量机构(也称表头)和测量线路—分压电阻构成。如图 3-10(a)中虚线框中示出的是最基本的磁电系电压表电路,图中 R_f 是分压电阻,它串联在测量机构的上;R_C 为测量机构内阻。

磁电系测量机构的两端接被测电压 U 时,测量机构中的电流为 I_C,但测量机构的允许电流很小,因而直接作为电压表来使用只能测量很小的电压,一般只有几十毫伏。为了测量较高的电压,通常用一个大阻值的电阻与测量机构串联,使其承受大部分电压,而测量机构只承受很少一部分电压。这个电阻叫做分压电阻,用 R_f 表示。

（a）仪器上的电压表

（b）配电盘用电压表

（c）实验室用电压表

（d）测交流电的电压表

图 3-9　电压表实物

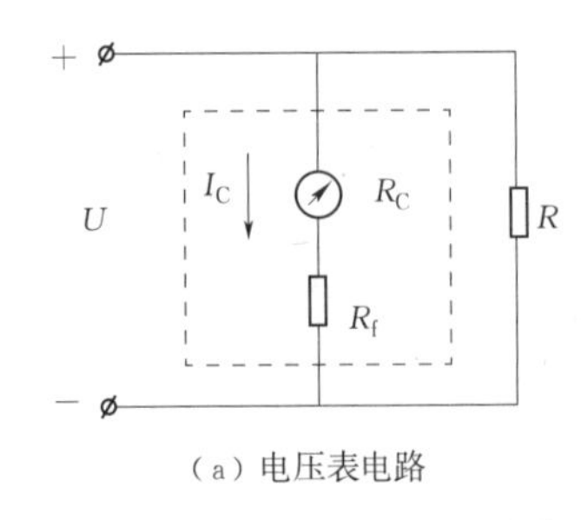

（a）电压表电路

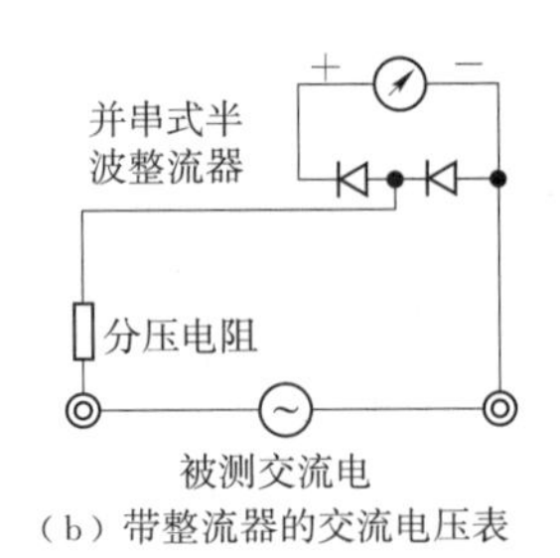

（b）带整流器的交流电压表

图 3-10　磁电系电压表的基本电路

串联 R_f 后的电路如图 3-10(a)所示，通过测量机构的电流 I_C 为：

$$I_C=\frac{U}{R_C+R_f} \tag{3-8}$$

式(3-8)表示 I_C 与被测电压 U 成正比，所以指针的偏转可以反映被测电压的大小，若使标尺按扩大量程后的电压值刻度，便可直接读取被测电压值。

四、任务实施

1. 观察电流表电压表的外壳、接线柱等结构状况，观察表盘上有关型号、刻度、标记、精度、测量机构类型等参数信息。

2. 按“电压表前接法”用电压表电流表组成测量电路，读出电压电流示数，算出电阻器的值。

3. 按“电压表后接法”用电压表电流表组成测量电路，读出电压电流，并算出电阻器的值。

4. 分析两种接法测得结果，归纳不同接法的适用条件。

五、知识拓展

扩大量程测量计算，设电压表的量程扩大为U，扩大后的量程U与测量机构的满偏电压U_C之比称为电压量程扩大倍数，用m表示，即：

$$m=\frac{U}{U_C}=\frac{R_C+R_f}{R_C}$$

若m已给定，则可求出附加电阻R_f的阻值，即：

$$R_f=(m-1)R_C \tag{3-9}$$

选择附加电阻R_f的大小，即可将测量机构的电压量程扩大到所需要的范围。譬如配合适当的分压电阻可以制成毫伏(mV)表、伏特(V)表、千伏(kV)表等，通常600 V以上的电压表要用外附分压电阻。

【例3-2】 某磁电系测量机构(表头)，$R_g=250\ \Omega$；$I_g=200\ \mu A$；把它做成量程100 V的电压表，求分压电阻值。

解：因为$I_C=I_g=200\times10^{-6}$(A)，$R_C=R_g=250(\Omega)$，所以表头满偏时：

$$U_C=I_CR_C=200\times10^{-6}\times250\ V=0.05\ V$$

电压量程扩大信数：

$$m=\frac{U}{U_C}=\frac{100}{0.05}=2\ 000$$

则分压电阻：

$$R_f=(m-1)R_C=(2\ 000-1)\times250\ \Omega=499.75\ k\Omega$$

外附分压电阻也叫分压器，其参数用额定电流、额定电压标出，国标的有0.05 mA、0.1 mA、1 mA、30 mA…；600 V、1 000 V、1 500 V…的互相组合等。如标有1 mA 1 000 V的分压电阻就是用于1 000 V下电路，测电压时最多旁路1 mA电流。

磁电系直流电压表接线端标有“+”“-”号，接线时“+”号接线端接被测电路高电位点，“-”号接线端接被测电路低电位点，否则指针反转不便读数。外附分压电阻接入电路时，电表接线端要求位于系统低电位或地电位端，以防人身和设备危害事故发生。

电压表内阻都很大，且内阻越大从电路上分流越小，品质越高。

电压表也分安装式和便携式，安装式用于配电盘或仪器上作电压指示，便携式用于实验室或移动检测。后者要求内阻够大，分流要小才方便使用。

在分压电路中附加整流电路如图3-10(b)所示，磁电系电压表也可以用于交流电压的测量。

任务4 磁电系欧姆表

一、任务描述

了解用于测量电阻的磁电系欧姆表，学会其使用方法。

二、任务目标

1. 了解磁电系欧姆表特性与应用。
2. 了解掌握磁电系欧姆表的结构原理。
3. 培养学生动手实践能力。

三、相关知识

1. 基本结构

磁电系测量机构与电池和可调电阻配合可以成为测电阻值的仪表，这就是欧姆表。欧姆表是根据全电路欧姆定律制成的。图 3-11 是欧姆表实物。

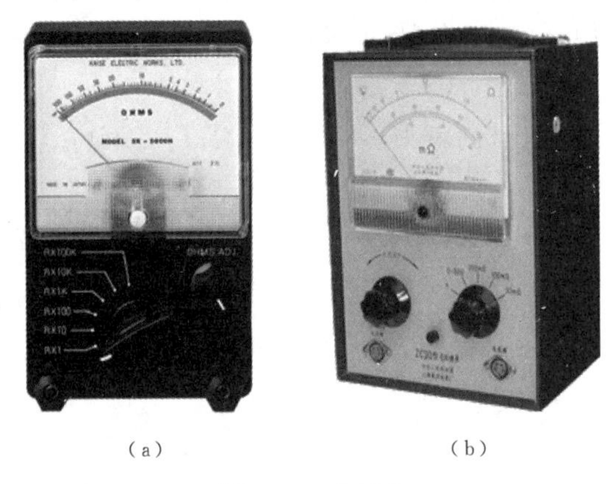

(a)　　(b)

图 3-11　欧姆表

2. 计算原理

在图 3-12(a)中电流表 G 的内阻为 R_g，满偏电流为 I_g，R 为调零电阻，电池的电动势为 E，内阻为 r。当两表笔短接，如图 3-12(b)所示，调节调零电阻，使电流表指针满偏，此时有：

$$I_g=\frac{E}{R_g+r+R}=\frac{E}{R_n} \tag{3-10}$$

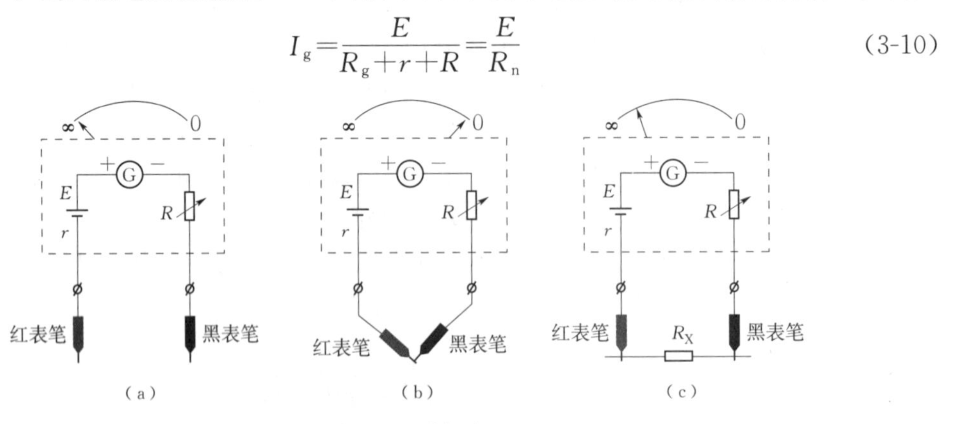

(a)　　(b)　　(c)

图 3-12　欧姆表

其中 $R_n=R_g+r+R$。当两表笔接待测电阻 R_X 时，如图 3-12(c)所示，电流表示数为 I，则有：

$$I=\frac{E}{R_g+r+R+R_X}=\frac{E}{R_n+R_X} \tag{3-11}$$

可见，对不同的电阻值 R_X 都有且仅有一个电流值 I 与之相对应，在电流表的刻度盘上标出与 I 相对应的阻值，则 R_X 的阻值可直接从表盘上读出。

3. 欧姆表的刻度特点

由式(3-11)可知，与电流表和电压表不同，欧姆表有以下几个显著特点：

(1)电流表和电压表刻度越向右数值越大，欧姆表则相反，这是因为 R_X 越小 I 大，$R_X=\infty$时，$I=0$，则在最左端。当 $R_X=0$ 时(两表笔短接) I 为 I_g，电流表满刻度处电阻为“0”在最右端，如图 3-13 所示。

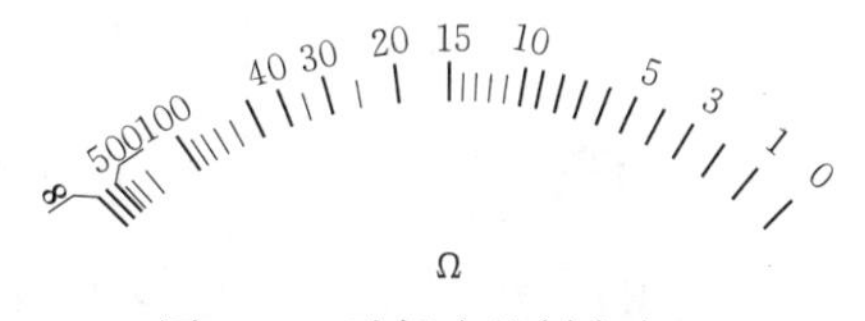

图 3-13　欧姆表的刻度盘

(2)电流表和电压表刻度均匀，欧姆表刻度很不均匀，越向左越密。这是因为在零点调正后，E、r、R_g、R、I_g 都是恒定的，I 随 R_X 而变，但他们不是简单的线性比例关系，所以表盘刻度不均匀，如图 3-13 所示。

(3)对分度均匀的电流表和电压表，示值越大则相对误差越小。对欧姆表电路分析得出：当 R_X 等于欧姆表盘示数中间值时误差最小，而且较大和较小阻值不容易读出。

根据半值法原理，指针指表盘中间时示数为当时欧姆表等效内阻 R_n，这个数字叫欧姆表的中值电阻，用“$R_{中}$”表示。为了较准确地测出不同大小的电阻值，应换用不同中值电阻的欧姆表(就是换挡)。为了使欧姆表各挡共用一个标尺，一般都以 $R\times1$ 中值电阻为标准，成 10 倍率扩大。例如图 3-12(a)及图 3-13 所示欧姆表的 $R\times1$ 挡中值电阻 $R_{中}$ 为 15 Ω，$R\times10$ 挡为 150 Ω，$R\times100$ Ω 挡为 1 500 Ω 等，依次类推，扩大欧姆表的量程就是扩大欧姆表的总内阻，实际是通过欧姆表的附加电路来实现的。

四、任务实施

1. 首先是机械调零，通过调节定位螺丝，使指针指在电流表零刻度线处。
2. 选择合适的挡位。
3. 将两表笔短接，调节 R，使指针满偏。
4. 把两表笔分别与被测电阻两端良好接触。
5. 把表针指示的数值乘以倍率，即得被测电阻的阻值。

五、注意事项

1. 用欧姆表测电阻，每次换挡后和测量前都要重新调零。如调“零欧姆”旋钮至最大，指针仍然达不到 0 点，这种现象通常是由于表内电池电压不足造成的，应换上新电池方能准确测量。

2. 测电阻时待测电阻不仅要和电源断开，而且有时还要和别的元件断开。

3. 测量时注意双手不要碰表笔的金属部分，否则将人体的电阻并联进去，影响测量结果。

4. 合理选择量程，使指针偏转尽可能在中间刻度即在满度电流的 1/3～2/3 附近。若指针偏角太大，应改接低挡位，反之就改换高挡位。读数时应将指针示数乘以挡位倍数。

5. 实际应用中要防止超量程，不得测额定电流极小的电器的电阻（如灵敏电流表的内阻）。

6. 测量完毕后，应拔出表笔，选择开关置于OFF挡位置，长期不用时，应取出电池，以防电池漏电。

任务5　万　用　表

一、任务描述

利用整合磁电系的电流表、电压表、欧姆表等原理、结构，使其能测量电压、电流、电阻等的仪表叫万用电表。同时拓展其测量范围使之能测三极管的放大倍数、频率、电容值、逻辑电位、分贝值、温度值等。

二、任务目标

1. 了解掌握万用表的结构和使用方法。
2. 练习使用万用表测电压、测电流、测电阻的方法。
3. 练习使用万用表的判断二极管极性及电容的好坏。

三、相关知识

1. 构成和基本原理

对于一个磁电系测量机构，设计出多挡位的电压表、电流表和欧姆表电路，再配置专用的换挡开关，跟据测量要求把表头切换到对应电路上，实现电压表、电流表和欧姆表等功能，这就是万用表的基本原理。至于万用表中电压表电流表和欧姆表电路整合的详细情况比较繁琐，大家可以参阅其他资料，这里不做赘述。

在图3-14中，电表指针就是表头（磁电系测量机构）的指针，刻度盘上刻有电压表电流表和欧姆表等对应量程的刻度，接线端子（表笔塞孔）是接表笔用的，量程量限选择开关用来根据测量要求把表头切换到对应电路适应不同的测量，指针调节螺丝可以用来在非测量状态使指针归零，欧姆挡用调零旋钮调零。

2. 使用方法

万用表（以105型为例）如图3-14(b)所示。105型万用表的测量范围如下：直流电压分0～6 V、0～30 V、0～150 V、0～300 V、0～600 V 5挡。

交流电压分0～6 V、0～30 V、0～150 V、0～300 V、0～600 V 5挡。

直流电流分0～3 mA、0～30 mA、0～300 mA 3挡。

电阻分R1、R10、R100、R1 k、R10 k 5挡。

(1)测量直流电流

如图3-15所示，万用表测量一个15 k电阻接到1节干电池上时通过的电流。

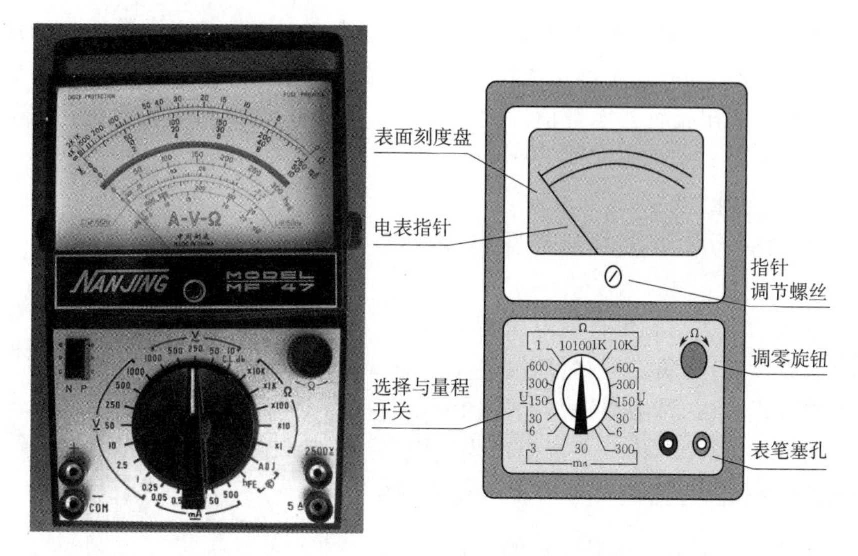

（a）MF47万用表　　（b）105型万用表

图 3-14　万用表实物和示意图

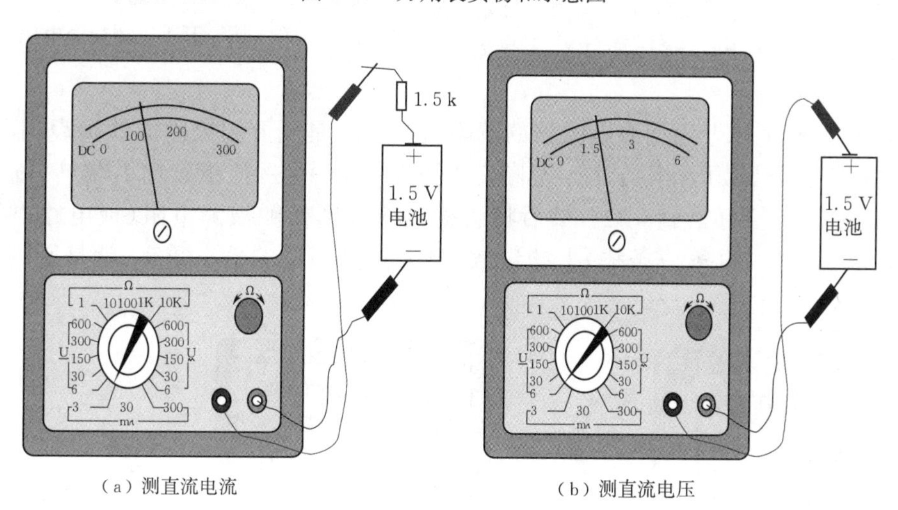

（a）测直流电流　　（b）测直流电压

图 3-15　万用表测量直流电流直流电压

先估计一下被测电流的大小，然后将转换开关拨至合适的 mA 量程，再把万用表串接在电路中，使被测电流流入"+"端，如图 3-15(a)所示。同时观察标有直流符号"DC"(有的表用符号 $\underset{\sim}{V}$)的刻度线，如电流量程选在 3 mA 挡，这时，应把表面刻度线上 300 的数字，去掉两个"0"看成 3，又依次把 200、100 看成是 2、1，这样就可以读出被测电流数值。例如用直流 3 mA 挡测量直流电流，指针在 100，则电流为 1 mA。

(2)测量直流电压

如图 3-15(b)所示万用表测干电池两端直流电压。首先估计一下被测电压的大小，然后将转换开关拨至适当的 V 量程，将正表棒接被测电压"+"端，负表棒接被测量电压"−"端。然后根据该挡量程数字与标直流符号"DC"(或 $\underset{\sim}{V}$)刻度线(第二条线)上的指针所指数字，来读出被测电压的大小。如用 300 V 挡测量，可以直接读 0～300 的指示数值。如用 30 V 挡测量，只须将刻度线上 300 这个数字去掉一个“0”，看成是 30，再依次把 200、100 等数字看成是 20、10 既可直接读出指针指示数值。例如用 6 V 挡测量直流电压，指针指在 15，则所测得电压为 1.5 V。

(3)测量交流电压

如图 3-16 所示万用表测变压器输出端交流电压。

测交流电压的方法与测量直流电压相似，所不同的是因交流电没有正、负之分，所以测量交流时，表棒也就不需分正、负。读数方法与上述的测量直流电压的读法一样，只是转换开关拨至适当的电压量程，电压数字应从标有交流符号“AC”(或 $\underset{\sim}{V}$)的刻度线上的指针位置读出。需要注意的是，万用表交流电压挡只能测 50 Hz 左右的正弦交流电压，频率太高、太低或非正弦波交流电不能测量或误差很大。测 220 V 等危险电压时还要注意人身安全。

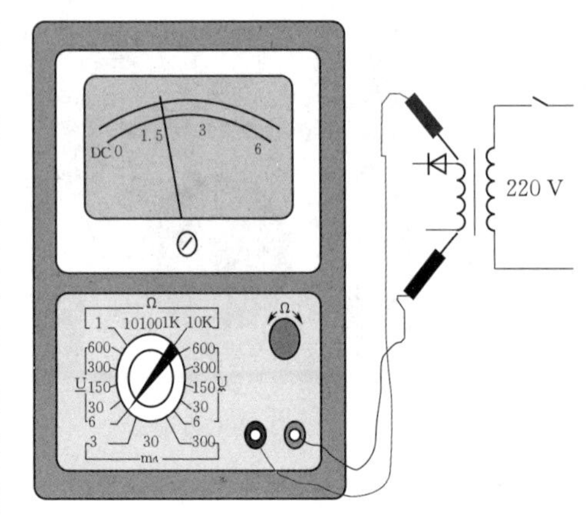

图 3-16　万用表测交流电压

(4)测量电阻

如图 3-17 所示用万用表测电阻器的电阻值。也就是用万用表内的欧姆表测电阻值，使用方法也完全与欧姆表相同，即：先将表棒搭在一起短路，使指针向右偏转，随即调整调零旋钮，使指针恰好指到 0 Ω。然后将两根表棒分别接触被测电阻(或电路)两端，读出指针在欧姆刻度线(第一条线)上的读数，再乘以该挡位的倍率数字，就是所测电阻的阻值。

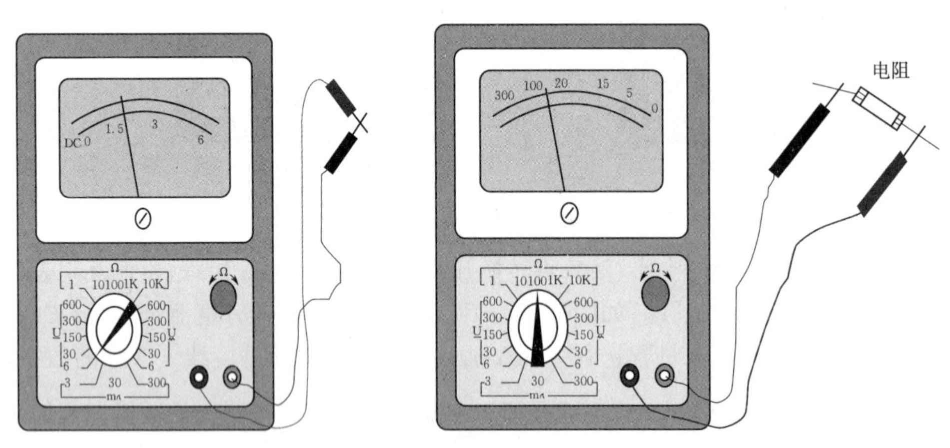

图 3-17　万用表测电阻时调零和测试示意图

由于“Ω”刻度线左部读数较密，难于看准，所以测量时应选择适当的欧姆挡。使指针在刻度线的中部或右部，这样读数比较清楚准确。每次换挡都应重新将两根表棒短接，重新调整指针到零位才能测准。

四、任务实施

1. 观察电流表、电压表的外壳、转换开关、晶体管插孔、表笔线插孔等结构状况，观察表盘上有关型号、刻度、标记、精度、直流电压灵敏度、交流电压灵敏度、测量机构类型等参数信息。

2. 用直流电流表挡测直流电压，在表盘上读出示数，换不同电流挡测量同一电流。

3. 用直流电压表挡测直流电压，在表盘上读出示数，换不同电压挡测量同一电压。

4. 用交流电压挡测量交流电路电压，读出电压值，换不同交流电压挡测量同一电压。

5. 用欧姆挡测量电阻值，读出示数；换不同欧姆挡测量同一电阻，比较指针指在刻度前1/3、中1/3、后1/3段时电阻值度数，体会欧姆表读数原则的意义。

6. 用欧姆挡测电容器，根据指针摆动情况判断电容极性和好坏。

7. 用欧姆挡测二极管正反向电阻，判断二级管的极性和好坏。

8. 用欧姆挡测三极管三个脚间电阻，判断出三极管基极及类型。

9. 把三极管基极插入三极管插座的b插孔里，另二脚插c、e孔里，读出hfe值，对调c、e孔中二管脚，再读hfe值，比较二值判断出三极管的集电极和发射极，并判断三极管的好坏。

10. 将上述测量数据填入下列表3-1、表3-2、表3-3中。

表3-1 测量数据1

万用表型号、插孔名称及数量	换挡开关的挡位量程及旋钮状况	刻度带名称及量限	测量机构类型、交直流电压灵敏度其他信息

表3-2 测量数据2

项目	挡一	挡二	挡三	比较结果归纳结论
测直流电流				
测直流电压				
测电阻值				

表3-3 测量数据3

项目	正接	反接	判断极性结果	判断好坏结果
测电容				
测二极管				
测三极管基极				
测集电极和发射极				

五、注意事项

万用表是比较精密的仪器，其中的磁电系测量机构的满偏电流只有几十至百十微安大小，而内阻有几百至几千欧姆，且内阻越大，满偏电流越小表的性能越好。万用表通常用直流电压灵敏度和交流电压灵敏度（单位是 Ω/V）为参数表示性能。如某厂生产的 MF47 型万用表的表头内阻 1 800 Ω，满偏电流 37.5 μA，直流电压灵敏度是 20 000 Ω/V，交流电压灵敏度 4 000 Ω/V；而某另外型号万用表表头内阻 300 Ω，满偏电流 1 000 μA，直流电压灵敏度是 2 000 Ω/V，交流电压灵敏度 400 Ω/V。其物理意义是：用 MF47 型万用表测 1 V 的直流电压，只需分流 0.000 05 A 电流就可以了，而另一表同样测 1 V 电压，需要分流 0.000 5 A 电流才行；两相比较 MF47 型要精确很多。这两个参数都标在万用表的表盘上。

万用表又是比较脆弱的仪器，如果使用不当，不仅造成测量不准确且极易损坏。但是，只要我们掌握万用表的使用方法和注意事项，谨慎从事，那么万用表就能经久耐用。使用万用表是应注意如下事项：

1. 使用万用表时，手指及人身不要与带电点接触，特别是测交流电压时，防止发生人身触电事故。

2. 测量电流与电压不能旋错挡位。如果误用电阻挡或电流挡去测电压，就极易烧坏电表。万用表不用时，最好将挡位旋至交流电压最高挡，避免因使用不当而损坏。

3. 测量直流电压和直流电流时，注意“＋”“－”极性，不要接错。如发现指针开始反转，应立即调换表棒，以免损坏指针及表头。

4. 如果不知道被测电压或电流的大小，应先用最高挡试测，而后再选用合适的挡位来测试，以免表针偏转过度而损坏表头。所选用的挡位愈靠近被测值，测量的数值就愈准确。

5. 测量电阻时，按欧姆表使用要求操作。

6. 万用表不用时，不要旋在电阻挡，因为内有电池，如不小心易使两根表棒相碰短路，不仅耗费电池，严重时甚至会损坏表头。

任务 6　磁电系兆欧表

一、任务描述

为满足现场对绝缘检测的要求，学会使用磁电系兆欧表量绝缘电阻。

二、任务目标

1. 了解掌握兆欧表使用规则。
2. 熟悉兆欧表的构造、使用方法。
3. 掌握测量绝缘电阻的方法。

三、相关知识

1. 基本结构

电气设备、电器和线路的绝缘电阻是否符合要求，对保证这些设备、电器和线路工作在正常状态和避免发生触电伤亡及设备损坏等事故至关重要。但是用欧姆表或电桥来测量绝缘电阻通常很不方便，一个原因是绝缘电阻属于大电阻(1 兆欧～数百兆欧)的数量级，另一原因是绝缘电阻要在与使用电压相匹配的测量电压下测得才可靠有效，如 220 V/380 V 电器的绝缘电阻要在 500 V 电压下测得才行。兆欧表就是合乎绝缘电阻测量的仪表，它的刻度是以兆欧(MΩ)为单位的故称兆欧表，兆欧表大多采用手摇发电机供电，测量电压可以很高，故又称摇表。兆欧表实物如图 3-18 所示。

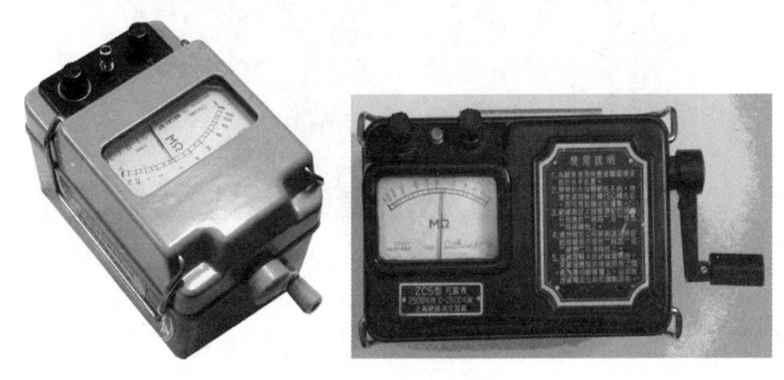

图 3-18 兆欧表

2. 工作原理

在摇动发电机时，虽然可以得到需要的高测量电压，但是由于摇动时很难保证发电机匀速转动，所以发电机输出的电压和流出的电流是不稳定的，如果用一般的磁电系测量机构会造成指示不稳定，由此产生了磁电系比流计，能在发电机输出的电压和流出的电流是不稳定状态下稳定的显示测量结果。

一般的兆欧表主要是由手摇发电机、比流型磁电系测量机构以及测量电路等组成如图 3-19 所示。

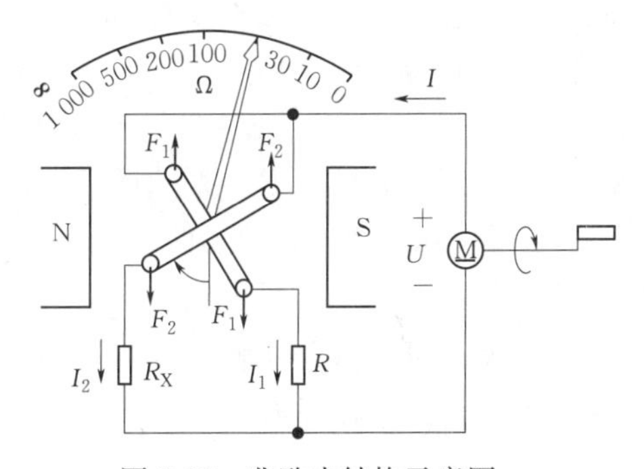

图 3-19 兆欧表结构示意图

比流型磁电系测量机构固定部分是由永久磁铁、极掌、铁芯等部件组成，与普通磁电系测量机构磁隙磁感强度 B 沿圆周均匀分布不同，磁电系比流计采用如图 3-20 那样特殊的磁路结构，使磁隙磁感强度 B 沿圆周按某特定规律分布。

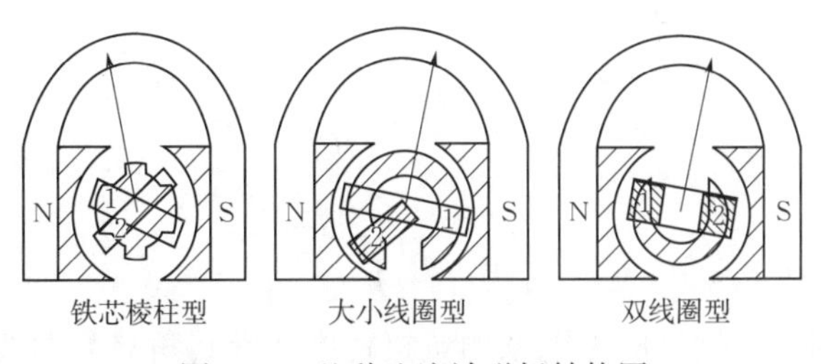

图 3-20 几种比流计磁场结构图

比流型磁电系测量机构的可动部分线圈 1、2，一个产生转动力矩，另一个产生反作用力矩。两个线圈互成固定角度装在同一根转轴上，在转轴上还装有无力矩旋形导流丝，如

图 3-21所示。两线圈按通电后产生相反力矩方式接线，电路中的电流通过导流游丝，引入可动线圈。当可动线圈在磁场中转动时，一个线圈的力矩是随线圈 α 转动角而增大，另一线圈的力矩增大率比第一个小，由于两个线圈绕向相反而力矩相反，当两个力矩平衡时，指针静止。

棱柱式铁芯磁路

三根导流丝

图 3-21　兆欧表的磁路和导流丝

如图 3-22 所示，电流线圈 2 与 R_2 串联，R_2 叫限流电阻，电压线圈 1 与 R_1 串联。

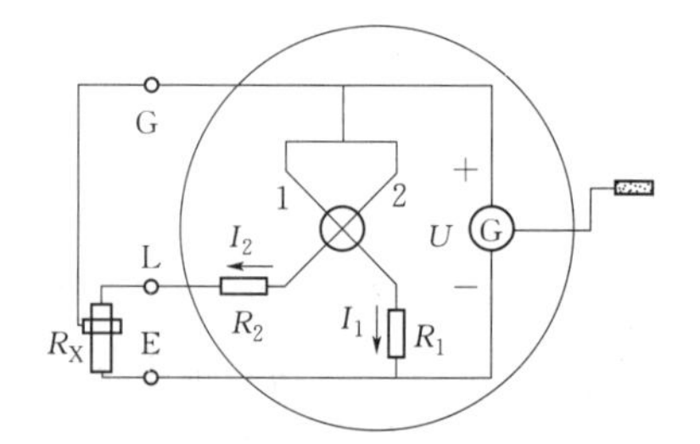

图 3-22　兆欧表原理图

当以适当速度摇动发电机时，发电机输出电压 U，线圈中产生电流 I_1、I_2，使线圈受到磁场的作用，并产生两个方向相反的转矩：

$$T_1 = k_1 I_1 f_1(\alpha)$$

$$T_2 = k_2 I_2 f_2(\alpha)$$

$f_1(\alpha)$和 $f_2(\alpha)$分别为两个线圈所在处的磁感应强度与偏转角 α 之间的函数关系。

仪表的可动部分在转矩的作用下发生偏转，直到两个线圈产生的转矩平衡。当两个线圈产生的转矩平衡时有：

$$T_1 = T_2$$

即：

$$k_1 I_1 f_1(\alpha) = k_2 I_2 f_2(\alpha)$$

可变换为：

$$\frac{k_1}{k_2}\frac{f_1(\alpha)}{f_2(\alpha)} = \frac{I_2}{I_1}$$

由于两线圈相互固定，此式左边可变为 $f(\alpha)$则：

$$f(\alpha) = \frac{I_2}{I_1}$$

也就是：

$$\alpha = f\left(\frac{I_2}{I_1}\right) \tag{3-12}$$

由此可见，这种叫做流比计的磁电系测量机构中线圈转角只与两线圈中电流之比有关，而不受手摇发电机的输出电压波动影响。考虑到：

$$I_2 = \frac{U}{R_X + R_2}, \quad I_1 = \frac{U}{R_1}$$

代入式(3-12)得：

$$\alpha=f\left(\frac{\dfrac{U}{R_X+R_2}}{\dfrac{U}{R_1}}\right)=f\left(\frac{R_1}{R_X+R_2}\right) \tag{3-13}$$

式(3-13)表示线圈转动角与电压 U 无关。只要按线圈偏转角度 α 所对应被测电阻 R_X 的不同值的在表盘上刻度，测量时就可以直接读数了。

四、任务实施

1. 有关电气标准规定兆欧表的电压等级应高于被测物的绝缘电压等级。所以测量额定电压在 500 V 以下的设备或线路的绝缘电阻时，可选用 500 V 或 1 000 V 兆欧表；测量额定电压在 500 V 以上的设备或线路的绝缘电阻时，应选用 1 000～2 500 V 兆欧表；测量绝缘子时，应选用 2 500～5 000 V 兆欧表。一般情况下，测量低压电器设备绝缘电阻时可选用 0～200 MΩ 量程的兆欧表。

2. 只能在设备不带电，也没有感应电的情况下测量。

3. 测量前应将摇表进行一次开路和短路试验，检查摇表是否良好。如图 3-23 所示将两连接线开路，摇动手柄，指针应指在“∞”处，再把两连接线短接一下，指针应指在“0”处，符合上述条件者即良好，否则不能使用。

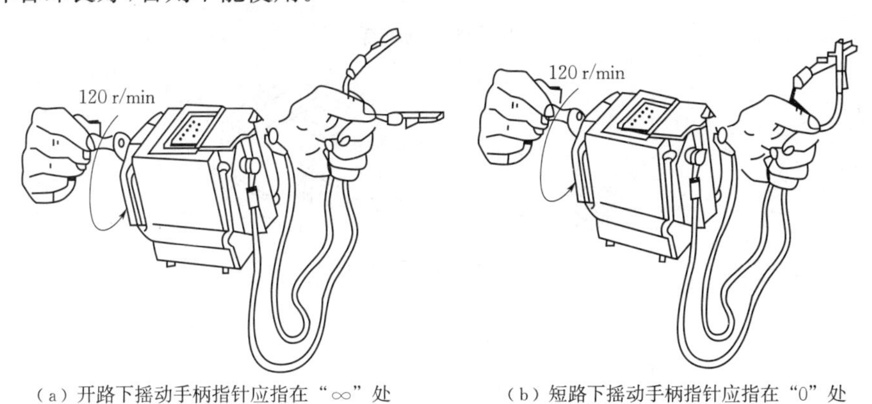

（a）开路下摇动手柄指针应指在“∞”处　（b）短路下摇动手柄指针应指在“0”处

图 3-23　检查摇表是否良好

4. 测量绝缘电阻时，一般只用“L”和“E”端，如图 3-24 所示。

但在测量电缆对地的绝缘电阻或被测设备的漏电流较严重时，就要使用“G”端，就是在屏蔽层或绝缘皮上用导线紧绕数圈联到 G 接线柱，如图 3-25 所示。这样就使得流经绝缘表面的电流不再经过流比计的测量线圈，而是直接流经 G 端构成回路，所以，测得的绝缘电阻只是电缆绝缘的体积电阻。

5. 线路接好后，可按顺时针方向转动摇把，摇动的速度应由慢而快，当转速达到 120 r/min左右时(ZC-25 型)，保持匀速转动，并且要边摇边读数，不能停下来读数。

6. 摇表未停止转动之前或被测设备未放电之前，严禁用手触及测量线路。测量结束时，对于大电容设备要放电。放电方法是将测量时使用的地线从摇表上取下来与被测设备短接一下即可。

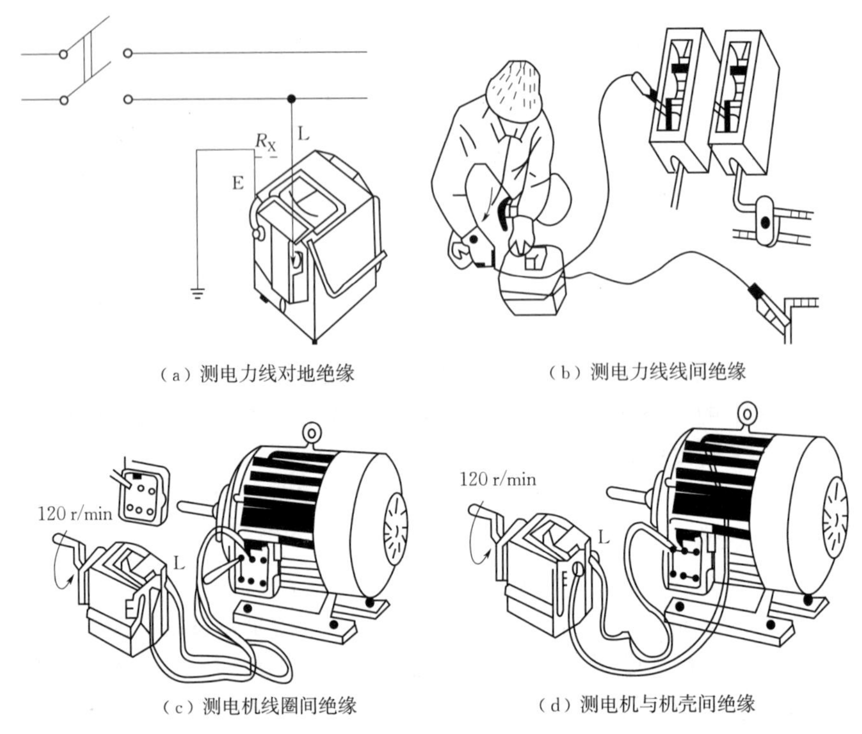

（a）测电力线对地绝缘　（b）测电力线线间绝缘

（c）测电机线圈间绝缘　（d）测电机与机壳间绝缘

图 3-24　摇表测绝缘电阻

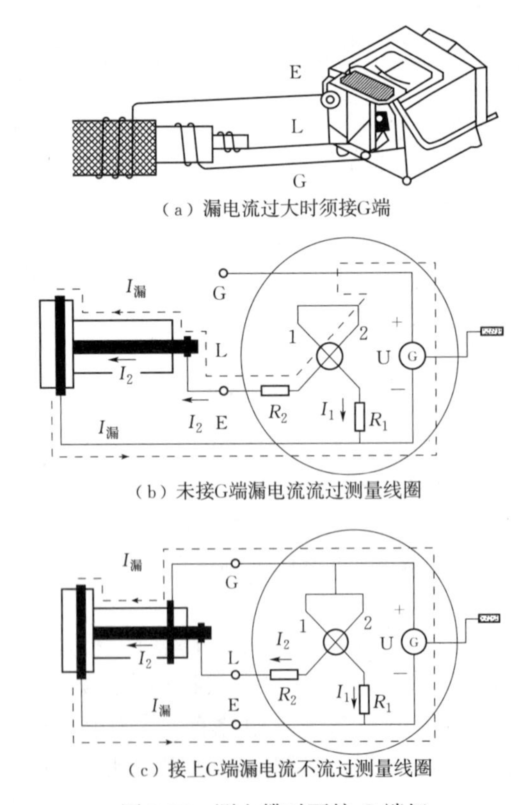

（a）漏电流过大时须接G端

（b）未接G端漏电流流过测量线圈

（c）接上G端漏电流不流过测量线圈

图 3-25　测电缆时要接 G 端钮

7. 一般最小刻度为 1 MΩ,测量电阻应大于 100 kΩ。

8. 禁止在雷电时或高压设备附近测绝缘电阻,摇测过程中,被测设备上不能有人工作。此外要定期校验摇表的准确度。

任务 7 磁电系检流计

一、任务描述

检流计是一种高灵敏度的检测仪表,可以测量微小电流、电压。它主要在比较法测量中用作平衡指示器(检测电流的有无)使用,在磁测量和非电量测量中也有广泛的应用。

二、任务目标

1. 了解磁电系检流计分类。
2. 掌握磁电系检流计的结构。
3. 了解磁电系检流计的使用和维护。

三、相关知识

磁电系检流计常用来检查电路中有无电流通过,如在电桥或电位差计中作为指零仪表等,所以它的标度尺一般不注明电流或电压的数值。磁电系检流计示意如图 3-26 所示,一般有指针式[图 3-26(a)]和光点式[图 3-26(b)]两种类型。指针式检流计由于指针不可能太长而限制了灵敏度的提高,通常用于携带式电桥或电位差计中。检流计的结构特点在于其可动部分没有采用轴尖与轴承支承的结构,而采用张丝或悬丝结构,这样就消除了轴尖与轴承之间的摩擦对测量的影响,提高了灵敏度。另外,光点式检流计是利用光点经多次反射成像于标度尺上的光标位置来指示可动部分的偏转,相当于加长了指针的长度,从而进一步提高检流计的灵敏度。光点式检流计的结构如图 3-26(b)所示。

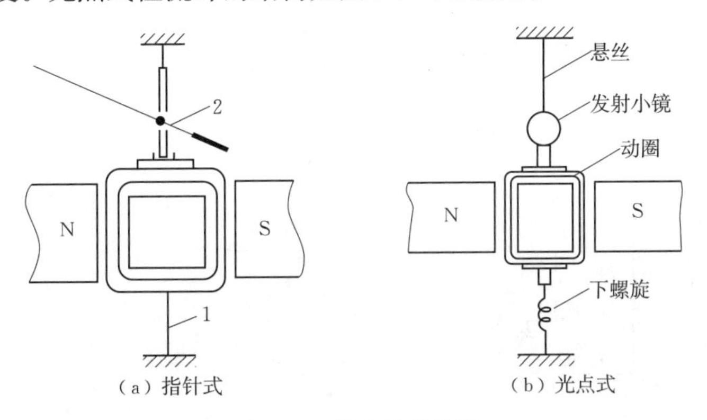

图 3-26 检流计的结构

1—张丝;2—指针

光点式检流计光标读数装置如图 3-27 所示,当动圈转动 α 角时,由小镜反射的光点投射到标度尺的光标对应的转角为 2α,即提高了仪表的灵敏度。而且由于光标偏离中心位置，使小镜与标度尺的距离增加，相当于加长了仪表的指针，所以使灵敏度进一步得到提高。

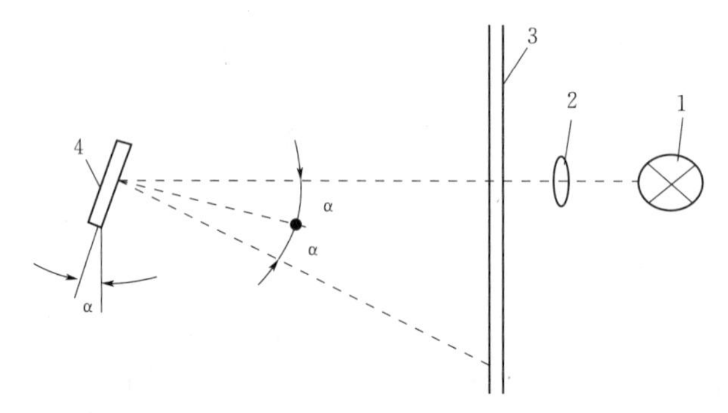

图 3-27　光点式检流计光标读数装置

1—灯；2—透镜；3—标度尺；4—小镜

光点式检流计有两种形式，一种是便携式检流计，其光路系统和标度尺安装在仪表的内部，所以也被称为内附光标指示检流计，其结构如图 3-28 所示；另一种是安装式光标指示检流计，其光路系统和标度尺是单独的部件，使用时安装在仪表的外部，其结构如图 3-29 所示。安装式光标指示检流计的灵敏度很高，其光路系统易受外界振动的影响，使用时需将它固定安装在稳定位置或坚实的墙壁上，所以通常也称它为墙式检流计。这种检流计通常用于精密测量。

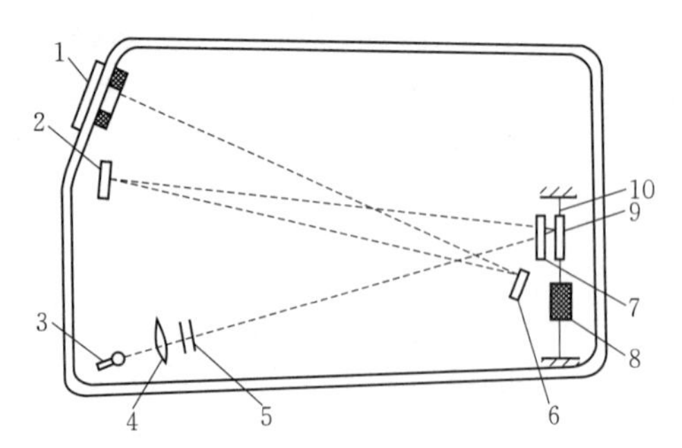

图 3-28　便携式检流计结构

1—标度尺；2、6—小镜；3—灯；4、7—透镜；5—光栏；

8—动圈；9—平面镜；10—张丝

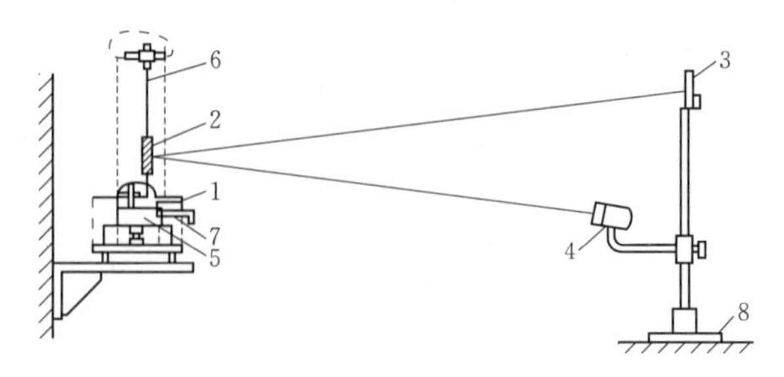

图 3-29　安装式光标指示检流计结构

1—动圈；2—动镜；3—标度尺；4—光源；5—磁铁；

6—悬丝；7—可调磁路；8—外装标度尺底座

四、任务实施

1. 使用时必须轻拿轻放，在搬动时将活动部分用止动器锁住，对无止动器的检流计，可用一根导线将接线柱两端短路。

2. 在使用时应按正常使用位置安装好，对于装有水平仪的检流计应先调好水平位置，再检查检流计，看其偏转是否良好，有无卡滞现象等，进行这些检查工作之后，再接入测量线路中使用。

3. 要按临界电阻值选好外接电阻，并根据实验要求合理地选择检流计的灵敏度。测量时逐步提高。当流过检流计的电流大小不清楚时，不要贸然提高灵敏度，应串入保护电阻或并联分流电阻后再逐步提高。

4. 绝不许用万用表、欧姆表测量检流计的内阻，以免通入过大的电流而烧坏检流计。

任务8　直 流 电 桥

一、任务描述

学会用直流电桥测线路电阻。

二、任务目标

1. 了解磁电系直流电桥的特性和应用。
2. 掌握磁电系直流电桥的结构原理。
3. 培养学生的动手实践能力。

三、相关知识

1. 基本结构

磁电系指针式检流计最常见的应用是作为电桥的指零仪，而用电桥测电阻具有欧姆表无法比拟的优越性：一是电桥能测很大到很小各种阻值，而欧姆表对很大或很小的阻值不容易测出；二是电桥读数整齐精准，而欧姆表能读出的数位相当有限。另外电桥是一种利用电位比较的方法进行测量的仪器，因为具有很高的灵敏度和准确性，在电测技术和自动控制测量中应用极为广泛。电桥可分为直流电桥与交流电桥。直流电桥又分直流单臂电桥和直流双臂电桥。直流单臂电桥（惠斯通电桥）适于测量中电阻（1 Ω～1 MΩ 阻值的电阻）。直流双臂电桥（开尔文电桥）适于测量 10^{-5}～10 Ω 低阻值电阻。

电桥实物举例如图 3-30 所示。

2. 直流单臂电桥测量原理

单臂电桥是最常用的直流电桥，原理图如图 3-31 所示。

电桥由三个精密电阻 R_1、R_2、R 及一个待测电阻 R_X 组成四个桥臂。对角 A、C 两端接电源 E，B、D 之间连接一个检流计作“桥”，直接比较两端的电位。当达到平衡时桥两端电位相等，即：

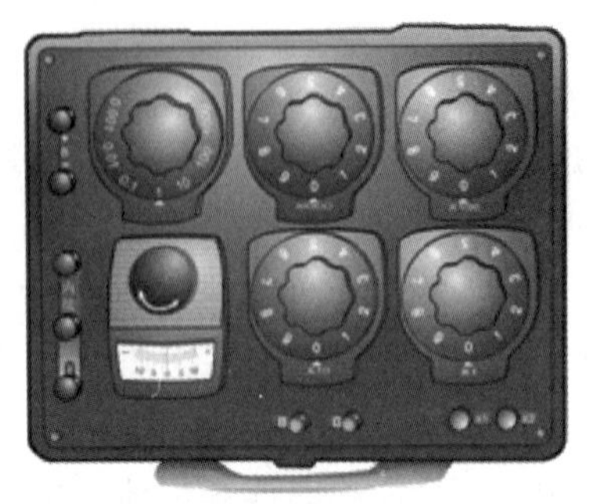

（a）QJ-23型携带式单电桥

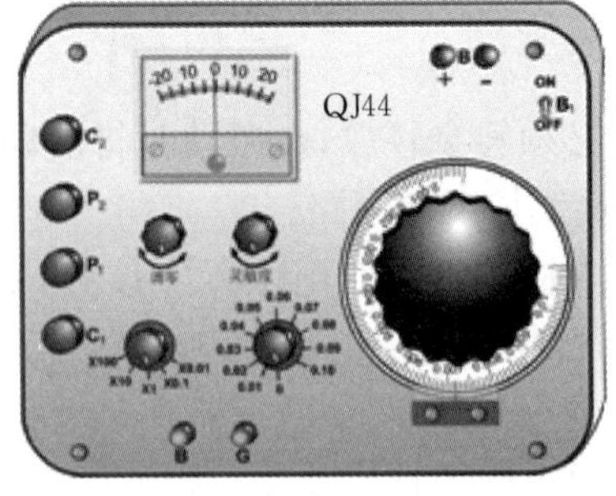

（b）QJ-44型携带式双电桥

图 3-30　直流电桥

$$I_g=0 \quad 此时 \quad I_1R_2=I_2R_2, \qquad I_1R=I_2R_X$$

两式相除：
$$\frac{I_1R_1}{I_1R}=\frac{I_2R_2}{I_2R_X}$$

整理得：
$$\frac{R_X}{R}=\frac{R_2}{R_1}$$

那么：
$$R_X=\frac{R_2}{R_1}R=CR \tag{3-14}$$

根据电桥的平衡条件，若已知其中三个臂的电阻，就可以计算出另一个桥臂的电阻。

在电桥上，$\frac{R_2}{R_1}$叫比例臂，R 叫比较臂，并以固定模式布置在面板上。如图 3-32 所示为 QJ23 型单臂电桥面板示意图，它的比例臂转盘上标出了 0.001、0.01、0.1、1、10、100、1 000 挡，比较臂有×1000(千位)、×100(百位)、×10(十位)、×1(个位)、4 个转盘，每个转盘有 1、2、3、4、5、6、7、8、9、0 十个挡位。

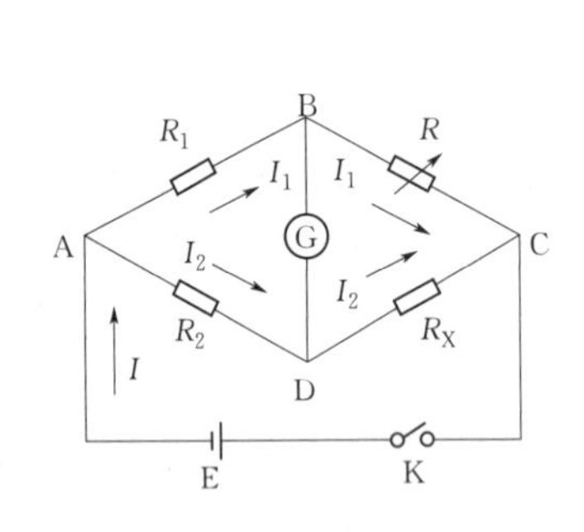

图 3-31　单臂电桥原理

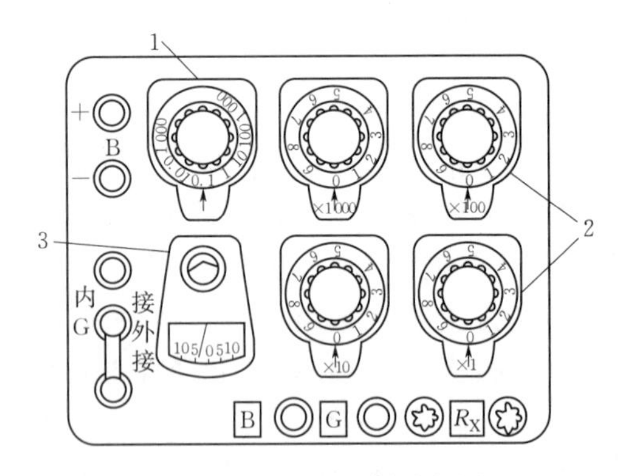

图 3-32　QJ23 电桥面板图

1—比例臂转盘；2—比较臂转盘；3—检流计

【例 3-3】 用 QJ23 测某电阻值时，比例臂转盘定位在 0.01，比较臂×1 000、×100、×10、×1 转盘分别定位在 3、7、0、5，那么被测阻值是：

$$R=0.01\times(3\times1\ 000+7\times100+0\times10+1\times5)=0.01\times3\ 705=37.05(\Omega)$$

熟悉读数规则后立即可读为 0.01×3 705=37.05(Ω)，由此可见电桥读数也很方便，并且数字精准。

3. 直流双臂电桥测量原理

直流双臂电桥，主要用于小电阻（1 Ω 以下的低值电阻）的正确测量。如用来测量金属导体的导电系数、接触电阻、电动机、变压器绕组的电阻值，以及其他各类直流低值电阻。直流双臂电桥实物如图 3-30(b)所示。

直流双臂电桥的原理如图 3-33 所示，与单臂电桥不同，被测电阻 R_X 与标准电阻 R_n 共同组成一个桥臂，标准电阻 R_n 和 R_3 组成另一个桥臂，R_X 与 R_n 之间用一电阻为 r 的导线连接起来。为了消除接线电阻和接触电阻的影响，R_X 与 R_n 都采用两对端钮，即电流端钮 C_1、C_2、C_{n1}、C_{n2}，电位端钮 P_1、P_2、P_{n1}、P_{n2}。桥臂电阻 R_1、R_2、R_3、R_4 都是阻值大于 10 Ω 的标准电阻。R 是限流电阻，可防止仪表中电流过大。

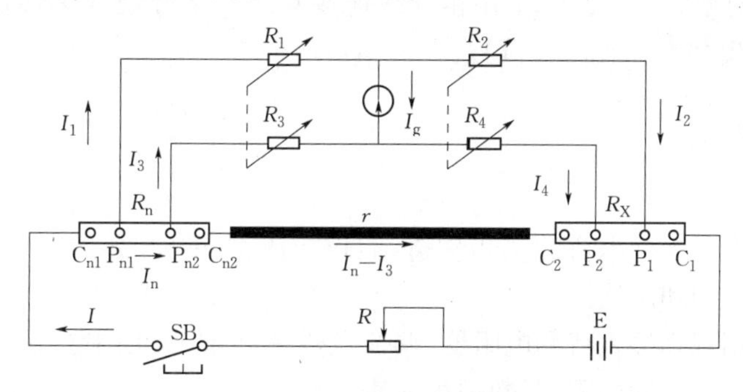

图 3-33 双臂电桥原理图

为了分析方便图 3-33 可以改画成图 3-34 等效图。其中 R_X 为被测量电阻，R_n 是标准电阻，它们一般在 1 Ω 以下。R_1、R_2 和 R_3、R_4 分别构成双臂电桥的两个桥臂，R_{n1}、R_{n2}、R_{X1}、R_{X2} 是两个桥臂接线附加电阻，数值是随机的，一般在 0.1 Ω 左右，相对于阻值在几百欧以上的 R_1、R_2 和 R_3、R_4，它们接线的附加电阻可以忽略。R_{in1}、R_{iX1} 属于电源回路的电阻与测量回电路无关。R_{in2}、R_{iX2} 与 r 合并为 r'，$r'=r+R_{in2}+R_{iX2}$；所以图 3-38 还可以简化为图 3-35。

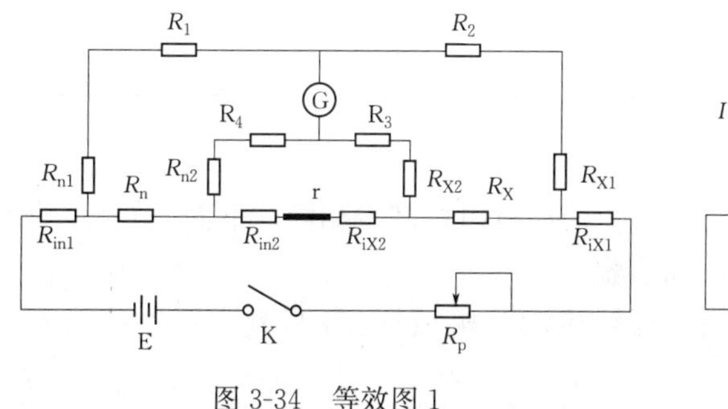

图 3-34 等效图 1

图 3-35 等效图 2

调节各桥臂的电阻，使检流计指零，如图 3-35 所示，即 $I_g=0$，此时 $I_1=I_2$，$I_3=I_4$ 根据基尔霍夫第二定律可得到如下三个回路方程：

对Ⅰ回路 $$I_1R_1=I_nR_n+I_3R_3$$

对Ⅱ回路 $$I_2R_2=I_nR_X+I_4R_4$$

对Ⅲ回路 $(I_n-I_3)r'=I_3(R_3+R_4)$

解方程组求得：

$$R_X=\frac{R_2}{R_1}R_n+\frac{r'R_2}{r'+R_3+R_4}\left(\frac{R_3}{R_1}-\frac{R_4}{R_2}\right) \tag{3-15}$$

式(3-15)表示，用双臂电桥测量电阻时，R_X 由两项决定，其中第一项$\frac{R_2}{R_1}R_n$ 与单臂电桥相同，第二项$\frac{r'R_2}{r'+R_3+R_4}\left(\frac{R_3}{R_1}-\frac{R_4}{R_2}\right)$称为"校正项"。为了使直流双臂电桥平衡时，求解 R_X 的公式与单臂电桥相同，即 $R_X=\frac{R_2}{R_1}R_n$，就必须使校正项等于零，所以，要求$\frac{R_3}{R_1}=\frac{R_4}{R_2}$，就是调整电桥到平衡，同时使 $r'\to 0$，技术上用粗导线连接 C_{n2} 和 C_2 并使 $R_{in2}R_{iX2}$ 很小。此时，则被测电阻：R_X＝比例臂倍率×比较臂读数。

四、任务实施

1. 直流单臂电桥

(1)观察了解直流单臂电桥的实物构造、面板构成、各端钮、各旋钮作用和用法，特别关注检流计的结构、作用和用法。

(2)按电桥使用规则接入待测电阻器，调节电桥平衡，读出比例臂、比较臂的的示数。

(3)同样再测 4 个不同电阻器，数据填入表 3-4。

(4)求出电阻值，总结测量体会。

表 3-4 测量数据

项目	比较臂示数	比例臂示数	电阻值	电桥使用体会
电阻 1				
电阻 2				
电阻 3				
电阻 4				
电阻 5				

2. 直流双臂电桥

直流双臂电桥的型号很多，其操作方法与直流单臂电桥基本相同。下面以 QJ44 型直流双臂电桥为例，练习测量电阻的操作方法和步骤。

步骤 1：检查灵敏度旋钮置最小位置，打开检流计机械锁扣，调节调零器使指针指在零位。

提示：①发现电桥电池电压不足应及时更换，否则将影响电桥的灵敏度。

②采用外接电源时，必须注意电源的极性。将电源的正、负极分别接到"＋""－"端钮，且不要使外接电源电压超过电桥工作电压的规定值。

步骤 2：用万用表估测被测电阻，选择适当的倍率臂。

估测被测电阻为几欧时，倍率臂应选×100 挡。

估测被测电阻为零点几欧时，倍率臂应选×10 挡。

估测被测电阻为零点零几欧时，倍率臂应选×1 挡。

提示：测量时，倍率臂务必选正确，否则会产生很大的测量误差，从而失去精确测量的目的。

步骤 3：接入被测电阻。按四端接线法接入被测电阻时，应采用较短较粗的导线连接，接线间不得绞合，并将接头拧紧。

提示：①被测电阻有电流端钮和电位端钮时，要与电桥上相应的端钮相连接。同时要注意电位端钮总是在电流端钮的内侧，且两电位端钮之间的电阻就是被测电阻。

②如果被测电阻（如一根导线）没有电流端钮和电位端钮，则按图 3-36 所示自行引出电流端钮和电位端钮，然后与电桥上相应的端钮相连接。

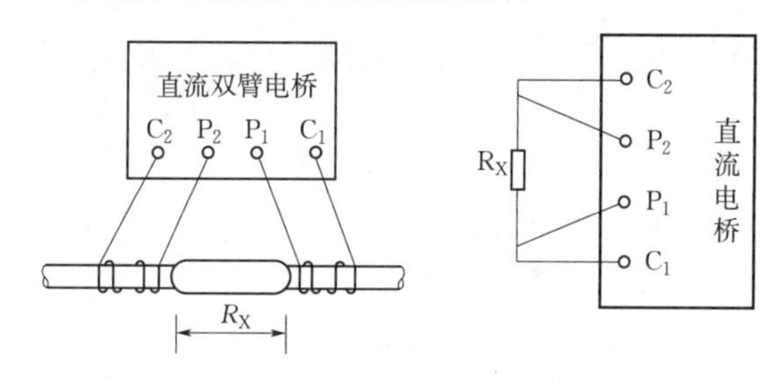

图 3-36 被测电阻引线设置

步骤 4：接通电路，调节读数盘使之平衡。适当增加灵敏度，然后观察检流计指针偏转。若检流计指针朝"＋"方向偏转，应减小读数盘读数；若检流计指针朝"－"方向偏转，应增大读数盘读数，使检流计指针指零。再增加灵敏度，调读数盘读数，使检流计指针指零。如此反复调节，直至检流计指针指零。

提示：①由于直流双臂电桥在工作时电流较大，要求上述操作动作要迅速，以免电池耗电量过大。

②被测电阻含有电感时，应先锁住电源端钮 B，间歇按检流计按钮 G。

③被测电阻不含电感时，应先锁住检流计按钮 G，间歇按电源端钮 B。

步骤 5：计算电阻值。被测电阻值＝倍率数×（步进数＋滑线盘读数）。

步骤 6：关闭电源。先断开检流计按钮 G，再断开电源端钮 B，然后拆除被测电阻，最后锁上检流计锁扣。

步骤 7：电桥保养。每次测量结束都应将盒盖盖好，存放于干燥、避光、无震动的场合。

提示：搬动电桥时应小心，做到轻拿轻放，否则易使检流计损坏。

五、知识拓展

为满足校正项等于零的条件，双臂电桥在结构上采取了以下措施：

1. 将 R_1 与 R_3、R_2 与 R_4 采用机械联动的调节装置，使 $\frac{R_3}{R_1}$ 的变化和 $\frac{R_4}{R_2}$ 的变化保持同步，从而保证校正项等于零。

2. 连接 R_n 与 R_X 的导线尽可能采用导电性能良好的粗铜母线，使 $r' \to 0$。

采用上述措施后，直流双臂电桥就可以较好的消除接线电阻和接触电阻的影响，因而在测量小电阻时，能够获得较高的准确度。

例如：图 3-37 是 QJ44 型直流双臂电桥的电路图。

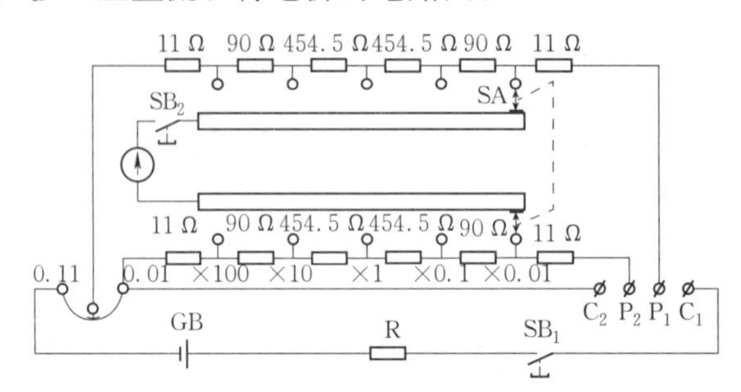

图 3-37　QJ44 型直流双臂电桥的电路图

四个桥臂电阻做成固定倍率的形式，通过机械联动转换开关 SA 换接（倍率旋钮），可得到×100、×10、×1、×0.1、×0.01 五个固定倍率，并保持$\frac{R_3}{R_1}=\frac{R_4}{R_2}$。标准电阻 R_n 的数值可在 0.01～0.11Ω 范围内连续调节（步进旋钮和滑线盘联合完成），其调节旋钮与读数盘一起装在面板上。测量时，调节倍率旋钮和步进旋钮与滑线盘使电桥平衡，检流计指零，此时：被测电阻＝倍率数×（步进旋钮读数＋滑线盘读数）。

【例 3-4】 如图 3-38 所示是测量某电阻完毕时的状态，那么这个测得的阻值：

$$R=0.01\times(0.08+0.008\ 45)=0.000\ 884\ 5(\Omega)$$

QJ44 型直流双臂电桥的测量范围在 0.001 1～11 Ω，使用 1.5～2 V 的直流电源，并备有外接电源用的接线端子。电子放大检流计，测量精度很高。

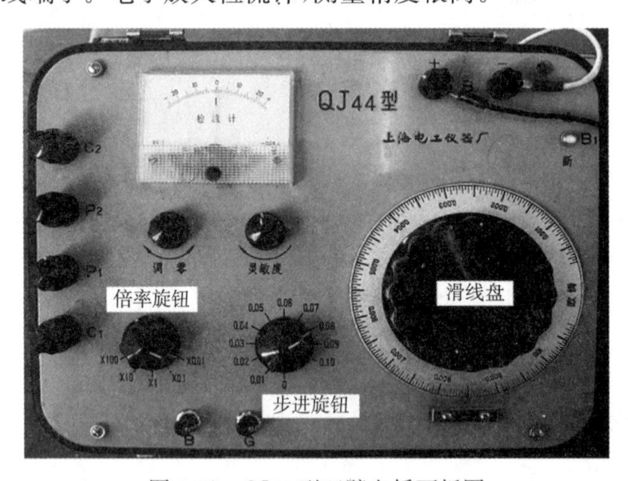

图 3-38　QJ44 型双臂电桥面板图

任务 9　交流电桥

一、任务描述

类似于单臂电桥，桥臂由阻抗元件（即电阻、电容、电感元件）或它们的组合所形成的电桥叫交流电桥。这种电桥多采用波形为正弦的交流电源供电，而检测仪表的选择则随电源频率而异。例如振动检流计用于工频范围，听筒主要用于声频范围，阴极射线示波器和电子式指零仪器可在很广的频率范围内使用。

二、任务目标

1. 了解磁电系交流电桥的特性。
2. 掌握磁电系交流电桥的结构原理。
3. 培养学生动手实践能力。

三、相关知识

1. 交流电桥结构原理

交流电桥的基本结构如图 3-39 所示。4 个桥臂的阻抗分别为 Z_1、Z_2、Z_3、Z_4。一般情况下，每一阻抗都包括实部和虚部，即电阻分量和电抗分量 X。阻抗的表达形式为：

$$Z=R+\mathrm{j}X$$

或 $Z=z\angle\phi$，$z\angle\phi$ 是极坐标形式，z 为阻抗的模，ϕ 为辐角。

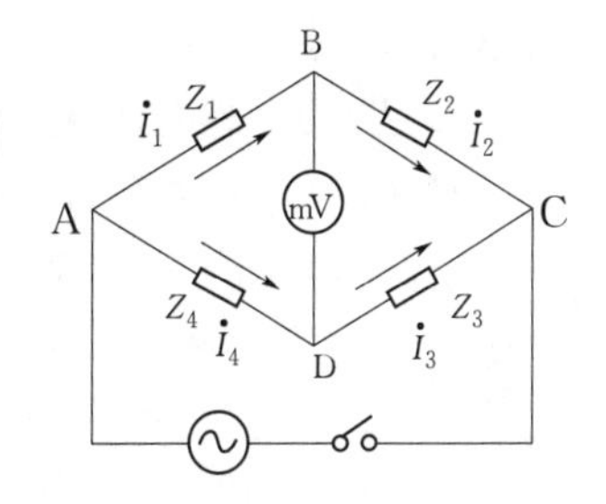

图 3-39 交流电桥的基本结构示意图

交流电桥及其平衡条件：

当电桥平衡时，没有电流流过零示仪，即 BD 两点的电势在任一瞬间都相等，由欧姆定律得：

$$\dot{I}_1Z_1=\dot{I}_4Z_4$$

$$\dot{I}_2Z_2=\dot{I}_3Z_3$$

得平衡条件：

$$\frac{Z_1}{Z_2}=\frac{Z_2}{Z_3},\varphi_1-\varphi_4=\varphi_2-\varphi_3 \tag{3-16}$$

显然，交流电桥平衡时，除了阻抗大小成比例外，还必须满足相位条件。

平衡状态下的电桥，其 4 个阻抗中有一个是待测的，其他 3 个是标准阻抗。将电桥调到平衡状态，即检测仪表指零，通过式(3-16)可由 3 个已知的标准阻抗求得待测阻抗的电阻分量和电抗分量或其模和辐角。一般情况下，为达到电桥平衡状态，必须满足两个平衡条件，方能求得代表阻抗的两个未知量 R 和 X 或 z 和 ϕ。因此，在实际操作电桥使其达到平衡状态时，必须至少调两个标准元件的量值，而且常需要反复调节。一般要求调节的次数越少越好，这说明电桥有较好的收敛性。电桥平衡时，与电源的幅值无关，但是否与电源频率有关，取决于 4 个桥臂的配置。

2. 交流电桥测电容

如图 3-40 所示为测量电容的电桥电路，待测电容 C_X 接在 AB 臂，R_X 为待测电容器对应的串联损耗电阻，C_2 为标准电容，其串联损耗电阻可以不考虑，R_2 为标准电阻箱。

AB 臂电容器的复阻抗：

$$Z_{CX}=R_X+\frac{1}{\mathrm{j}\omega C_X}$$

BC 臂电容器的复阻抗 $Z_C=R_2+\frac{1}{j\omega C_2}$，当电桥平衡时：

$$R_X+\frac{1}{j\omega C_X}=\frac{R_4}{R_3}\left(R_2+\frac{1}{j\omega C_2}\right)$$

$$C_X=\frac{R_3}{R_4}C_2,\quad R_X=\frac{R_4}{R_3}R_2$$

$$\tan\sigma=\omega R_X C_X=R_2 C_2 \omega \tag{3-17}$$

由此可测得 C_X 及 R_X。

3. 交流电感电桥

图 3-41 所示为测量电感的电桥电路，当电感工作在低频范围内，分布电容的旁路作用可忽略，此时：

AB 臂的电感复阻抗 $Z_{LX}=R_X+j\omega L_X$

BC 臂的电感复阻抗 $Z_{L2}=R_2+j\omega L_2$

由此可测得 L_X 及 R_X。

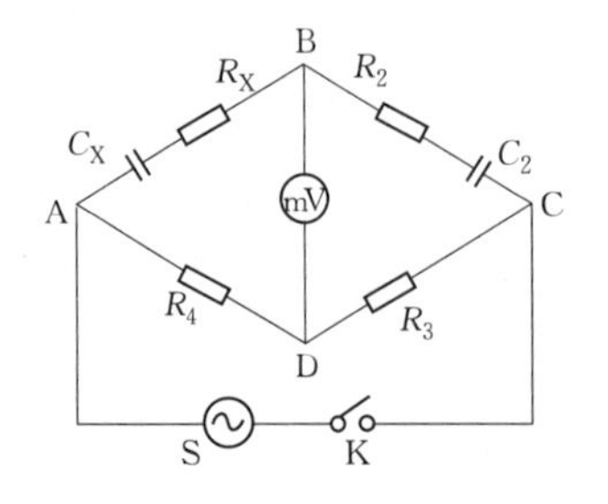

图 3-40 电容电桥

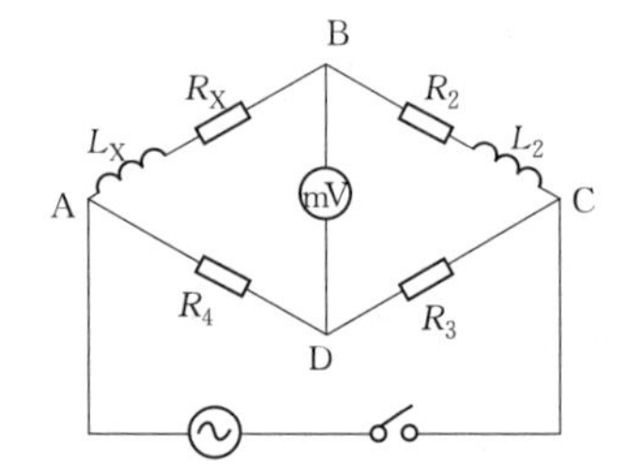

图 3-41 交流电感电桥

$$R_X+j\omega L_X=\frac{R_4}{R_3}(R_2+j\omega L_2)$$

$$L_X=\frac{R_4}{R_3}L_2,\quad R_X=\frac{R_4}{R_3}R_2$$

$$Q=\frac{\omega L_X}{R_X}=\frac{\omega L_2}{R_2} \tag{3-18}$$

4. 交流电桥平衡的调节技巧

(1)应事先设法知道待测元件的大概数值，根据平衡公式选定调节参数的数值，使电桥从开始就不至于远离平衡状态。

(2)电桥开始调节时应使交流电桥输出电压值幅度小一些，示零仪的量程取大些。固定其中一个参量，调节另一个使示零仪指示的数值达到最小值，而后再固定另一个参量，调节另外参量使示零仪达到最小值，反复调节，在此基础上再增加电源的输出电压幅度，减小示零仪的量程，直到最后结果满足一定的精度为止。

(3)边分析，边调节。注意抓住主要矛盾。如用电容电桥测电容 C_X 时，由于一般电容的损耗电阻较小，所以一开始可取 $R_2=0$，这时虽不满足电桥平衡，但偏离不大。再重点调节 R_3、R_4、C_2 的值。当示零仪电流达到一个极小值时，再重点调节 R_2，直至电桥平衡。

四、任务实施

1. 实验前应充分掌握实验原理，设计好相应的电桥回路，错误的桥路可能会有较大的测量误差，甚至无法测量。

2. 由于采用模块化的设计，所以实验的连线较多。注意接线的正确性，这样可以缩短实验时间；文明使用仪器，正确使用专用连接线，不要拽拉引线部位，不能平衡时不要猛打各个元件，而应查找原因。这样可以提高仪器的使用寿命。

3. 交流电桥采用的是交流指零仪，所以电桥平衡时指针位于左侧0位。

4. 实验时，指零仪的灵敏度应先调到适当位置，以指针位置处于满刻度的30%～80%为好，待基本平衡时再调高灵敏度，重新调节桥路，直至最终平衡。

五、注意事项

1. 在使用电容电桥测量时，应注意R_3、R_4的阻值以几百欧姆为宜，阻值太小，电桥调节过粗，会降低电桥的灵敏度。

2. 在连线时，标准电容应屏蔽外壳。

3. 由于用电桥测量的精确度较高，当电桥接近平衡时，应注意尽量减小外界的接触分布电容的影响。

4. 注意毫伏表的接地线不能与信号发生器的接地线在插座中连通，以免改变原电路的连接方式，造成无法测电容，电感等。

任务10 接地电阻测量仪

一、任务描述

测量10kV架空线路杆上变压器接地装置的接地电阻。

二、任务目标

1. 熟悉接地电阻测量仪的构造及原理。

2. 掌握接地电阻测量仪的使用方法。

3. 培养学生实际动手能力。

三、相关知识

1. 测量原理

电器设备由于绝缘及其他事故发生漏电时，其金属外壳就可能带电。为防止发生触电事故，必须将电器设备外壳接地，称为保护接地。为防止雷电袭击高大建筑物需要防雷接地。电器设备因正常工作或排除故障的需要，将电路中某一点接地（通常是中性点），称为工作接地。接地电阻的大小对接地效果的影响至关重要，接地电阻的测量就是意义非常的事情了。

(1)伏、安法测量接地电阻

对接地电阻的测量可以用伏、安法。如图 3-42 所示是用安培计、伏特计的测量方法。图 3-43中 A 为接地体，距 A 点 40 m 以远的地面处设电极 C(叫电流探桩)，经变压器隔离的交流电通过地面 AC 两点，安培计显示电流 I；再设电极 P(叫电位探桩)，AP 也要 20 m 距离，在 AP 间接伏特计，其示数 U；根据 $R=\dfrac{U}{I}$ 由安培计和伏特计所测得的数值可以算出接地电阻。

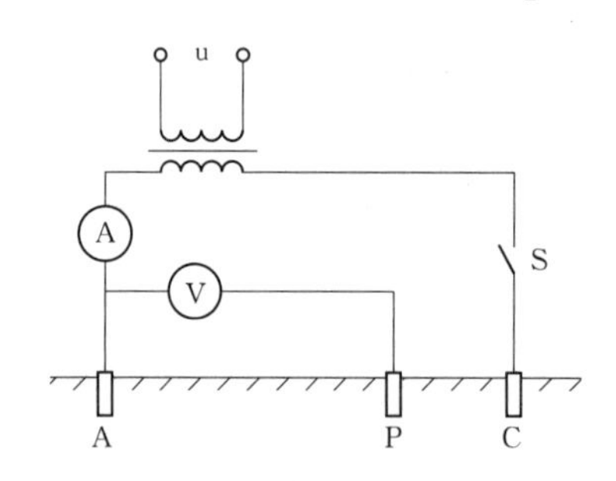

图 3-42　安培计、伏特计的测量接地电阻

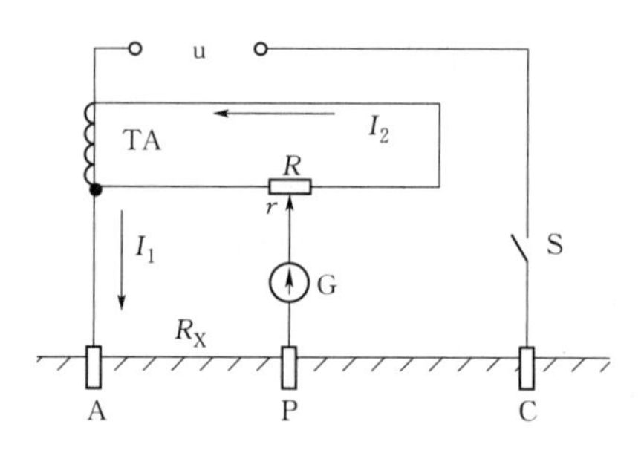

图 3-43　补偿法测电阻

(2)补偿法测电阻

由于伏、安法不能排除电压表的接线电阻和 P 极接地电阻对接地体接地电阻值的影响，精度不高，后来又有了补偿法测电阻。补偿法测电阻原理如图 3-43 所示，图 3-43 中 u 为交流电源，T_A 为电流互感器，A 是接地体，P、C 为测量电极，A 极与 P、C 间距不小于 20 m 和 40 m，电流 I_1 流过 AC 间大地，在接地体的接地电阻 R_X 上降压为 I_1R_X；与此同时，电流互感器二次电流 I_2 流过补偿电阻 R，移动 R 上滑动触头使检流计指零，那么 I_2r 等于 I_1R_X，即：

$$I_1R_X=I_2r$$

则：

$$R_X=\frac{I_2}{I_1}r=Kr \tag{3-19}$$

由于检流计指零时检流计接线上及 P 极接地电阻上没有电流流过，检流计接线电阻及 P 极接地电阻大小不影响接地体 A 的接地电阻的测量，所以叫补偿法测电阻。由式(3-19)可知，综合系数 K 及 r 刻度的示数，那么读出的 r 值就能得出接地电阻值了。

2. ZC-8 型接地电阻测量仪

用手摇交流发电机作为电源，按补偿法的原理制成内部电路，就制成了 ZC-8 型接地电阻测量仪，实物示意如图 3-44 所示。

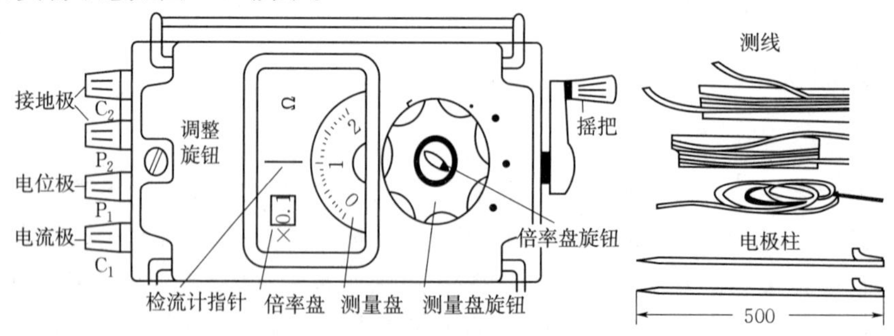

图 3-44　ZC-8 型接地电阻测量仪及附件

图 3-45 所示是 ZC-8 型接地电阻测量仪原理图。图 3-45 中，TA 是电流互感器，F 是手摇交流发电机，Z 是机械整流器或相敏整流放大器，S 是量程转换开关，G 是检流计，R_S 是电位器。该表具有 3 个接线端钮，它们分别是接地端钮 E（E 端钮是由电位辅助端钮 P_2 和电流辅助端钮 C_2 在仪表内部短接而成）、电位端钮 P_1 以及电流端钮 C_1。

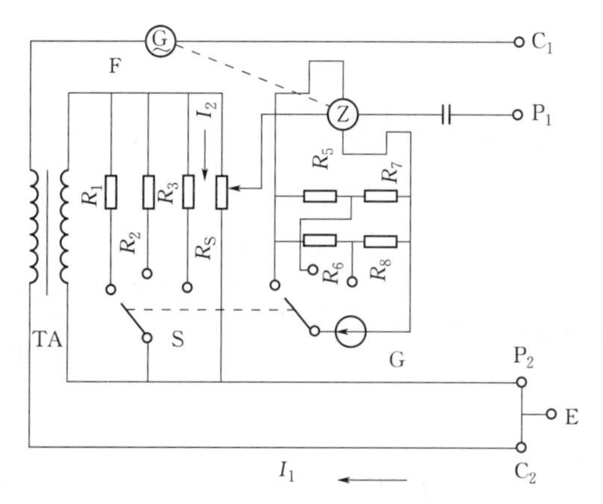

图 3-45 ZC-8 型接地电阻测量仪原理图

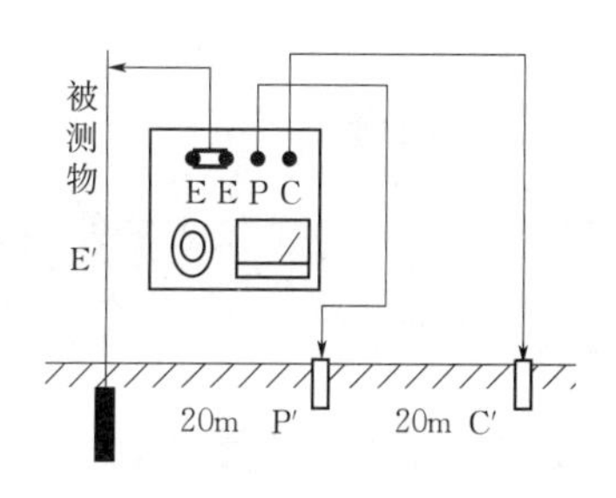

图 3-46 测量接地电阻时接线图

如图 3-46 所示，各端钮分别按规定的距离通过导线接到插入地中的探针上，测量接于 E、P_1 两端钮之间的土壤电阻。为了扩大量程，电路中接有两组不同的分流电阻 $R_1 \sim R_3$ 以及 $R_5 \sim R_8$，用以实现对电流互感器的二次电流 I_2 以及检流计支路的三挡分流。分流电阻的切换利用量程转换开关 S 完成，对应于转换开关有三个挡位，它们分别是 0～1 Ω、1～10 Ω 和 10～100 Ω。

测量时以规定速度手摇交流发电机同时调节电位器的活动触点，使检流计指示为零，根据式(3-19)，读出电位器 R_S 的读数 r 再乘以挡位开关所指的倍率 K 就是接地电阻了。需要指出的是，一般都是采用交流电进行接地电阻的测量，这是因为土壤的导电主要依靠地下电解质的作用，如果采用直流电就会引起化学极化作用，以致严重地歪曲测量结果。

四、任务实施

1. 仪表连线与接地极、电位探棒和电流探棒应牢固接触。

2. 仪表放置水平后，调整检流计的机械零位，归零。

3. 将“倍率开关”置于最大倍率，逐渐加快摇柄转速，使其达到 150 r/min。当检流计指针向某一方向偏转时，旋动刻度盘，使检流计指针恢复到“0”点。此时刻度盘上读数乘上倍率挡即为被测电阻值。

4. 如果刻度盘读数小于 1 时，检流计指针仍未取得平衡，可将倍率开关置于小一挡的倍率，直至调节到完全平衡为止。

5. 如果发现仪表检流计指针有抖动现象，可变化摇柄转速，以消除抖动现象。

6. 测试完毕收好仪表及附件，仪表携带、使用时须小心轻放，避免剧烈震动。

五、注意事项

1. 当检流计的灵敏度过高时，可将电位探针插入土壤中浅一些。当检流计的灵敏度不够时，可沿电位探针和电流探针注水湿润。

2. 当接地极和电流探针之间距离大于40m时，电位探针的位置可插在P、C中间直线几米以外，其测量误差可忽略不计。

3. 当接地极和电流探针之间距离小于40m时，则应将电位探针插于P与C的直线中间。

任务11　基本电工仪表的使用

一、任务描述

掌握各类基本电工仪表的使用方法，适用范围，学会误差计算。

二、任务目标

1. 熟悉实验台上各类电源及各类测量仪表的布局和使用方法。
2. 掌握指针式电压表、电流表内阻的测量方法。
3. 熟悉电工仪表测量误差的计算方法。

三、相关知识

为了准确地测量电路中实际的电压和电流，必须保证仪表接入电路后不会改变被测电路的工作状态。这就要求电压表的内阻为无穷大，电流表的内阻为零。而实际使用的指针式电工仪表都不能满足上述要求。因此，当测量仪表一旦接入电路，就会改变电路原有的工作状态，这就导致仪表的读数值与电路原有的实际值之间出现误差。误差的大小与仪表本身内阻的大小密切相关。只要测出仪表的内阻，即可计算出由其产生的测量误差。以下介绍几种测量指针式仪表内阻的方法。

1. 用“分流法”测量电流表的内阻

如图3-47所示，Ⓐ为被测内阻R_A的直流电流表。测量时先断开开关S，调节电流源的输出电流I使Ⓐ表指针满偏转。然后合上开关S，并保持I值不变，调节电阻箱R_B的阻值，使电流表的指针指在1/2满偏转位置。此时有：

$$I_A=I_S=\frac{I}{2} \tag{3-20}$$

所以

$$R_A=\frac{R_BR_1}{R_B+R_1} \tag{3-21}$$

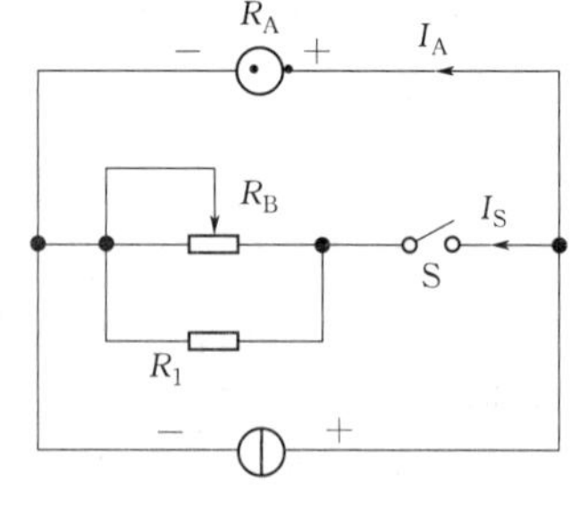

图3-47　可调电流源

R_1为固定电阻器之值，R_B可由电阻箱的刻度盘上读得。

2. 用分压法测量电压表的内阻和灵敏度

如图3-48所示，Ⓥ为被测内阻R_V的电压表。测量时先将开关S闭合，调节直流稳压电源的输出电压，使电压表Ⓥ的指针为满偏转。然后断开开关S，调节R_B使电压表V的指示值减半。此时有：

$$R_V=R_B+R_1$$

电压表的灵敏度为：

$$S=R_V/U(\Omega/V)$$

式中 U——电压表满偏时的电压值。

3. 表内阻引起的测量误差的计算

通常称之为方法误差，而仪表本身结构引起的误差称为仪表基本误差。

(1)以图3-49所示电路为例，R_1 上的电压为：

$$U_1=\frac{R_1}{R_1+R_2}U$$

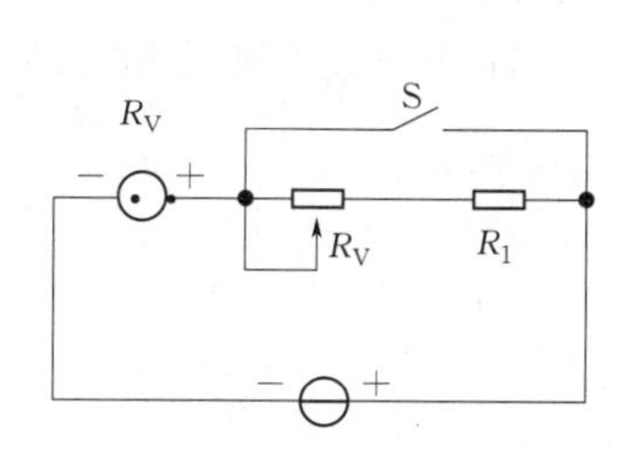

图3-48 可调电压源

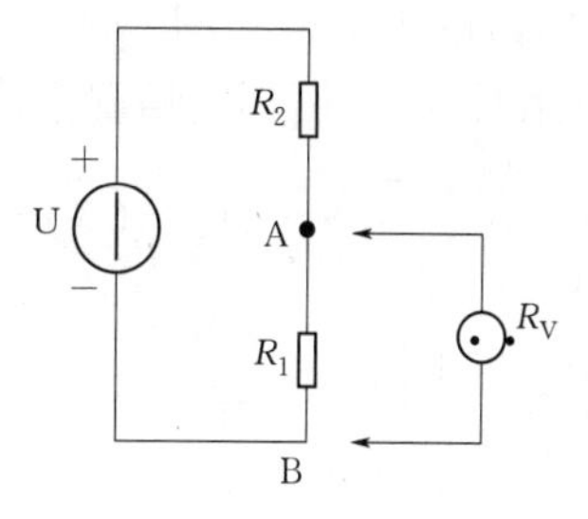

图3-49 测量电路

若 $R_1=R_2$，则：

$$U_1=\frac{1}{2}U$$

现用一内阻为 R_V 的电压表来测量 U_1 值，当 R_V 与 R_1 并联后，

$$R_{AB}=\frac{R_V R_1}{R_V+R_1}$$

以此来替代 U_1 中的 R_1，则得此时 R_1 上电压：

$$U_1'=\frac{\dfrac{R_V R_1}{R_V+R_1}}{\dfrac{R_V R_1}{R_V+R_1}+R_1}U$$

绝对误差为：
$$\Delta U=U_1'-U_1=\left(\frac{\dfrac{R_V R_1}{R_V+R_1}}{\dfrac{R_V R_1}{R_V+R_1}+R_1}-\frac{R_1}{R_1+R_2}\right)U$$

化简后得：
$$\Delta U=\frac{-R_1^2 R_2}{R_V(R_1^2+2R_1R_2+R_2^2)+R_1R_2(R_1+R_2)}U$$

若 $R_1=R_2=R_V$，则得：
$$\Delta U=-\frac{1}{6}U$$

相对误差：
$$\Delta U\%=\frac{U_1'-U_1}{U_1}\times 100\%=-\frac{\dfrac{U}{6}}{\dfrac{U}{2}}\times 100\%=-33.3\%$$

由此可见，当电压表的内阻与被则电路的电阻相近时，测量的误差是非常大的。

(2)伏安法测量电阻的原理为：测出流过被测电阻 R_X 的电流 I_A 及其两端的电压降 U_A，则其阻值 $R_X=\frac{U_A}{I_A}$。

实际测量时，有两种测量线路，即：相对于电源而言，电流表 A(内阻为 R_A)接在电压表 V(内阻为 R_V)的内侧；A 接在 V 的外侧。两种线路如图 3-50 所示。

由线路[图 3-50(a)]可知，只有当 $R_X \gg R_A$ 时，R_A 的分压作用才可忽略不计，V 的读数接近于实际 R_X 的电压值。图 3-50(a)的接法称为电压表的前接法。

由线路[图 3-50(b)]可知，只有当 $R_X \ll R_V$ 时，R_V 的分流作用才可忽略不计，A 的读数接近于 R_X 流过的电流值。图 3-50(b)的接法称为电压表的后接法。

实际应用时，应根据不同情况选用合适的测量线路，才能获得较准确的测量结果。

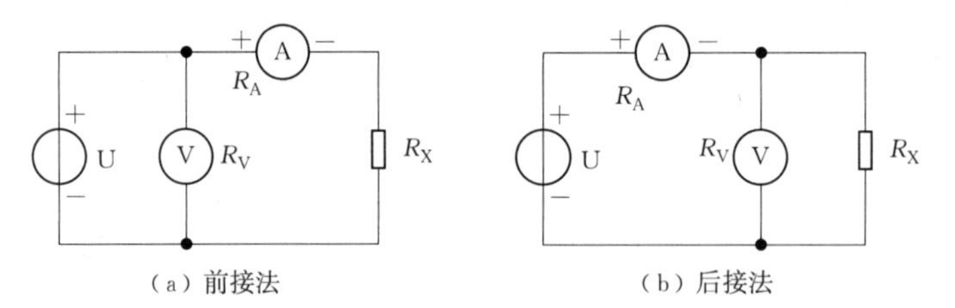

图 3-50　电压表接法

以下举一实例。在图 3-50 中，设：$U=20$ V，$R_A=100\ \Omega$，$R_V=20\ \text{k}\Omega$，假定 R_X 的实际值为 10 kΩ。

如果采用线路[图 3-50(a)]测量，经计算，A、V 的读数分别为 1.98 mA 和 20 V，故：

$$R_X=20\div 1.98=10.1(\text{k}\Omega)$$

相对误差为：

$$(10.1-10)\div 10\times 100=1\%$$

如果采用线路[图 3-50(b)]测量，经计算，A、V 的读数分别为 2.96 mA 和 19.73 V，故：

$$R_X=19.73\div 2.96=6.667(\text{k}\Omega)$$

相对误差为：

$$(6.667-10)\div 10\times 100=-33.3\%$$

四、任务实施

1. 所需设备(表 3-5)

表 3-5　所需设备

序号	名称	型号与规格	数量	备注
1	可调直流稳压电源	0～30 V	二路	
2	可调恒流电源	0～200 mA	1	
3	指针式万用表	MF-47 或其他	1	自备
4	可调电阻箱	0～9 999.9 Ω	1	
5	电阻器	按需选择		

2. 测量步骤

(1)根据“分流法”原理测定指针式万用表(MF-47 型或其他型号)直流电流 0.5 mA 和

5 mA挡量限的内阻，将测量结果填入表 3-6。线路如图 3-47 所示。R_B 可选用 DGJ-05 中的电阻箱(下同)。

表 3-6 测量数据 1

被测电流表量限	S断开时的表读数(mA)	S闭合时的表读数(mA)	$R_B(\Omega)$	$R_1(\Omega)$	计算内阻 $R_A(\Omega)$
0.5 mA					
5 mA					

(2)据"分压法"原理按图 3-48 接线，测定指针式万用表直流电压 2.5 V 和 10 V 挡量限的内阻，将测量结果填入表 3-7。

表 3-7 测量数据 2

被测电压表量 限	S闭合时表读数(V)	S断开时表读数(V)	R_B(kΩ)	R_1(kΩ)	计算内阻 R_V(kΩ)	灵敏度(Ω/V)
2.5 V						
10 V						

(3)指针式万用表直流电压 10V 挡量程测量图 3-49 电路中 R_1 上的电压 U_1' 之值，并计算测量的绝对误差与相对误差。将测量结果填入表 3-8。

表 3-8 测量数据 3

U	R_2	R_1	$R_{10\,V}$(kΩ)	计算值 U_{R1}(V)	实测值 U'(V)	绝对误差 ΔU	相对误差 $(\Delta U/U)\times100\%$
12 V	10 kΩ	50 kΩ					

五、注意事项

1. 在开启 DG04 挂箱的电源开关前，应将两路电压源的输出调节旋钮调至最小(逆时针旋到底)，并将恒流源的输出粗调旋钮拨到 2 mA 挡，输出细调旋钮应调至最小。接通电源后，再根据需要缓慢调节。

2. 当恒流源输出端接有负载时，如果需要将其粗调旋钮由低挡位向高挡位切换时，必须先将其细调旋钮调至最小。否则输出电流会突增，可能会损坏外接器件。

3. 电压表应与被测电路并接，电流表应与被测电路串接，并且都要注意正、负极性与量程的合理选择。

4. 实验内容 1、2 中，R_1 的取值应与 R_B 相近。

5. 本实验仅测试指针式仪表的内阻。由于所选指针表的型号不同，本实验中所列的电流、电压量程及选用的 R_B、R_1 等均会不同。实验时应按选定的表型自行确定。

巩固练习

一、判断以下各题,在题后(　　)里对的划√,错的划×。

1. 磁电系测量机构的固定部分是磁路系统。（　　）
2. 磁电系测量机构中的铝线框可用来产生阻尼力矩。（　　）
3. 电工指示仪表的测量机构必须由转动力矩装置,反作用力矩装置,读数装置和支承装置组成。（　　）
4. 电工指示仪表中的反作用力矩装置一般采用游丝和张丝构成。（　　）
5. 要使电流表量程扩大 n 倍,所并联的分流电阻应为测量机构内阻的$(n-1)$。（　　）
6. 磁电系测量机构与分压电阻并联就组成直流电压表。（　　）
7. 当被测电流超过 30 A 时,分流电阻一般安装在电流表的外部。（　　）
8. 多量程直流电流表的量程低于 600 V 时,可采用内附式分压电阻。（　　）
9. 要测量某一电路中的电流,必须将电流表与该电路并联。（　　）
10. 电压表的内阻越大越好。（　　）
11. 万用表所用测量机构的满偏电流越大越好。（　　）
12. 万用表的测量机构应采用电磁系直流微安表。（　　）
13. 万用表的电压灵敏度越高,其电压挡内阻越大,对被测电路工作状态影响越小。（　　）
14. 万用表的基本工作原理主要是建立在欧姆定律的基础之上。（　　）
15. 万用表测电阻的实质是测电流。（　　）
16. 万用表交流电压测量电路是在整流系仪表的基础上串联分流电阻组成的。（　　）
17. 严禁在被测电阻带电的情况下,用万用表欧姆挡测量电阻。（　　）
18. 万用表使用完毕,最好将转换开关置于最高直流电压挡。（　　）
19. 用万用表电阻挡测量电阻时,指针不动,说明测量机构已经损坏。（　　）
20. 安装式仪表广泛应用于发电厂和配电所等场合。（　　）
21. 仪表本身消耗的功率越小越好。（　　）
22. 直流电阻挡是万用表的基础挡。（　　）
23. 电工指示仪表的指针偏转角度越大,反作用力矩越大,阻尼力矩也越大。（　　）
24. 磁电系仪表是磁电系测量机构的核心。（　　）
25. 磁电系测量机构是根据通电线圈在磁场中受到电磁力而偏转的原理制成的。（　　）
26. 分流电阻的电位端钮在使用时要与被测电路串联。（　　）
27. 对一只电压表来讲,电压量程越高,电压表的内阻越大。（　　）
28. 多量程直流电流表一般都采用闭路式分流器。（　　）
29. 一只内阻为 1 kΩ,满刻度电流为 50 μA 的磁电系测量机构,若用于测量 50 V 的电压,分压电阻的数值应为 999 kΩ。（　　）
30. 实验室使用的仪表一般可选择安装式仪表。配电房多使用便携式仪表。（　　）

31. 万用表以测量电感、电容、电阻为主要目的。（ ）
32. 万用表的测量机构一般采用交直流两用的仪表，以满足各种测量的需要。（ ）
33. 万用表欧姆量程的扩大是通过改变欧姆中心值来实现的。（ ）
34. 万用表交流电压挡的电压灵敏度比直流电流挡的高。（ ）
35. 1 Ω 以下的电阻称为小电阻。（ ）
36. 1 Ω～0.1 MΩ 的电阻称为中电阻。（ ）
37. 接地电阻表主要用于测量小电阻。（ ）
38. 用直流单臂电桥测量一估算值为几十欧的电阻时，应选用×0.01 的比较臂。（ ）
39. 用电桥测量电阻的方法准确度比较高。（ ）
40. 测量 1 Ω 以下的小电阻宜采用直流双臂电桥。（ ）
41. 直流双臂电桥可以较好地消除接触电阻的影响。（ ）
42. 电气设备的绝缘电阻可用万用表的 R×10 k 挡测量。（ ）
43. 兆欧表内测量机构气隙内的磁场是非均匀磁场。（ ）
44. 测量电气设备的对地绝缘电阻时，应将 L 接到被测设备上，E 可靠接地即可。（ ）
45. 接地体和接地线统称为接地装置。（ ）
46. 接地电阻表中采用的是手摇直流发电机。（ ）
47. 离电流入地点 20 m 以内的地电阻，是电工技术上所说的“接地电阻”。（ ）
48. 直流单臂电桥就是惠斯登电桥。（ ）
49. 用直流双臂电桥测量小电阻时，可同时按下电源按钮和检流计按钮。（ ）
50. 直流双臂电桥一般使用容量较大的低电压电源。（ ）
51. 兆欧表的测量机构采用磁电系比流计。（ ）
52. 一般的兆欧表主要由手摇交流发电机、磁电系比率表以及测量线路组成。（ ）
53. 接地电阻的大小主要与接地线电阻和接地体电阻的大小有关。（ ）
54. 接地电阻的大小可由接地电阻表的标度盘中直接读取。（ ）

二、选择题，把下列各题的正确答案的序号填到（ ）里。

1. 磁电系测量机构主要由（ ）两部分组成。

A. 固定的磁路系统和可动的软磁铁片

B. 固定的通电线圈和可动的软磁铁片

C. 固定的软磁铁片和可动的软磁铁片

D. 固定的磁路系统和可动的通电线圈

2. 磁电系测量机构（ ）电流。

A. 可以测较大直流　　B. 可以测交流

C. 可以交直流两用　　D. 只能测较小直流

3. 一只量程为 50 μA，内阻为 1 kΩ 的电流表，若要改装为 2.5 A 的电流表，则需（ ）的电阻。

A. 串联一只 0.02 Ω　　B. 并联一只 0.02 Ω

C. 串联一只0.2 Ω　　D. 并联一只0.2 Ω

4. 若电压表量程扩大 m 倍，则要串联的分压电阻是表头内阻的(　　)倍。

A. $m-1$　　B. $m+1$　　C. $1+m$　　D. $1-m$

5. 选择电流表量程时，一般把被测量指示范围选择在仪表标度尺满刻度的(　　)。

A. 起始段　　B. 中间段

C. 任意位置　　D. 2/3以上段

6. 在无法估计被测量大小时，应先选用仪表的(　　)测试后，再逐步换成合适的量程。

A. 最小量程　　B. 最大量程

C. 中间量程　　D. 空挡

7. 万用表测量线路所使用的元件主要有(　　)。

A. 游丝、磁铁、线圈等　　B. 转换开关、电阻、二极管等

C. 转换开关、磁铁、电阻等　　D. 电阻、二极管等

8. 万用表的直流电压测量电路是在(　　)的基础上组成的。

A. 直流电压挡　　B. 交流电压挡

C. 电阻挡　　D. 直流电流挡

9. 欧姆表的标度尺刻度是(　　)。

A. 与电流表刻度相同，而且是均匀的

B. 与电流表刻度相同，而且是不均匀的

C. 与电流表刻度相反，而且是均匀的

D. 与电流表刻度相反，而且是不均匀的

10. 万用表使用完毕，最好将转换开关置于(　　)。

A. 随机位置　　B. 最高电流挡

C. 最高直流电压挡　　D. 最高直流或交流电压挡

11. 用万用表电流挡测量被测电路的电流时，万用表应与被测电路(　　)。

A. 串联　　B. 并联　　C. 短接　　D. 断开

12. 采用电压表后接电路测量电阻，适合测量(　　)。

A. 很小的电阻　　B. 很大的电阻

C. 任意阻值的电阻　　D. 较大的电阻

13. 磁电系仪表的优点是(　　)。

A. 准确度和灵敏度都高　　B. 过载能力强

C. 灵敏度高　　D. 准确度高

14. 伏安法测电阻属于(　　)。

A. 直接法　　B. 间接法

C. 前接法　　D. 比较法

15. 使用伏安法测电阻时，采用“电压表前接电路”或者“电压表后接电路”，其目的是为了(　　)。

A. 防止烧坏电压表　　B. 提高电压表的灵敏度

C. 防止烧坏电流表　　D. 提高测量准确度

16. 磁电系测量机构的阻尼力矩由(　　)产生。

A. 游丝　　B. 磁路系统

C. 可动线圈的铝框　　D. 固定线圈的铝框

17. 磁电系测量机构可动部分的稳定偏转角与通过线圈的(　　)。

A. 电流成正比　　B. 电流的平方成正比

C. 电流成反比　　D. 电流的平方成反比

18. 磁电系电流表是由磁电系测量机构与(　　)组成的。

A. 分流电阻并联　　B. 分流电阻串联

C. 分压电阻串联　　D. 分压电阻并联

19. 直流电压表的分压电阻必须与其测量机构(　　)。

A. 断开　　B. 串联　　C. 并联　　D. 短路

20. 万用表的测量机构通常采用(　　)。

A. 磁电系直流毫安表　　B. 交直流两用电磁系直流毫安表

C. 磁电系直流微安表　　D. 交直流两用电磁系直流微安表

21. 转换开关的作用是(　　)。

A. 把各种不同的被测电量转换为微小直流电流

B. 把过渡电量转换为指针的偏转角

C. 把测量线路转换为所需要的测量种类和量程

D. 把过渡电量转换为所需要的测量种类和量程

22. 万用表交流电压挡的读数是正弦交流电的(　　)。

A. 最大值　　B. 瞬时值　　C. 平均值　　D. 有效值

23. 万用表欧姆挡的"—"表笔与(　　)相接。

A. 内部电池的负极　　B. 内部电池的正极

C. 转换开关的负极　　D. 转换开关的正极

24. 调节万用表欧姆调零器,指针调不到零位,这说明(　　)。

A. 电池电压高于1.5 V　　B. 电池失效

C. 被测电阻太小　　D. 被测电阻太大

25. 磁电系测量机构通入交流电流后,仪表指针(　　)。

A. 时间一长就烧毁　　B. 误差增大

C. 不能指示　　D. 消耗功率过大

26. 万用表主要用于测量(　　)。

A. 大电阻　　B. 中电阻　　C. 小电阻　　D. 任何电阻

27. 欲精确测量中电阻的阻值,应选用(　　)。

A. 万用表　　B. 兆欧表　　C. 单臂电桥　　D. 双臂电桥

28. 用直流单臂电桥测量一估算值为几百欧的电阻时,比例臂应选(　　)。

A. ×0.1　　B. ×1　　C. ×10　　D. ×100

29. 电桥平衡的条件是(　　)。

A. 相邻臂电阻相等　　B. 相邻臂电阻乘积相等

C. 相对臂电阻相等　　D. 相对臂电阻乘积相等

30. 电桥的电池电压不足时，将影响电桥的(　　)。

A. 准确度　　B. 灵敏度　　C. 平衡　　D. 测量范围

31. 用 QJ23 型单臂电桥测量一电阻，比例臂选择在 0.01 挡。电桥平衡后，比较臂的指示依次为：×1→2；×10→4；×100→0；×1 000→1，该电阻的阻值是(　　)。

A. 1.402　　B. 10.42　　C. 104.2　　D. 24.02

32. 直流双臂电桥可以较精确地测量小电阻，主要是因为直流双臂电桥(　　)。

A. 工作电流较大　　B. 工作电压较低

C. 设置了电流和电位端钮　　D. 工作电压较高

33. 用直流双臂电桥测量电阻时，被测电阻的电流端钮应接在电位端钮的(　　)。

A. 左侧　　B. 右侧　　C. 内侧　　D. 外侧

34. 测量电气设备的绝缘电阻可选用(　　)。

A. 万用表　　B. 电桥　　C. 兆欧表　　D. 伏安法

35. 磁电系比流计指针的偏转角与(　　)有关。

A. 通过两个线圈的电流大小　　B. 手摇发电机的电压高低

C. 通过两个线圈电流的比率　　D. 游丝的倔强系数

36. 兆欧表与被测设备之间连接的导线应用(　　)。

A. 双股绝缘线　　B. 单股线分开单独连接

C. 任意导线　　D. 绞线

37. 兆欧表屏蔽端钮的作用是(　　)。

A. 屏蔽被测物体表面的漏电流　　B. 屏蔽外界干扰磁场

C. 保护绝缘电阻表，以免其线圈被烧毁　　D. 屏蔽外界干扰电场

38. 接地电阻表主要用于测量(　　)。

A. 电动机线圈的电阻　　B. 导线的电阻

C. 电气设备的绝缘电阻　　D. 电气设备接地装置以及避雷装置的接地电阻

39. 接地电阻表应采用(　　)电源。

A. 交流　　B. 直流　　C. 交直流　　D. 整流

40. 接地电阻表的额定转速为(　　)r/min。

A. 50　　B. 80　　C. 100　　D. 120

41. 直流单臂电桥主要用于精确测量(　　)。

A. 绝缘电阻　　B. 中电阻

C. 小电阻　　D. 任何电阻

42. 用直流单臂电桥测量电感线圈的直流电阻结束时，应(　　)。

A. 先松开电源按钮，再松开检流计按钮　　B. 先松开检流计按钮，再松开电源按钮

C. 同时松开电源按钮和检流计按钮　　D. 随意松开电源按钮和检流计按钮

43. 用直流单臂电桥测量电阻时，若发现检流计指针向“＋”方向偏转，则需(　　)。

A. 增加比例臂电阻　　B. 减小比例臂电阻

C. 增加比较臂电阻　　D. 减小比较臂电阻

44. 直流单臂电桥使用完毕，应该(　　)。

A. 先将检流计锁扣锁上，再拆除被测电阻，最后切断电源

B. 先将检流计锁扣锁上，再切断电源，最后拆除被测电阻

C. 先切断电源，然后拆除被测电阻，再将检流计锁扣锁上

D. 先拆除被测电阻，再切断电源，最后将检流计锁扣锁上

45. 电桥使用完毕，要将检流计锁扣锁上，以防(　　)。

A. 电桥出现误差　　B. 破坏电桥平衡

C. 电桥灵敏度下降　　D. 搬动时震坏检流计

46. 测量 1 Ω 以下的小电阻，如果要求精度高，可选用(　　)。

A. 单臂电桥　　B. 万用表×1 Ω 挡

C. 毫伏表　　D. 双臂电桥

47. 用直流电桥测量电阻时，电桥和被测电阻的连接应用(　　)。

A. 较粗的导线　　B. 较细的导线

C. 任意粗细的导线　　D. 较粗较短的导线

48. 直流双臂电桥主要用来测量(　　)。

A. 大电阻　　B. 中电阻　　C. 小电阻　　D. 小电流

49. 兆欧表的测量机构通常采用(　　)。

A. 电磁系仪表　　B. 电磁系比率表

C. 磁电系仪表　　D. 磁电系比流表

50. 兆欧电阻表的额定转速为(　　)r/min。

A. 50　　B. 80　　C. 120　　D. 1 500

51. 使用兆欧表测量前(　　)。

A. 要串联接入被测电路　　B. 不必切断被测设备的电源

C. 要并联接入被测电路　　D. 必须先切断被测设备的电源

52. 测量额定电压为 380 V 的发电机线圈绝缘电阻，应选用额定电压为(　　)的绝缘电阻表。

A. 380 V　　B. 500 V　　C. 1 000 V　　D. 2 500 V

53. 接地电阻表的附件中，长 20 m 的导线用于连接(　　)。

A. 接地体　　B. 接地装置　　C. 电流探桩　　D. 电位探桩

项目4 感应系仪表

项目描述

本项目主要内容不但要认识电能表实物，还要掌握感应系测量机构的结构和原理；电能表的型号、选用和安装及接线；了解电能表内的调整装置及调整方法等。

项目要点

1. 认识电能表实物。
2. 感应系测量机构的结构和原理。
3. 感应系单相、三相四线、三相三线、有功、无功电能表规格、接线和调整等知识。

任务1　感应系测量机构的结构和原理

一、任务描述

感应系测量机构是测量系仪表的核心部分，本任务重点是了解测量系仪表的核心部分以及感应系测量机构。

二、任务目标

1. 了解感应系测量机构的结构原理。
2. 掌握感应系测量机构的测量方法。
3. 培养学生动手实践能力。

三、相关知识

感应系仪表是采用电磁感应原理设计而制成的，尽管它的品种型号繁多，但其结构基本相似，感应系电能表在结构上由测量机构和辅助组件两大部分组成。测量机构是电能表的核心，其主要由驱动部分、转动部分及制动部分三大部分组成。图4-1所示是感应系电能表的感应系测量机构的结构。

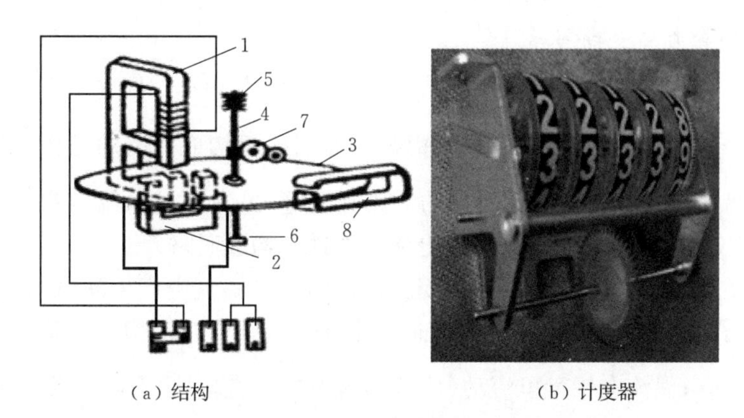

（a）结构　　（b）计度器

图 4-1　感应系电能表中的感应系测量机构结构

1—电压组件；2—电流组件；3—铝制圆盘；4—转轴；5—上轴承；
6—下轴承；7—计度器；8—制动磁钢

1. 驱动部分也称驱动组件，它由电压组件 1 和电流组件 2 组成。其作用是产生驱动磁场，并与圆盘相互作用产生驱动力矩，使电能表的转动部分作旋转运动。

2. 转动部分由铝制圆盘 3 和转轴 4 组成，并配以支撑转动的轴承。轴承分为上、下两部分，上轴承 5 主要起导向作用；下轴承 6 主要用来承担转动部分的全部重量，它是影响电能表准确度及使用寿命的主要部件，因此对其质量要求较高。感应系长寿命技术电能表一般采用没有直接摩擦的磁力轴承。

3. 制动部分由永久磁钢 8 和磁轭组成，其作用一是在铝制圆盘转动时产生制动力矩使其匀速旋转，其次是使转速与负荷的大小呈正比。

四、任务实施

感应系测量机构是利用电磁感应原理工作的，其铁芯的结构如图 4-2(a)所示，电流和磁通如图 4-2(b)所示。

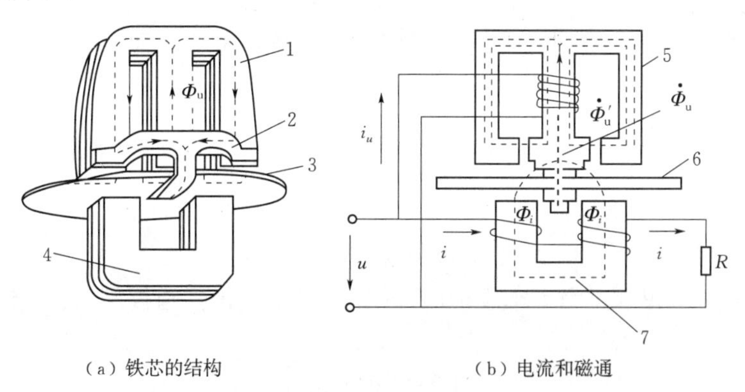

（a）铁芯的结构　　（b）电流和磁通

图 4-2　感应系测量机构原理

1、5—电压元件铁芯；2—回磁板；3、6—铝盘；4、7—电流元件铁芯

电能表的铝盘向什么方向转动，电能表中的磁通和涡流又是如何作用产生转动力矩的呢？通过图 4-3 可以得到答案。

1. 电能表中铝盘的转动力矩

电能表的电路和磁路如图 4-2(b)所示，电能表工作时，电压线圈在电压 u 作用下的电流 i_u 产生的磁通分为两部分，一部分是穿过铝盘并经回磁板构成回路的工作磁通 $\dot{\Phi}_u$，另一部分是不经过铝盘而经左右铁轭构成回路的非工作磁通 $\dot{\Phi}'_u$。通过电流线圈的电流 i 产生的磁通为 Φ_i，该磁通两次穿过铝盘，并通过电流元件铁芯构成回路。

Φ_u、Φ_i 都是交变磁通，根据电磁感应定律，它们都在铝盘中产生涡流，分别是 i_1、i_2，如图 4-3 所示，为了分析方便，用矢量表示它们。电压线圈工作在未饱和状态可以认为是纯电感，有 $\dot{I}_u$ 滞后 $\dot{U}$90°；涡流在铝盘里流动，可认为流过的是纯电阻电路，那么 $\dot{I}_i$ 滞后于 $\dot{\Phi}_u$90°；$\dot{I}_2$ 滞后于 $\dot{\Phi}_i$90°；另一方面再加之通过电流线圈的电流 $\dot{I}$ 滞后电源电压 $\dot{U}$ 相角 φ，作出矢量图如图 4-4 所示。

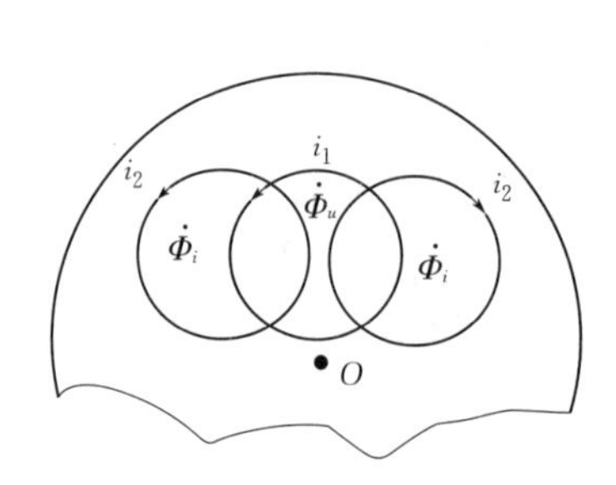

图 4-3　铝盘上磁通和涡流

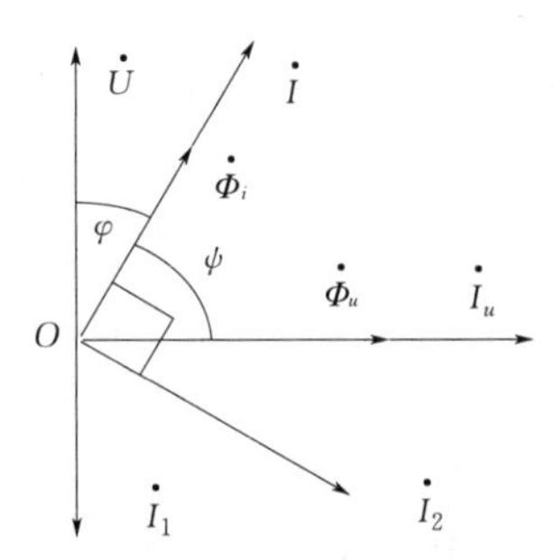

图 4-4　铝盘上磁通和涡流矢量图

根据电流在磁场中受力原理，各涡流会受到各个磁通的磁场力，其中 $\dot{\Phi}_i$ 与 $\dot{I}_2$、$\dot{\Phi}_u$ 与 $\dot{I}_1$ 是差 90°相角，产生的平均电磁力为零；那么对铝盘产生转动力矩的就只有 $\dot{\Phi}_i$ 与 $\dot{I}_1$ 和 $\dot{\Phi}_u$ 与 $\dot{I}_2$ 所产生的电磁力了。

由电磁学原理，电磁力大小与磁通 Φ 和涡流 i 的乘积成正比即：

$$f_1 \propto \Phi_i i_1, \quad f_2 \propto \Phi_u i_2$$

对于正弦交流电，有：

$$i_1 \propto \Phi_u, \quad i_2 \propto \Phi_i$$

由此：

$$f_1 \propto \Phi_i \Phi_u, \quad f_2 \propto \Phi_u \Phi_i$$

铝盘的转矩 M_p 跟电磁力大小成正比，再考虑 Φ、i 是正弦函数，那么就有合成平均转动力矩：

$$M_p = C_1 \Phi_u \Phi_i \sin\psi \tag{4-1}$$

式中　C_1——比例系数；

ψ——$\dot{\Phi}_i$ 与 $\dot{\Phi}_u$ 间相位差。

其中因电压线圈铁芯气隙足够大不饱和 Φ_u 与电压 U 成正比，即：

$$\Phi_u \propto U$$

同样 Φ_i 跟电流线圈中电流 I 成正比，即：

$$\Phi_i \propto I$$

再综合矢量图所示 $\psi = 90° - \varphi$，则：

$$\sin\psi = \sin(90° - \varphi) = \cos\varphi$$

那么：

$$M_p = CUI\cos\varphi$$

其中 $P = UI\cos\varphi$ 为电功率，C 是常数，那么：

$$M_p = CUI\cos\varphi = CP \tag{4-2}$$

即铝盘受到的转动力矩与电功率成正比。

2. 铝盘的阻力矩

如图 4-5 所示，当铝盘以转速 n 按逆时针方向在永久磁铁的磁场中转动时，铝盘切割永久磁铁的磁通 Φ_z，并在铝盘中产生和感生电流 i_z，其方向可用楞次定律确定。磁通 Φ_z 与铝盘中的感生电流（涡流）i_z 相互作用产生作用力 f_z。用左手定则可以判断出 f_z 的方向总是和铝盘的转动方向相反，因此又称为制动力。用类似动力矩的讨论方法可以得出，铝盘所受制动力矩随铝盘转速的增加而增大，即：

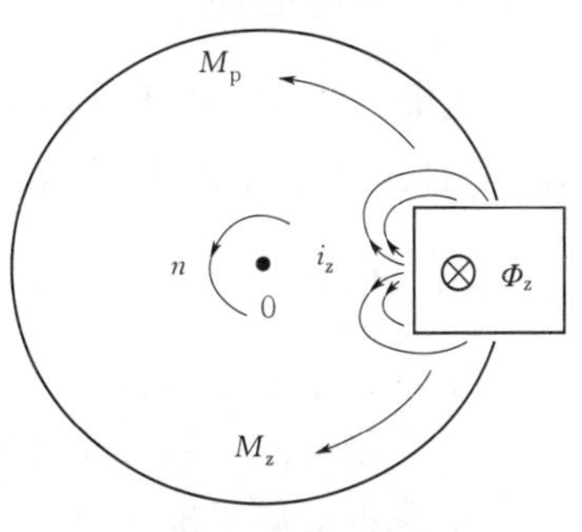

图 4-5　永久磁铁的制动作用

$$M_z = Kn$$

式中　K——比例常数；

n——铝盘转速。

3. M_p 与 M_z 的关系

在电压与电流共同作用下 M_p 使铝盘转速 n 上升，M_z 也随之升高，当达到某一转速时动力矩与阻力矩会相等，导致铝盘转速不再上升而以某转速 n 匀速转动。由此：

$$M_p = M_z$$

因为：

$$M_p = CP,\quad M_z = Kn$$

所以：

$$Kn = CP$$

可以变为：

$$n = \frac{C}{K}P$$

等式两边同乘以 t，有：

$$nt = \frac{C}{K}Pt$$

考虑到 Pt 就是电能 W，那么此式可变为：

$$nt = \frac{C}{K}W \tag{4-3}$$

式中　$\dfrac{C}{K}$——电能表常数，通常标在电表的铭牌中。

nt 实际是一段时间内铝盘转的圈数，而计度器就是记录圈数的，那么采用与$\frac{C}{K}$对应的齿轮变比，就能使计度器读数等于电能的千瓦时(kW・h 或“度”)数。也就是电能表可以计量电能了。电能的传统单位是“kW・h”或“度”，而国际单位是焦耳(J)，换算是1 kW・h=3 600 000 J。

若铝盘转的圈数 nt 用 N 表示，那么$\frac{C}{K}=N/W$。如某电能表标有 3 200 r/kW・h，就是说这块电能表铝盘转了 3 200 圈时，表后的设备消耗了 1 kW・h 电能。

任务2　电能表的参数及选用

一、任务描述

电能表是专门用于计量某一时间段电能累计值的仪表，本任务重点是了解电能表的原理和结构，学习其使用方法。

二、任务目标

1. 认识了解电能表。
2. 了解电能表的参数与接线要求。
3. 掌握如何正确选用不同类型的电能表。

三、相关知识

1. 认识感应系电能表

感应系电能表实物如图 4-6 所示。

2. 电能表的参数

国产电能表的型号由三位组成，前两位是大写汉语拼音字母，第三位是阿拉伯数字，我国对电能表型号的表示方式规定如下：

第一部分：类别代号(D—电能表)。

第二部分：组别代号(D—单相；S—三相三线有功；T—三相四线有功；X—三相无功；B—标准；Z—最大需量)。

第三部分：设计序号。电能表型号标注在铭牌和表盘上，表盘上还标有准确度等级、标定电流与最大工作电流、额度电压、频率及电表常数等信息。

准确度等级对于普通表有 0.5、1.0、2.0、3.0 几种；对于标准表有 0.05、0.1、0.2、0.3 等级别。

例如某电能表上标有：“DD28、2.0、2(4)A、220 V、300 r/(kW・h)”等，即该表为单相电能表、28 型、2.0 级准确度、标定电流 2 A 最大工作电流 4 A、电表常数 300 r/kW・h。

国产感应系电能表典型规格举例见表 4-1，其中加互感器式电能表的铭牌上还标有所配互感器参数，使用互感器参数配套时电表可以直接读数，不配套时读数需换算成实际所用电能数。

(a) 单相电能表

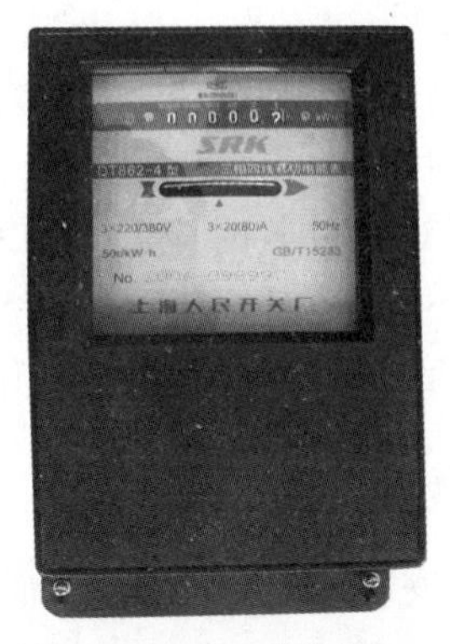

(b) 三相四线电能表

(c) 三相三线电能表

(d) 三相四线无功电能表

图 4-6　感应系电能表

表 4-1　部分国产电能表规格

型号	名称	规格	准确度	备注
DD862	单相电能表	220 V 2.5(10)A,5(20)A,10(40)A,30(100)A	1 级	用于 50 Hz 电网计量电能。100 V，3(6)A 的表属于加接电压电流互感器型
DT862	三相四线有功电能表	3×380 V/220 V,3×3(6)A,3×5(20)A,3×10(40)A,3×30(100)A	1 级	
DS862	三相三线有功电能表	3×100 V,3×380 V,3×3(6)A,3×30(100)A 3×5(20)A,3×10(40)A	1 级	
DT864	三相四线有功电能表	3×380/220 V,3×3(6)A	1 级	
DS864	三相三线有功电能表	3×100 V,3×3(6)A,3×1.5(6)A	1 级	
DX862	三相四线无功电能表	3×380 V,3×3(6)A	1 级	
DX863	三相三线无功电能表	3×100 V,3×3(6)A 3×380 V,3×3(6)A	1 级	

3. 电能表的选用原则

(1)电能性质对应,计量有功、无功电能用有功、无功电能表。

(2)线路性质对应,单相、三相三线、三相四线线路用单相、三相三线、三相四线电能表;三相四线对称或不对称负载时应采用三相四线有功电能表(DT 型);三相三线有功电能表(DS 型),仅可对三相三线对称或不对称负载作有功电能的计量。

(3)负载电流对应,按电能表最大工作电流近似等于线路最大工作电流选择。

四、任务实施

电能表应垂直安装,安装位置应距地面 1.6~1.8 m,安装环境应符合规程要求,其接线要求是:

1. 电能表的额定电压应与电源电压一致,接有互感器时额定电流应是 5 A。

2. 要按正相序接线。相线、零线不可接错,零线必须进表,零火不得反接,电源的相线要接电流线圈(否则会造成漏电且不安全)。

3. 电流互感器所选精度应不低于 0.5 级,电流互感器的极性不要接错。

4. 应使用独股绝缘铜导线,其截面应满足负荷电流的需要,但不应小于 2.5 mm。(有增容可能时,其截面可适当再大些);接有互感器时二次线应使用绝缘铜导线,中间不得有接头,不得开路。其截面:电压回路应不小于 1.5 mm;电流回路应不小于 2.5 mm。

5. 二次线应排列整齐,两端穿带有回路标记和编号的"标志头"。

6. 当计量电流超过 250 A 时,其二次回路应经专用端子接线,各相导线在专用端子上的排列顺序:自上至下,或自左至右为 A、B、C、N。

【例 4-1】 负荷的计算电流为 18 A,可使用额定电流为 20 A 的单相直入式有功电度表(如 DD28—20A);也可以用额定电流为 5 A 的经互感器接线型单相有功电度表(如 DD28—5A),配用 20/5 的电流互感器(如 LQG—05 20/5)使用。可以通过测量判断出其是跳入式的还是顺入式的或是要经互感器接入的,即通过测量,判断出电压线圈和电流线圈的出线端所在位置(其电流线圈的电阻近似于零,其电压线圈的电阻近似于 800~1 200 Ω)。

【例 4-2】 某三相四线负荷电流为 361 A,经电流互感器接线的三相有功电能表作有功电量计量。可选 DT86 型 380/220　3×6 A 的有功电能表。用 LQZ—0.5　400/5 的电流互感器。

任务 3　单相电能表和三相电能表

一、任务描述

了解单相和三相电能表的原理、结构、用途;学会使用方法和接线。

二、任务目标

1. 了解单相电能表和三相电能表的选用。

2. 掌握单相电能表和三相电能表的接线。

3. 了解三相电能表的构造。

三、相关知识

1. 认识单相电能表和三相电能表

如图 4-7 所示为单相电能表和三相电能表的实物图。

（a）单相电能表

（b）三相电能表

图 4-7 电能表

2. 三相电能表构成

三相交流电路中电源输出(或负载消耗)的电能,可以用一只(三相对称负载)、二只(三相三线负载)或三只单相电能表分别计量每一相的电能,再合计起来加以计算如图 4-8 所示。也可以在一个电能表中整合二个或三个感应系测量机构来计量三相电能,这就构成了三相电能表,如图 4-7(b)所示。

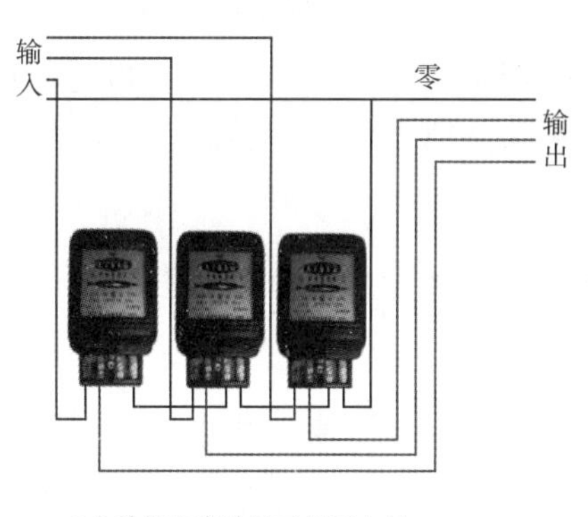

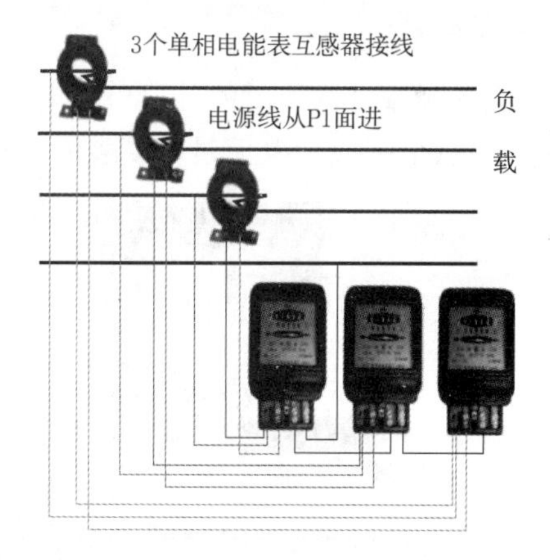

图 4-8 三只单相电能表测三相电能

三相电能表用于测量三相交流电路中电源输出(或负载消耗)的电能。它的工作原理与单相电能表完全相同,只是在结构上采用多组驱动部件和固定在一根转轴上的多个铝盘的方式,实现对三相电能的测量。根据被测电能的性质,三相电能表可分为有功电能表和无功电能表;由于三相电路的接线形式的不同,三相电能表又有三相三线制和三相四线制之分。

三相四线制有功电能表与单相电能表不同之处,只是它由三个驱动元件和装在同一转轴上的三个铝盘所组成,它的读数直接反映了三相所消耗的电能。也有些三相四线制有功电能表采用三组驱动部件作用于同一铝盘的结构，这种结构具有长度短，重量轻，减小了摩擦力矩等优点，有利于提高灵敏度和延长使用寿命等。但是，由于三组电磁元件作用于同一个圆盘，其磁通和涡流的相互干扰不可避免地加大了，为此，必须采取补偿措施，尽可能加大每组电磁元件之间的距离，因此，转盘的直径相应的要大一些。在外形尺寸方面一轴三盘电能表个子比较高，单盘 3 组件的电能表胸围比较粗，所以三相四线电能表一般做成单轴二盘三组件的结构，三相三线电能表做成单轴二盘二组件的结构，如图 4-9 所示。

（a）三元件的三相四线制电表

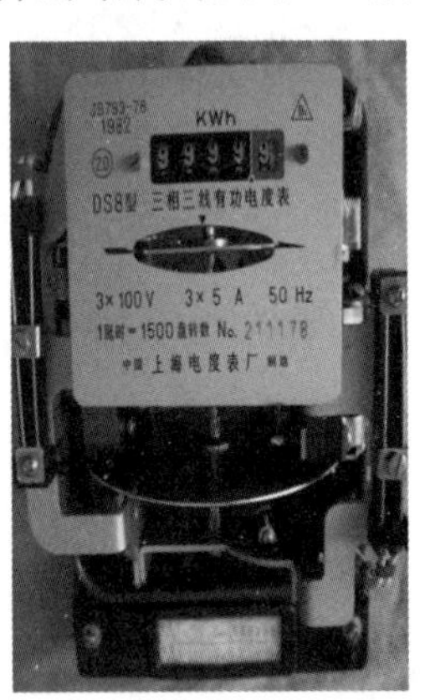

（b）二元件的三相三线制电表

图 4-9　单轴二盘式的三相四线制和三相三线制电能表

四、任务实施

1. 单项电能表的接线

由感应系测量机构构成的计量单相电能的电能表叫单相电能表。单相电能表接入电路时分为直入式(全部负荷电流过电度表的电流线圈)接线如图 4-10 所示。

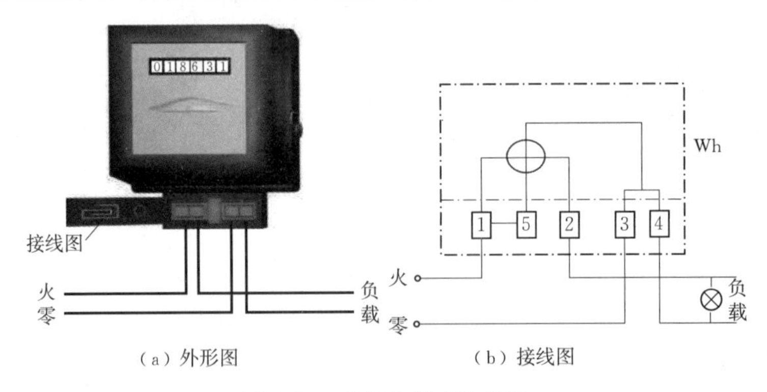

（a）外形图　　（b）接线图

图 4-10　单相电能表的接线

由于接线盘设计不同，直入式接线又可分为跳入式和顺入式两种，如图 4-11 所示，跳入式接线的单相电能表比较常见。

穿心式互感器接线详图通常贴在电表接线盒盖内表面如图 4-12 所示，实施接线时可以用作参考。

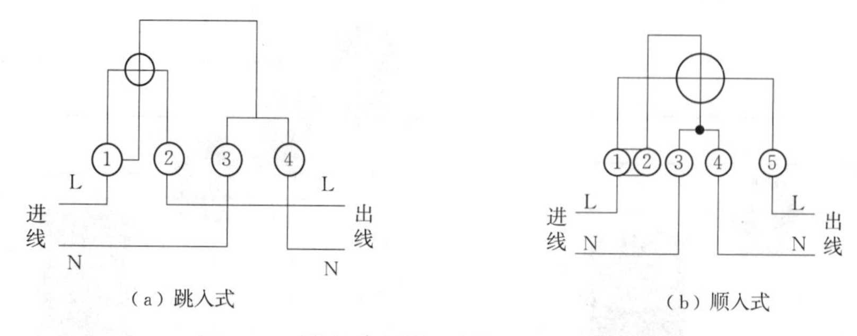

图 4-11　跳入式和顺入式接法的单相电能表

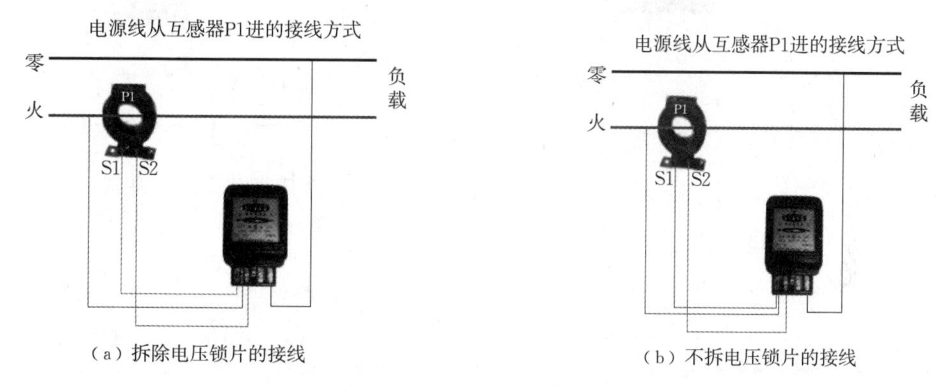

图 4-12　两种经穿心式互感器接线的单相电能表的

2. 三相电能表的接线

三相电能表直接接入线路时如图 4-13 所示。加电流互感器接法如图 4-14 所示，对于特殊场合也可同时接入电压互感器和电流互感器。

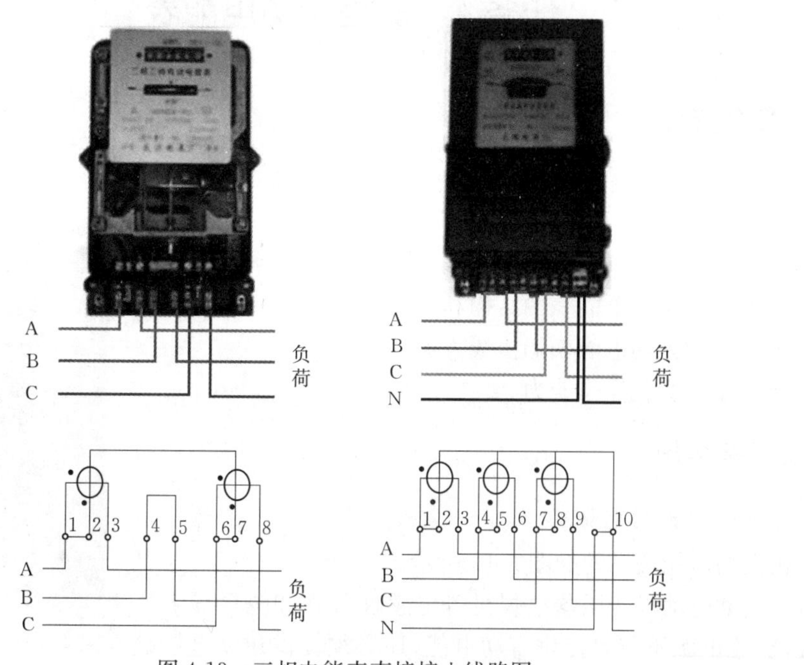

图 4-13　三相电能表直接接入线路图

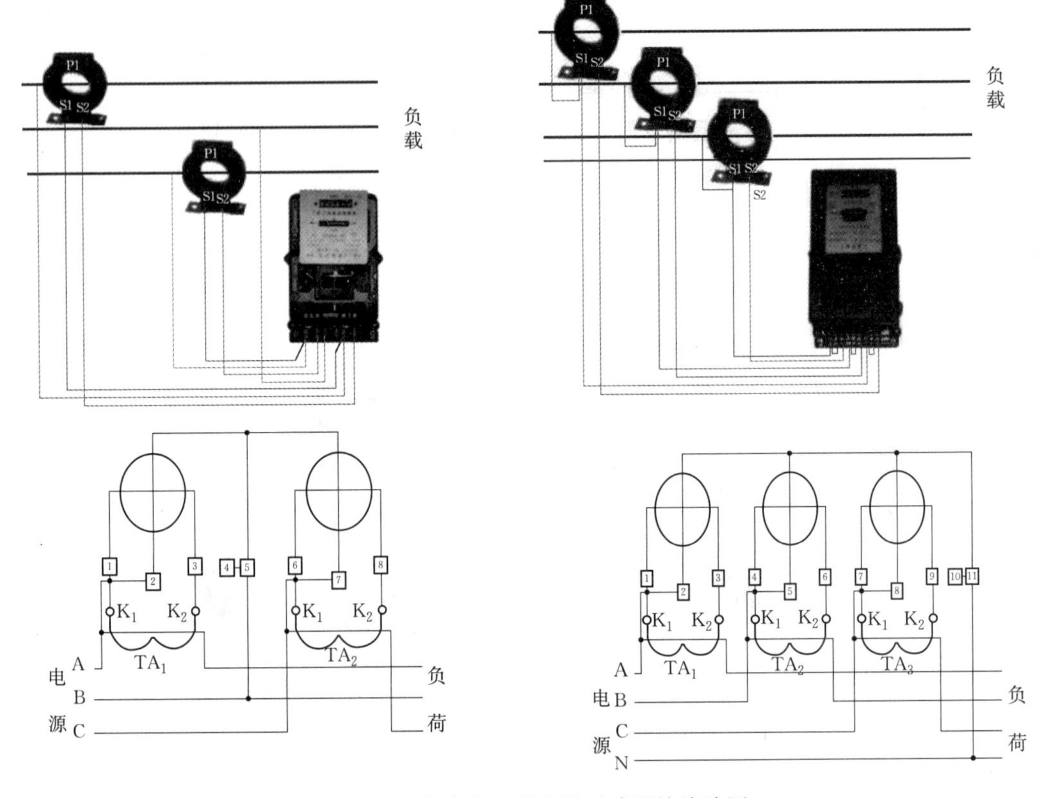

图 4-14　三相电能表带电流互感器接线路图

任务 4　三相无功电能表

一、任务描述

了解三相无功产生的原因，学会使用三相无功电能表计量电能的“无用功”的计量。

二、任务目标

1. 了解三相无功电能表的结构和接线原理。
2. 掌握三相无功电能表的接线方法。
3. 培养学生实践操作能力。

三、任务实施

1. 认识三相无功电能表

三相无功电能表实物如图 4-15 所示。

图 4-15　三相无功电能表

对于诸如电动机变压器电焊机等电感性负载和电容等电容性负载，交流电源不仅要提供有功电能，还必须提供建立电场磁场的无功电能。无功电能的计量要用无功电能表。

2. 三相四线无功电能表

在三相三线二元件电能表的电流元件铁芯上再附加上两个同样的电流线圈，并且将其串联后串接在没接电流线圈的那一相中，就可以计量无功电能了，这就是三相四线无功电能表。图 4-16(a)是三相四线无功电能表接线图。原理分析如下：

设一组元件接入的电压 $\dot{U}_{BC}$ 电流 $\dot{I}_A$，另一组元件接入的电压 $\dot{U}_{AB}$ 电流 $\dot{I}_C$，附加线圈电流 $\dot{I}_B$，线圈反接在电路里，把各量画成向量如图 4-17 所示。

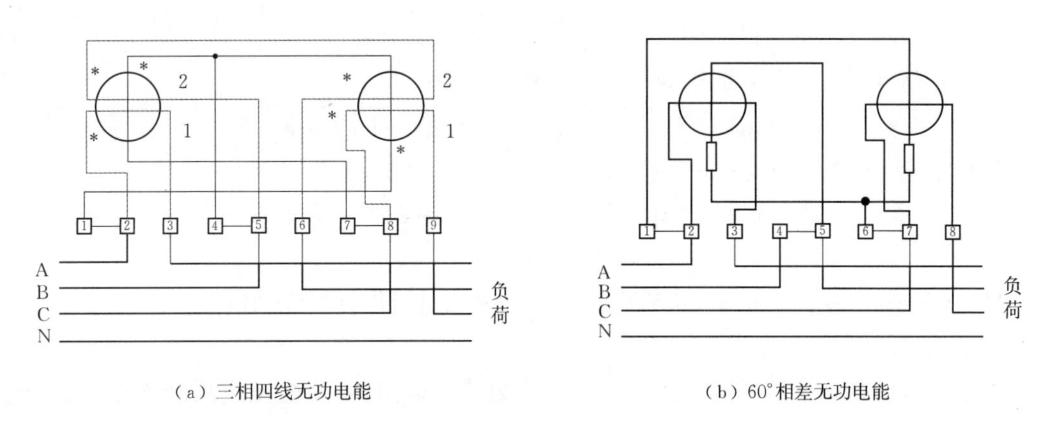

（a）三相四线无功电能　　（b）60°相差无功电能

图 4-16　无功电能表接线图

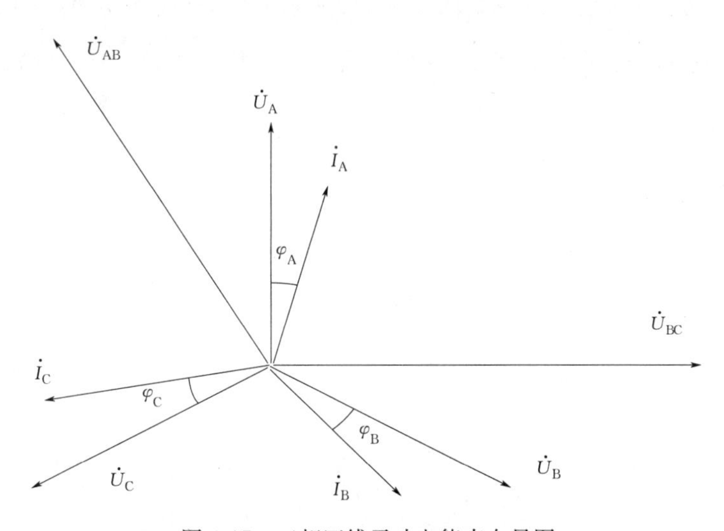

图 4-17　三相四线无功电能表向量图

根据式(4-2)$M_p = CUI\cos\varphi$，两组元件所对应的转矩：

$$M_{p1} = CU_{BC}I_A\cos(90° - \varphi_A) - CU_{BC}I_B\cos(30° + \varphi_B)$$

$$M_{p2} = CU_{AB}I_C\cos(90° - \varphi_C) - CU_{AB}I_B\cos(150° + \varphi_B) \tag{4-4}$$

根据三角函数公式：

$$\cos(90°-\varphi_A)=\sin\varphi_A;\cos(90°-\varphi_B)=\sin\varphi_B$$

$$\cos(30°+\varphi_B)=\cos30°\cos\varphi_B-\sin30°\sin\varphi_B=\frac{\sqrt{3}}{2}\cos\varphi_B-\frac{1}{2}\sin\varphi_B \tag{4-5}$$

$$\cos(150°+\varphi_B)=\cos150°\cos\varphi_B-\sin150°\sin\varphi_B=-\frac{\sqrt{3}}{2}\cos\varphi_B-\frac{1}{2}\sin\varphi_B$$

两元件对铝盘的总力矩是：

$$M_p=M_{p1}+M_{p2} \tag{4-6}$$

另因三相电压对称还有：

$$U_{AB}=U_{BC}=U_{CA}=\sqrt{3}U_A=\sqrt{3}U_B=\sqrt{3}U_C \tag{4-7}$$

联解式(4-5)、式(4-6)，再用式(4-7)替换对应项得：

$$M_p=C\sqrt{3}(U_AI_A\sin\varphi_A+U_BI_B\sin\varphi_B+U_CI_C\sin\varphi_C)$$

按正弦交流电的无功电功率的定义：

$$Q_A=U_AI_A\sin\varphi_A, Q_B=U_BI_B\sin\varphi_B, Q_C=U_CI_C\sin\varphi_C$$

即

$$M_p=C\sqrt{3}(Q_A+Q_B+Q_C) \tag{4-8}$$

转盘转矩与三相无功功率 Q 成正比，那么这种表就可以计量无功电能了。

3. 三相三线无功电能表

在二元件电能表中的电压线圈中串入适当阻值的电阻后，使电压线圈的工作磁通与电流线圈的工作磁通之间的相位差为 60°，即电流磁通滞后 60°，($\cos\varphi=1$ 时)，也可以计量无功电能。这种无功电能表的接线图如图 4-16(b)所示，三相三线无功表连接电路时：使一组接电压 $\dot{U}_{BC}$ 和电流 $\dot{I}_A$；另一组接电压 $\dot{U}_{AC}$ 和电流 $\dot{I}_C$。三相负载对称时向量如图 4-18 所示。

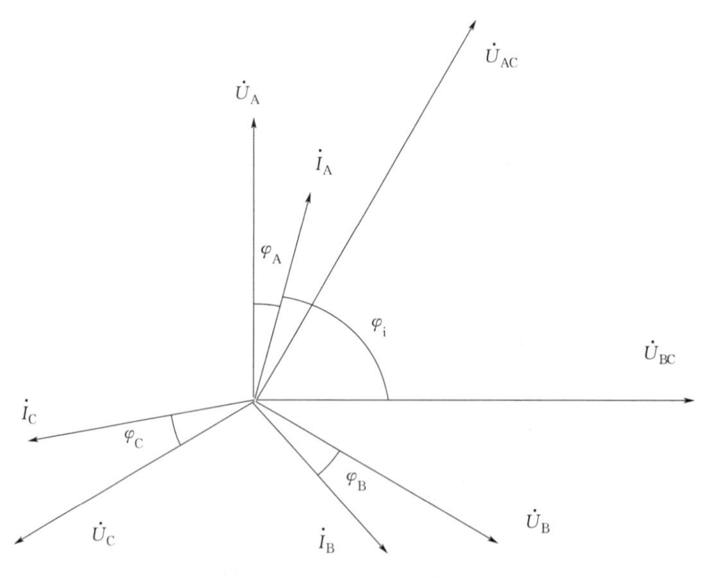

图 4-18　三相三线无功电能表向量图

根据电磁感应原理，利用前面的方法可以证明，当电压线圈中的电流滞后电压 60°时，电表铝盘的总转矩为：

$$M_P = M_{P1} + M_{P2} = CQ \tag{4-9}$$

由此说明铝盘转矩与三相无功功率成正比，经计度器即可计量无功电能了。当三相负载不对称时也能得出上述结论，只是稍显麻烦。60°无功表在制造工艺上与三相三线有功电能表的零件通用，只需另外加两个电阻，使这种表生产使用都很方便。

任务5 电能表内的调整装置及调整方法

一、任务描述

学会电能表的调整，掌握潜动调整，相位角调整，满载调整和轻载补偿力矩调整的方法。

二、任务目标

1. 了解电能表内的调整装置。
2. 掌握各调整装置的调整方法。
3. 培养学生理论联系实际的能力。

三、任务实施

1. 认识电能表内的调整装置

电能表内的调整装置如图4-19所示。

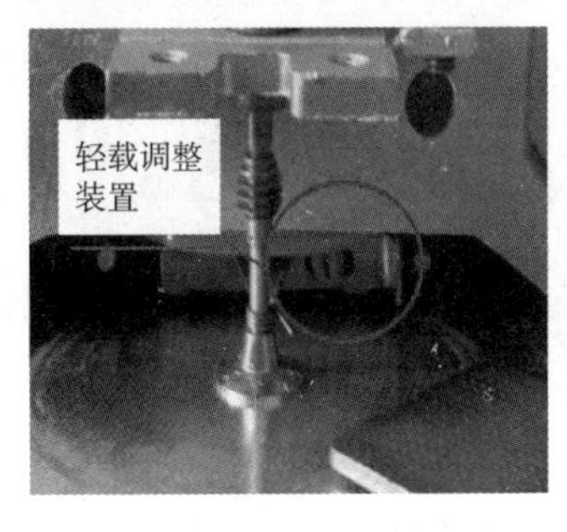

图4-19 轻载调整装置

2. 轻载补偿力矩调整

在 $\cos\varphi=1$，加参比电压10%的基本电流情况下，调整电能表的轻载调整装置如图4-19所示，分裂电压元件工作磁通，使电能表的误差达到要求。调节电压铁芯上的低负荷调整铜片，铁片向转盘转动方向相反调节时表慢，反之则快。也有调节电压铁芯里的铁螺丝杆，铁螺丝杆反转盘转向调入时表变快，调出时表变慢。

3. 满载调整

如图4-20所示，在 $\cos\varphi=1$ 的情况下，加参比电压100%的基本电流，调整电能表永久磁钢（粗调）和分磁滑块或分磁螺丝（细调）的位置，使电能表在满载时的误差达到要求。调节永久磁铁对转盘中心的距离，当永久磁钢距离转盘轴近时表变快，距离转轴远靠近盘边缘时表慢。调永久磁钢磁分路的分磁滑块或分磁螺丝，通过改变磁分路的磁通来改变转盘制动磁通量的多少，分磁少表慢，分磁多表快。

4. 相位角调整

相位角调整也叫力率调整装置。电能表经过满载调整后，调移相器，使 $\cos\varphi=0.5$，加参比电压 100% 的基本电流进行相位角再调整。

相位角调整包括 β 角（$\dot{\Phi}_u$ 与 $\dot{U}$ 相位差）和 α 角（$\dot{\Phi}_i$ 与 $\dot{I}$ 相位差）的调整。β 角调整装置如图 4-21所示，在电压线圈中非工作磁通磁路气隙中，改变调整片位置来实现。α 角调整装置如图 4-22所示，选择剪断电流铁芯上短路环数量（α 角调整装置 2）和调节电流铁芯上辅助线圈的回线卡子（α 角调整装置 1），降低回线的电阻时表变慢，增加电阻值时表变快。

图 4-20　满载调整装置

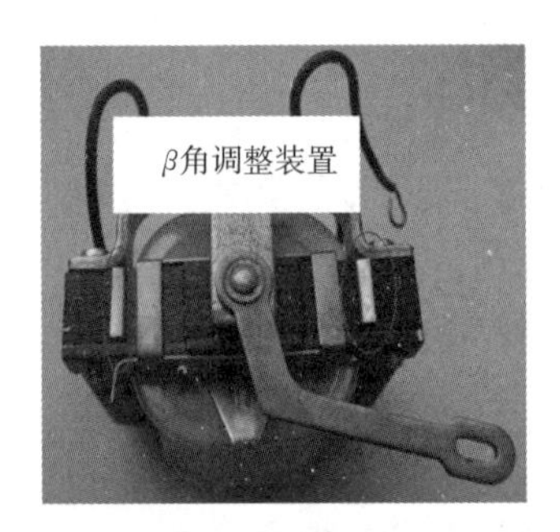

图 4-21　β 角调整装置

（a）α 角调整装置 1

（b）α 角调整装置 2

图 4-22　α 角调整装置

5. 潜动调整

在被校表加 80%～110% 参比电压、断开电流回路的情况下，转盘不应转一整圈。如不合格，则调节电压铁芯上的小磁化铁片和安装在转盘转轴上的防潜针之间的距离，距离小吸力大，距离调节小些，吸力就大些，转盘就不潜动（图 4-23）。调整时，应注意使其和启动电流都符合要求，灵敏度也要达到要求。

图 4-23　潜动调整装置

对于三相电能表，表内设有一个永磁调整器和几个与元件数的对应调整装置，调整方法类似单相电能表，在此不另赘述。

需要说明的是电能表属于计量仪表，电能表检测与调整要由具有资质的权威部门按严格标准进行，相关技术要求可以参见中华人民共和国水利电力部《电能计量装置检验规程 SD 109—1983》等有关资料。

巩固练习

一、判断题，判断下列题目的对或错，在题后(　　)中划√或×。

1. 感应系电能表的转矩大，成本低，所以应用较广泛。（　　）

2. 电能表铝盘的转速与被测功率成反比。（　　）

3. 在低压供电线路中，若负荷电流达 100 A 以下时，宜采用经电流互感器接入式的电能表。（　　）

4. 国家标准规定：有功电能表的准确度只有 0.1 级和 0.2 级两种。（　　）

5. 电能表通过仪用互感器接入电路时，必须注意互感器接线端的极性，否则电能表将被烧毁。（　　）

6. 电能表在低功率因数情况下运行时，会产生较小的误差。（　　）

7. 电能表轻载调整又称为力率调整。（　　）

二、选择题，把下列各题的正确答案选出来，其序号填进(　　)中。

1. 感应系电能表主要用来测量(　　)电能。

A. 直流　　B. 交流　　C. 交直流　　D. 脉动直流

2. 电能表中的回磁板一般采用(　　)制成。

A. 硅钢片叠装　　B. 铜片　　C. 铸铁　　D. 钢板冲压

3. 电能表中铝盘所受转动力矩与制动力矩相等时，铝盘将(　　)。

A. 静止不动　　B. 匀速转动　　C. 加速转动　　D. 减速转动

4. 三相四线电能表是按照(　　)原理制成的。

A. 一表法　　B. 两表法　　C. 三表法　　D. 四表法

5. 三相四线有功电能表主要用于测量(　　)电路的有功电能。

A. 单相　　B. 三相三线　　C. 三相四线　　D. 直流

6. 当负载电流为零，而电压为额定电压的 80%～110%时，铝盘的转动(　　)。

A. 为零　　B. 不超过一整圈

C. 不超过 5 整圈　　D. 不超过 10 圈

7. 电能表安装高度应在(　　)m 范围内。

A. 0.2～0.6　　B. 0.6～0.8

C. 1.2～1.6　　D. 1.6～1.8

8. 将电能表力率调整装置中的短路卡右移，铝盘转速将(　　)。

A. 不变　　B. 变慢　　C. 变快　　D. 迅速变快

9. 如果电能表铝盘转速变快，可将永久磁铁(　　)。

A. 移近铝盘轴心　　B. 远离铝盘轴心

C. 去掉　　D. 退磁

10. 只要(　　),补偿力矩就始终存在。

A. 电压线圈上有电压　　B. 电流线圈中有电流

C. 永久磁铁存在　　D. 可调短路线圈短路

11. 感应系电能表具有(　　)的特点。

A. 转矩大　　B. 转矩小

C. 功率消耗小　　D. 刻度均匀

12. 有的无功电能表的电压线圈上(　　)。

A. 串联分压电阻　　B. 并联分流电阻

C. 不串联分压电阻　　D. 串联分流电阻

13. 单相电能表跳入式接线时,应按照(　　)的原则进行接线。

A. 1、2 接电源,3、4 接负载　　B. 1、2 接负载,3、4 接电源

C. 1、3 接电源,2、4 接负载　　D. 1、3 接负载,2、4 接电源

14. 三相有功电能表中的铝盘数目越少,(　　)越小。

A. 电能表体积　　B. 误差

C. 消耗功率　　D. 受外磁场影响

15. 若负载电流为零,电能表铝盘将(　　)。

A. 静止不动　　B. 轻微转动,但不超过一圈

C. 连续转动　　D. 快速转动

16. 电能表安装要牢固垂直,应使表中心线相对于垂线向各方向倾斜角(　　)度。

A. 大于 100　　B. 大于 50

C. 大于 10　　D. 不大于 10

17. 调整合格的电能表,在接入额定电压、额定电流和 $\cos\Phi=0$ 的电路中,铝盘(　　)。

A. 应静止不动　　B. 转速变慢

C. 应匀速转动　　D. 转速变快

18. 为实现电能表轻载调整,电能表一般采用(　　)的方法。

A. 分裂电压元件工作磁通　　B. 分裂电流元件工作磁通

C. 使永久磁铁靠近铝盘轴心　　D. 使永久磁铁远离铝盘轴心

三、画图题

1. 如图 4-24 所示为单相电能表,试标出零线火线并画出其接线图。

图 4-24　单相电能表

2. 如图 4-25 所示为三相电能表,试画出其直接接入电路时的接线图。

图 4-25 三相电能表

3. 画出三相电能表直接接入接线图。

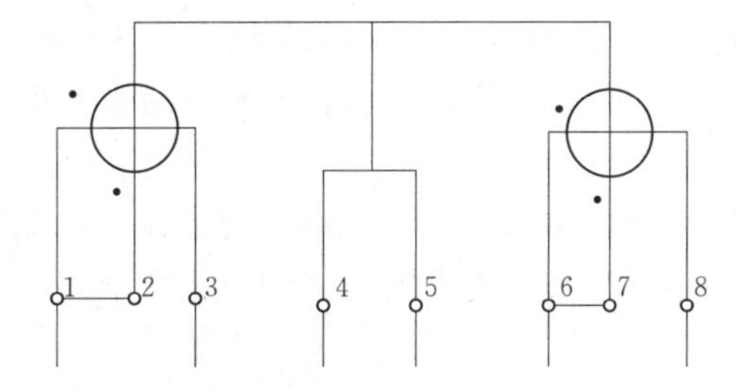

4. 画出三相带互感器电能表接互感器的接线图。

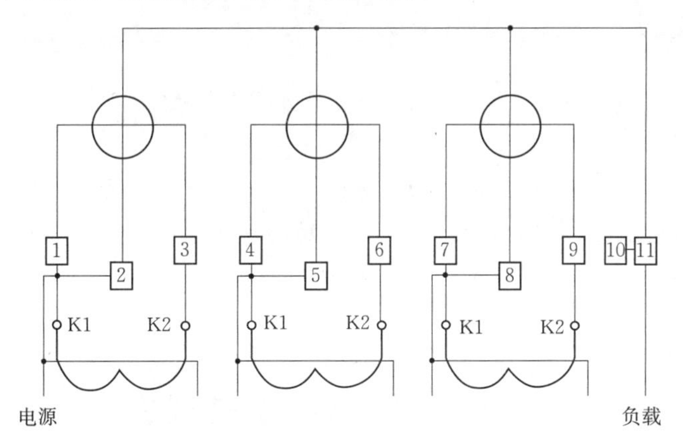

项目5 电动系仪表

项目描述

电动系测量机构能够提高交流电压表和电流表的准确度等级，常用于交流精密测量场合。电动系测量机构还可以应用到测量功率、相位和频率的仪表当中，在交流测量领域应用非常广泛。

通过对本项目的学习，要求学会认识常见电动系电压表、电流表、功率表、功率因数表；学会伏安法测量电阻；掌握单相有功功率表测量单相负载功率方法；学会测量三相电路无功功率和功率因数测量。

项目要点

1. 认识常见电动系电压表、电流表、功率表、功率因数表。
2. 伏安法测量电阻方法。
3. 单相有功功率表测量单相负载功率方法。
4. 一表法、两表法、三表法测量三相电路有功功率方法。
5. 三表跨相法测量三相电路无功功率方法。
6. 三相对称电路功率因数测量方法。

任务1　认识电动系仪表

一、任务描述

电动系仪表工作原理，能够采用交、直两种线圈的电流，因此电动系仪表的用途广泛，它除了可以做成交、直流两用的准确度较高的电流表、电压表以外，还可以做成功率表、频率表、相位表和功率因数表。

二、任务目标

1. 熟悉电动系测量机构的结构与原理。

2. 掌握电动系仪表的技术特性。
3. 认识常见的电动系仪表。

三、相关知识

1. 认识电动系测量仪表

图 5-1 为常见的由电动系测量机构做成的仪表。

（a）电流表

（b）电压表

（c）有功功率表

（d）功率因数表

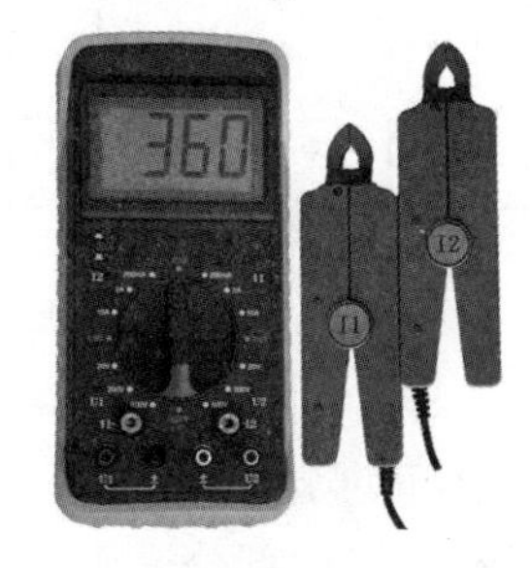

（e）相位表

（f）频率表

图 5-1　电动系测量机构做成的仪表

2. 电动系测量机构的结构

电动系测量机构的结构如图 5-2 所示。它有两个线圈，固定线圈（简称定圈）和可动线圈（简称动圈）。定圈 1 分为两个部分，平行排列，以便在固定线圈内部获得较均匀的磁场。动圈 2 与转轴、指针固定连接，一起放置在定圈的两部分之间。反作用力矩由游丝产生；阻尼力矩由空气阻尼器产生。另外，有一种仪表称为铁磁电动系仪表，其结构如图 5-3 所示。它与一般电动系仪表在结构上的区别是，其定圈是绕在由硅钢片叠成的铁轭中，而动线圈处于铁轭磁路的气隙中。

3. 电动系测量机构的工作原理

（1）转动力矩的产生

当固定线圈和可动圈中分别通入直流电流 I_1 和 I_2 时，电流 I_1 产生的磁感应强度为 B_1 的磁场，方向如图 5-4（a）所示。由于通电的可动线圈处在固定线圈产生的磁场中，所以会受到电磁力 F 的作用，其方向由左手定则来判定。由电磁力 F 形成的转动力矩使可动部分顺时针方向转动，从而带动指针正方向偏转。因为电磁力与 B_1、I_2 的乘积成正比，而 B_1 与 I_1 成正比，所以可动部分的转矩与 I_1、I_2 的乘积成正比。

另外，当固定、可动线圈中的电流方向同时改变方向时，如图 5-4（b）所示，产生的转动力矩的方向不变，所以电动系测量机构既能测量直流又能测量交流。

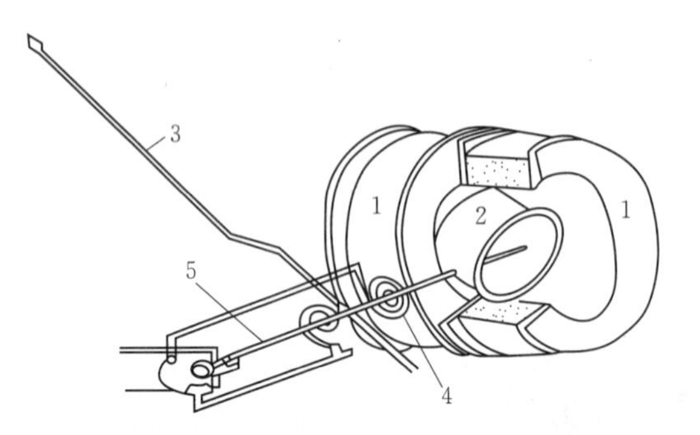

图 5-2　电动系测量机构的结构示意图

1—固定线圈；2—可动线圈；3—指针；4—游丝；5—转轴

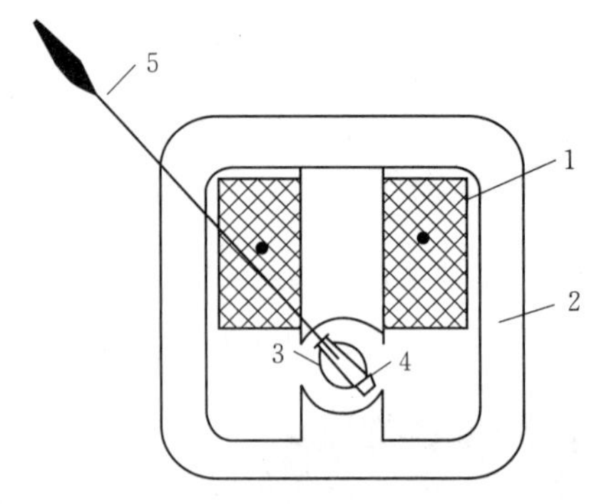

图 5-3　铁磁电动系测量机构

1—固定线圈；2—铁芯；3—圆柱形铁芯；
4—可动线圈；5—指针

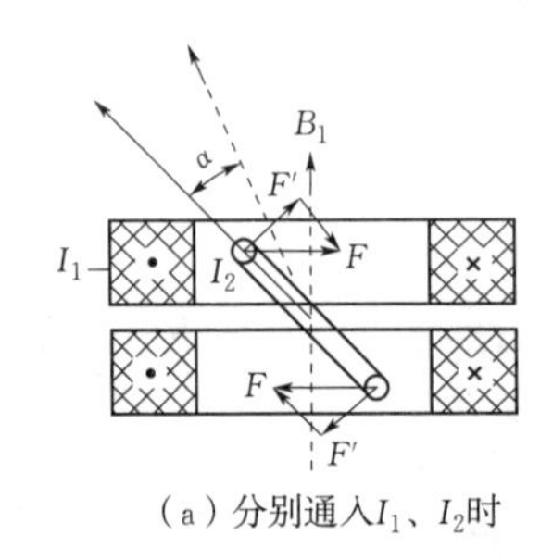

(a) 分别通入I_1、I_2时

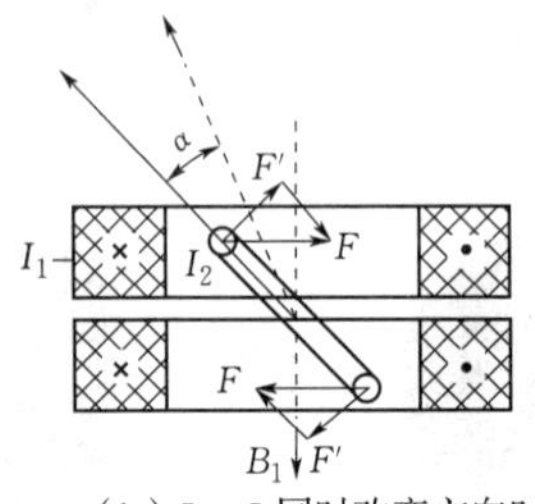

(b) I_1、I_2同时改变方向时

图 5-4　电动系测量机构的工作原理

(2)偏转角与动、定线圈中电流之间的函数关系

①当动、定线圈中通入直流电流时，可动部分受到电磁力为：

$$F=B_1I_2L$$

式中　B_1——固定线圈产生的磁感应强度；

L——可动线圈的有效边长度。

因为线圈中没有铁磁物质，在固定线圈匝数一定的情况下，B_1 应正比于电流 I_1，即：

$$B_1=k_1I_1$$

所以可动部分受到的电磁力为：

$$F=B_1I_2L=k_1I_1I_2L \tag{5-1}$$

可动线圈受到的电磁力矩为：

$$M=F'b=Fb\cos\alpha \tag{5-2}$$

式中　F'——可动线圈产生转动力矩的有效力；

b——可动线圈的力臂。

将式(5-1)代入式(5-2)，得：

$$M=k_1I_1I_2Lb\cos\alpha=k_\alpha I_1I_2$$

其中，$k_\alpha=k_1Lb\cos\alpha$，不是一个常数。它不仅与两线圈的结构有关，而且与偏转角 α 有关。

当可动部分转至某一角度时，游丝产生的反作用力矩为：

$$M_f=D\alpha$$

式中 D——游丝的弹性系数。

当转动力矩与反作用力矩平衡时，有：

$$D\alpha = k_{\alpha} I_1 I_2$$

$$\alpha = \frac{k_{\alpha}}{D} I_1 I_2 = K_{\alpha} I_1 I_2 \tag{5-3}$$

②动、定线圈中通入交流电流。当固定线圈中流过的电流为 $i_1 = I_{1m}\sin\omega t$，可动线圈中流过的电流 $i_2 = I_{2m}\sin(\omega t - \varphi)$，则测量机构产生的瞬时转矩为：

$$m = k_{\alpha} i_1 i_2 = k_{\alpha} I_{1m}\sin\omega t I_{2m}\sin(\omega t - \varphi) = k_{\alpha} I_1 I_2 \cos\varphi - k_{\alpha} I_1 I_2 \cos(2\omega t - \varphi)$$

考虑到仪表可动部分的惯性，其偏转角 α 决定于瞬时转矩在一个周期里的平均值，即：

$$M = \frac{1}{T}\int_0^T m\,\mathrm{d}t = \frac{1}{T}\int_0^T k_{\alpha} I_1 I_2 \cos\varphi\,\mathrm{d}t - \int_0^T k_{\alpha} I_1 I_2 \cos(2\omega t - \varphi)\,\mathrm{d}t = k_{\alpha} I_1 I_2 \cos\varphi$$

式中 I_1——固定线圈中电流有效值；

I_2——可动线圈中电流有效值；

φ——I_1 和 I_2 相位角差。

当转动力矩与反作用力矩平衡时，其平衡方程为：

$$D\alpha = k_{\alpha} I_1 I_2 \cos\varphi$$

$$\alpha = \frac{k_{\alpha} I_1 I_2 \cos\varphi}{D} = K_{\alpha} I_1 I_2 \cos\varphi \tag{5-4}$$

由以上分析可以看出，在直流电路中，电动系仪表测量机构的偏转角与两个线圈电流的乘积有关。在交流电路中，其偏转角不仅与两个线圈中电流的有效值的乘积有关，而且还与两个电流的相位差角的余弦有关。

对于铁磁电动系测量机构，它的工作原理与电动系测量机构完全相同。但是由铁磁物质构成的磁路大大加强了固定线圈产生的磁场，因此较小的电流就可以获得较大的转动力矩，大大消弱了外界磁场对测量结果的影响。一般情况下，它不设特殊的防外磁场装置，大大简化了仪表的结构。由于有铁磁物质的存在，磁滞和涡流损耗会给测量结构带来误差，这是铁磁电动系仪表的缺点。

4. 电动系仪表的主要技术特性

(1)准确度高

由于电动系测量机构中没有铁磁物质，所以不存在磁滞误差，准确等级可达 0.1 至 0.05 级。

(2)可以交、直流两用

测量交流时其频率范围广，额定动作频率为 15～2 000 Hz，扩大频率范围后达到 5 000～10 000 Hz。同时还可以测量非正弦交流量。

(3)易受外磁场影响

主要因为电动系仪表的定线圈磁场较弱的缘故。在一些准确度较高的仪表中，要采用磁屏蔽装置或是无定位结构，以消除外磁场对测量结构的影响。

(4)过载能力差

电动导仪表与磁电系仪表一样，电流流过游丝和可动线圈，所以过载能力差。

(5)刻度特点

电动系电流表、电压表的刻度不均匀,但功率表的标度尺刻度基本均匀。

(6)功率损耗较大

电动系电流表的内阻较大,电压表的内阻较小。

四、任务实施

根据项目描述给出的电流表、电压表、功率表、频率表、相位表和功率因数表,查阅相关资料,认识电动系仪表的结构和使用时的特点。

任务2　电动系电流表和电压表

一、任务描述

电动系电流表和电压表是将电动系测量机构中定圈和动圈进行适当的连接,并配以一定的元件所构成的。电流表在电路中与负载串联,电压表在电路中与负载并联。

二、任务目标

1. 熟悉电动系电流表和电压表的内部结构。
2. 会正确使用电动系电流表和电压表。
3. 培养学生的动手能力。

三、相关知识

1. 电动系电流表

图5-5所示为电流表和电压表在电路中的连接方式。

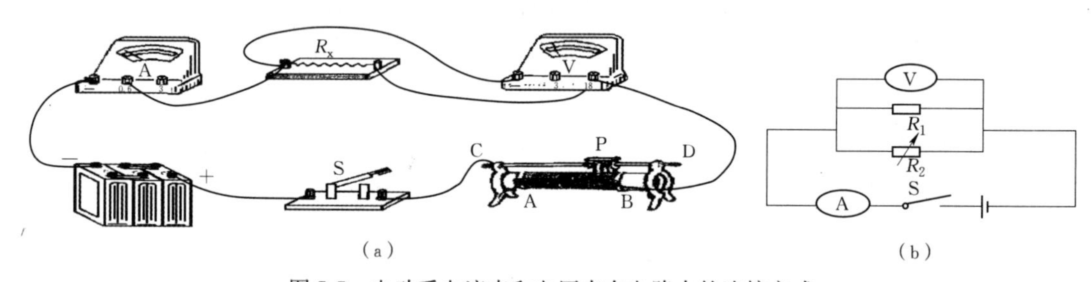

图5-5　电动系电流表和电压表在电路中的连接方式

将电动系测量机构的固定线圈和可动线圈串联起来就构成了最简单的电动系电流表。将其接入直流被测电路时,其电路如图5-6(a)所示,由于流过定圈和动圈的电流相等,即 $I_1=I_2=I$。由式(5-3)可得:

$$\alpha=K_\alpha I_1 I_2=K_\alpha I^2$$

由此可见,偏转角 α 和被测电流的平方有关。如果 K_α 是一个常数,电流表的标尺刻度具有平方规律的特性,其起始部分刻度较密,而靠近上量限部分较疏。这种刻度特性很不理想，所以在设计时适当安排两线圈之间的距离、线圈的形状与大小、指针域线圈平面的夹角，这样就可以使刻度平方规律特性得到抑制，使仪表的刻度尽量均匀。

由于动圈电流由游丝导入，所以这两个线圈直接串联的电流表只能用于测量 0.5 A 以下的电流。如测大电流通常将定圈和动圈并联，或用分流电阻对动圈分流来实现。其原理电路如图 5-6(b)、图 5-6(c)所示。

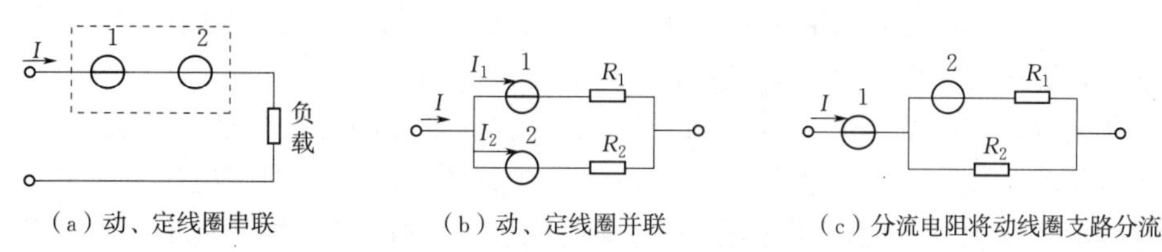

图 5-6 电动系电流表原理电路图

1—固定线圈；2—可动线圈

电动系电流表通常做成双量程的便携式仪表。图 5-7 所示是 D26-A 型双量程电流表的原理电路。它是通过改变固定线圈的串、并联方式和用分流电阻对线圈分流来改变量程的。

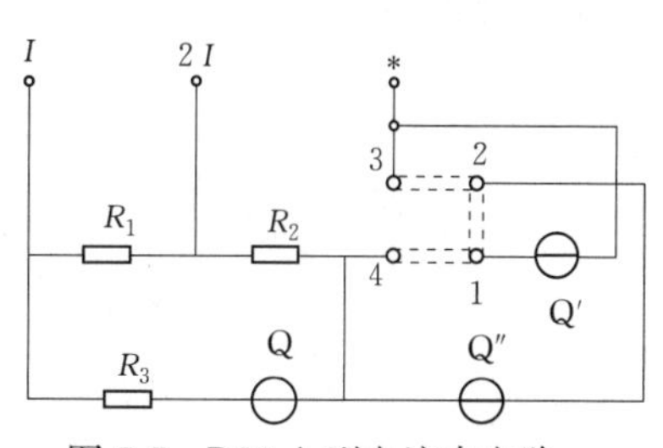

图 5-7 D26-A 型电流表电路

当量程为 I 时，连接片将端钮 1 和 2 短接，此时可动线圈 Q 与 R_3 串联后再与 R_1、R_2 组成的串联支路并联，所以，固定线圈中的电流为：

$$I_1=I$$

可动线圈中的电流为：

$$I_2=\frac{R_1+R_2}{R_1+R_2+R_3}I$$

测量机构的偏转角为：

$$\alpha=K_\alpha I_1 I_2=K_\alpha\frac{R_1+R_2}{R_1+R_2+R_3}I^2 \tag{5-5}$$

当量程为 $2I$ 时，用连接片将端钮 2、3 和 1、4 短接，此时固定线圈的两部分 Q′和 Q″并联后流过相同的电流 I，可动线圈 Q 与 R_1、R_3 串联后再与 R_2 并联，此时定线圈中的电流为：

$$I_1=I$$

动线圈中的电流为：

$$I_2=\frac{R_2}{R_1+R_2+R_3}2I$$

测量机构的偏转角为：

$$\alpha=K_\alpha I_1 I_2=K_\alpha\frac{2R_2}{R_1+R_2+R_3}I^2 \tag{5-6}$$

若选择 R_1 与 R_2 的阻值相同，则式(5-5)与式(5-6)相同，因此通过改变接线端子和连接片的连接方式就可以实现量程的转换。

由于电动系测量机构的磁路是空气，因此磁阻很大。为了能建立足够强的磁场，线圈所需的匝数较多，所以电动系电流表的内阻较大，测量时消耗的功率也较大。

2. 电动系电压表

电动系电压表与磁电系电压表的测量线路一样，电动系电压表是将测量机构中的定圈和动圈和附加电阻一起串联起来构成的，如图 5-8 所示。当附加电阻一定时，由电工学的知识可知，通过测量机构的电流与仪表两端的电压成正比。由式(5-1)可知，电动系电压表可动部分的偏转角 α 与这个电压的平方成正比。因此电动系电压表的刻度尺也具有平方规律。

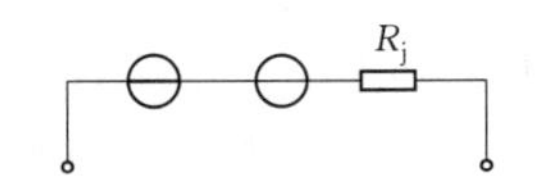

图 5-8　电动系电压表原理电路图

电动系电压表一般都做成多量程的可携式仪表，其量程的变换是通过改变附加电阻来实现的。图 5-9 所示是一个三量程的电压表测量线路图。由于线圈中电感的存在，当被测电压的频率发生变化时，将引起线圈阻抗的变化，使仪表的内阻发生变化而引起频率误差。为了减小这种误差，附加电阻 R_1 两端并联接入频率补偿电容 C，这样就可以用来测量频率范围较宽的电压。

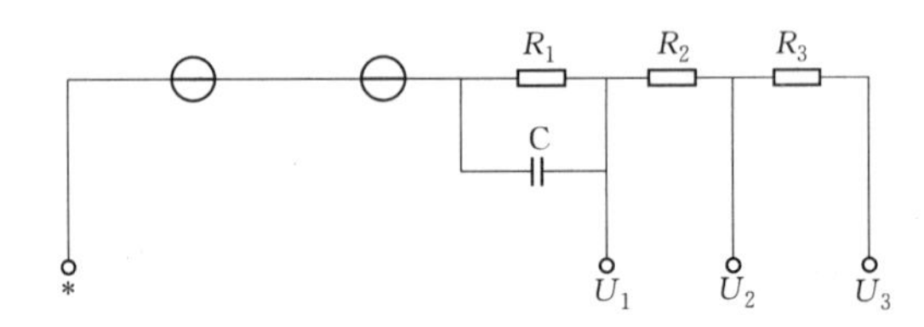

图 5-9　三量程电压表测量线路

由于电压表测量时的电流较小，所以电动系电压表线圈匝数较多；但由于通过测量机构的电流不能太小，所以串联的附加电阻不能太大，这就限制了电动系电压表内阻的提高，测量时仪表消耗的功率比较大。

四、任务实施

根据图 5-5 所示电路连接实物电路图，用伏安法测量负载阻值。电路连接时注意以下事项：

1. 直流电源开启前，应将电压源输出调节到最小，接通电源后，再根据需要缓慢调节。
2. 电压表与被测负载并联，电流表与被测负载串联，注意正、负极性与量程的合理选择。
3. 滑动变阻器在电源接通前应使其阻值最大。
4. 电源接通后，调节滑动变阻器，在不同位置时，读出电压表和电流表的读数，然后计算出电压数值与电流数值的比值，即可得到负载电阻值。

任务 3　电动系功率表

一、任务描述

功率的测量，在直流电路中反映的是被测电路电压和电流的乘积($P=UI$)；在交流电路中不仅反映这两个量的乘积，还能反映被测电路的功率因数 $\lambda(\cos\varphi)$，即被测电路电压与电流之间的相位差的余弦($P=UI\cos\varphi$)。普通单相电动系功率表，其标尺是按额定功率因数 $\cos\varphi_N=1$ 刻度的；低功率因数功率表其标度尺是按某一额定低功率因数刻度的，如 $\cos\varphi_N=$

0.1 或 0.2。

二、任务目标

1. 熟悉电动系功率表测量原理。
2. 会正确使用电动系功率表。
3. 培养学生的动手能力。

三、相关知识

1. 普通单相电动系功率表

(1)普通单相电动系功率表

单相功率表如图 5-10(a)所示,单相有功功率表测量灯泡功率接线如图 5-10(b)所示。

(a)单相有功功率表外形图

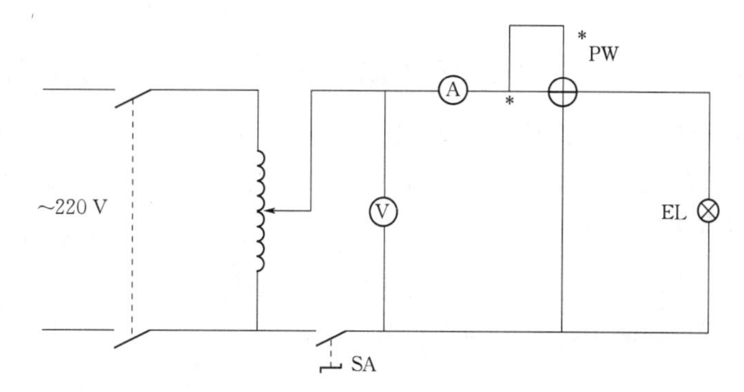

(b)单相有功功率表接线图

图 5-10 单相有功功率表及其接线图

(2)结构和工作原理

普通单相电动系功率表是由电动系测量机构和附加电阻构成的,其原理电路如图 5-11(a)所示。当测量功率时,其固定线圈串联接入被测电路;而可动线圈与附加电阻串联后并联接入被测电路。在测量线路中,用一个圆加一条水平粗实线和一条竖直细实线来分别表示固定线圈和可动线圈,其电路符号图如图 5-11(b)所示。当进行功率测量时,通过固定线圈的电流就是被测电路的电流,所以功率表的固定线圈也叫电流线圈,可动线圈支路两端的电压就是被测电路两端的电压,所以也叫电压线圈。普通单相功率表其外形如图 5-10(a)所示。下面介绍电动系功率表的工作原理。

①在直流电路中,当功率表用于直流电路的功率测量时,通过固定线圈中的电流 I_1 与被测电路电流相等,即:

$$I_1=I$$

可动线圈中的电流 I_2 为:

$$I_2=\frac{U}{r_2+R_{fj}}=\frac{U}{R_2}$$

式中 r_2——可动线圈的内阻;

R_2——可动线圈支路的总电阻。

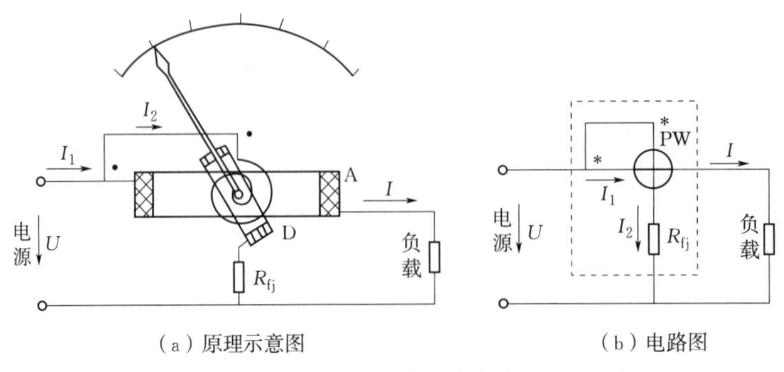

（a）原理示意图　　（b）电路图

图 5-11　电动系功率表

由式(5-3)可以得出：

$$\alpha = K_{\alpha} I_1 I_2 = K_{\alpha} \frac{U}{R_2} I = K_P P$$

其中，$K_P = \frac{K_{\alpha}}{R_2}$。合理安排测量机构结构，可使 K_P 在其偏转角范围内为一常数，这样测量机构的偏转角就与被测功率成正比。

②在交流电路中，当功率表用于测量交流电路测量时，固定线圈中的电流 I_1 与负载电流相等，即：

$$\dot{I}_1 = \dot{I}$$

可动线圈中电流 I_2 为：

$$\dot{I}_2 = \frac{\dot{U}}{Z_2}$$

式中　Z_2——可动支路的总阻抗。

由于可动支路中的附加电阻值总是比较大，在工作频率不高时，可动线圈的感抗相比之下可以忽略不计。因此，可以认为可动线圈支路电流 $\dot{I}_2$ 与负载电压 $\dot{U}$ 同相位，所以 $\dot{I}_1$ 与 $\dot{I}_2$ 之间的相位差角 φ 就和 $\dot{I}$ 与 $\dot{U}$ 之间的相位差角相等，其向量图如图 5-12 所示。由式(5-4)可得：

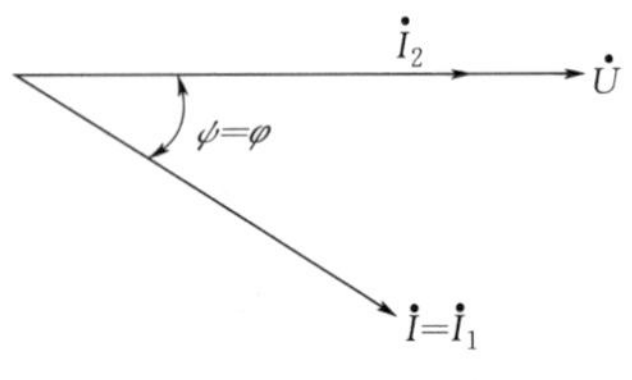

图 5-12　功率表向量图

$$\alpha = K_{\alpha} I_1 I_2 \cos\psi = K_{\alpha} \frac{U}{R_2} I \cos\psi = K_P UI \cos\varphi = K_P P$$

即电动系功率表用于交流电路的功率测量时，其可动部分的偏转角与被测电路的有功功率 P 成正比。

由以上分析可以看出：电动系功率表无论是用于交流测量还是直流测量时，其测量机构的偏转角都与被测电路的功率成正比，所以功率表的刻度是均匀的。

(3)多量程功率表

便携式电动系功率表通常是多量程的，一般有两个电流量程，它是由电流线圈的两个完全相同的绕组采用串、并联方式来改变量程的，如图 5-13 所示。并联时的量程是串联时的两倍，电流量程的转换一般是通过用连接片改变额定电流来实现的。电压量程的改变是通过改变电压支路附加电阻的大小来实现的，如图5-14所示。这种功率表的电压电路有四个端钮，其标有“ * ”号的为公共端钮。

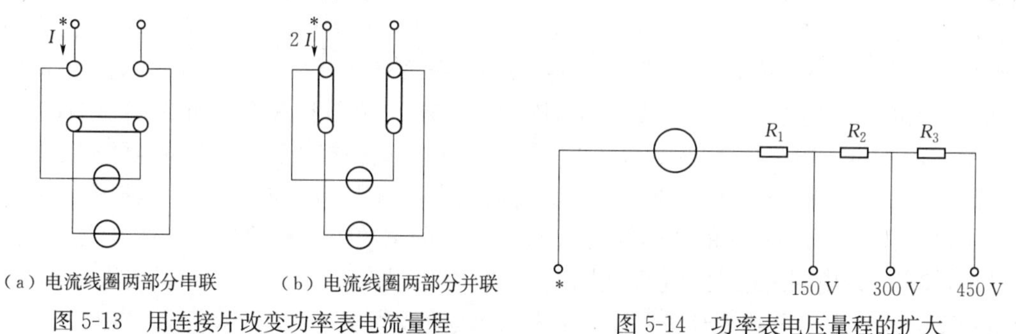

（a）电流线圈两部分串联　（b）电流线圈两部分并联

图5-13　用连接片改变功率表电流量程

图5-14　功率表电压量程的扩大

(4)功率表的选择及使用方法

①功率表量程的正确选择一定要注意同时使被测电路的电流和电压都不要超过额定值。实际测量中，由于功率因数常小于1，此时功率表的指针虽未达到满偏，但被测电压或电流可能已经超出了功率表的电压或电流量程，导致功率表损坏。为了保护功率表，常在电路中接入电流表和电压表来监视电路中的电流和电压。

【例5-1】 有一感性负载，其额定电压为220 V，功率因数为0.6，额定功率为500 W。为了测量其实际消耗的功率，问能否选用电压量程为300 V、电流量程为2 A的功率表？

解：负载中实际流过的电流为

$$I=\frac{P}{U\cos\varphi}=\frac{500}{220\times0.6}=3.79(\mathrm{A})$$

如果选用电压量程为300 V、电流量程为2 A的功率表，电压量程、功率量程满足要求、但电流量程不满足要求，所以不能选用，而应选用电压量程为300 V、电流量程为5 A的功率表。

②功率表的正确接法必须遵守“发电机端”的接线规则。功率表有两对接线端子，一对是电流线圈接线端子，一对是电压线圈支路接线端子，为了不使指针反偏，通常用“ * ”号标记两线圈中使指针正向偏转的电流“流入”端，叫做发电机端。标有“ * ”号的电流线圈端必须接至电源的一端，而另一电流端则接至负载端，保证电流线圈串联接入电路。标有“ * ”的电压端可以接至电流端钮的任一端，而另一个电压端钮则跨接至负载的另一端，保证电压线圈是并联接入电路的。功率表的正确接线如图5-15所示。

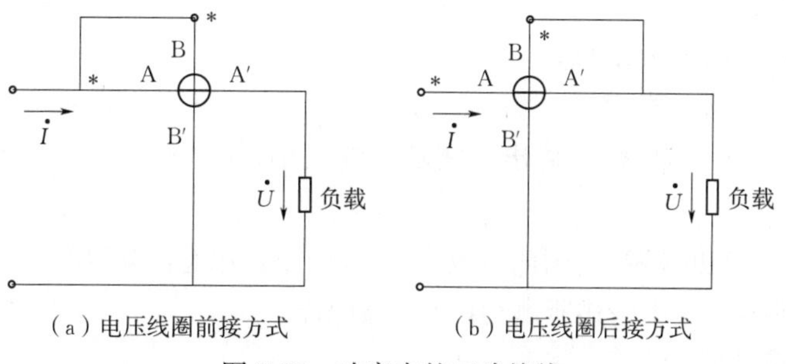

（a）电压线圈前接方式　（b）电压线圈后接方式

图5-15　功率表的正确接线

如果功率表的接线正确，但指针反转，主要是因为负载含有电源，向外输出功率。此时应将电流端钮换接，决不能换接电压端钮。如果换接电压端钮，则电压支路中的附加电阻接在负载的高电位段，而动线圈接在低电位端，由于附加电阻很大，负载电压 U 几乎全部加在附加电阻上，此时电压线圈与电流线圈之间的电压很高，会产生电场力作用，引起附加误差，还有可能使绝缘被击穿。有的功率表有“＋”、“－”换向开关，改变换向开关的极性，可使电压线圈的两个电压线圈的两个端子对调，即改变电压线圈中电流方向，并没有改变附加电阻的位置。其原理如图 5-16 所示。图 5-15(a)所示为电压线圈前接方式，此种接线适用于负载电阻远比电流线圈电阻大得多的情况。这是因为这时电流线圈流过的电流是负载电流，但是电压支路两端的电压包含负载电压和电流线圈两端的电压，即功率表的读数中反映的是负载和电流线圈消耗的功率，如果负载电阻远远大于电流线圈电阻，则电流线圈消耗的功率就远远小于负载消耗的功率，功率表的读数较为接近负载消耗功率。图 5-15(b)所示为电压线圈后接方式，它适合于负载电阻远远小于电压线圈支路电阻的情况。图中电压线圈支路反映的电压是负载电压，但是电流线圈中流过的电流时负载电流和电压线圈支路电流之和，因此功率表反映的功率是负载和电压线圈支路消耗的功率。如果负载电阻 R 远远小于电压线圈支路电阻 R_2，则负载消耗的功率远远大于电压线圈支路消耗的功率，功率表读数较为接近负载消耗功率。

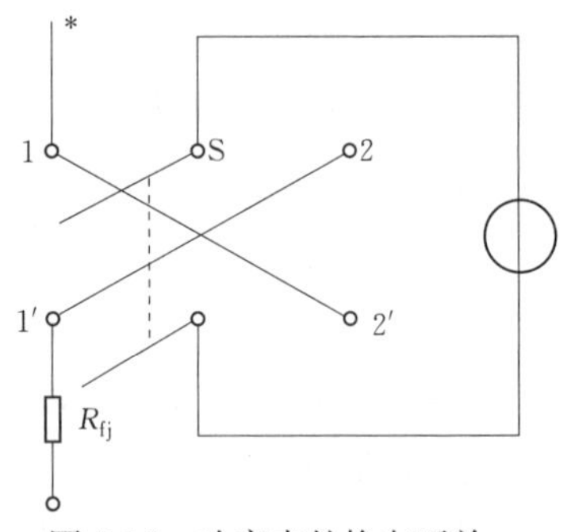

图 5-16　功率表的换向开关

无论是电压线圈前接方式还是电压线圈后接方式，功率表的读数都会产生正误差。一般工程测量中，被测功率往往比仪表损耗大得多，所以误差可以忽略不计。实际应用中，电流线圈功率消耗通常比电压线圈支路的功率损耗小，所以通常采用电压线圈前接方式。当被测功率很小而又要获得精密测量时，就不能忽略功率表的损耗了，这时应对功率表的读数进行校正，即从读数中减去功率表的损耗或是采取一些补偿措施。

(5)功率表的读数

便携式功率表一般都是多量程的，而且共用一条标度尺，所以功率表标度尺都只标分格数，而不标明瓦数。要想读出测量值，首先应计算出每一小格代表的瓦数，即分格常数 C。C 值的大小是由所选的电压量程、电流量程的功率表的满偏格数决定的，即：

$$C=\frac{U_N I_N}{N}$$

式中　U_N——功率表的电压量程；

I_N——功率表的电流量程；

N——功率表满偏格数。

然后再根据读出的格数 n，计算出被测功率的大小，即：

$$P=Cn$$

【例 5-2】　有一只功率表，其满偏格数为 75(div)格。用它测量功率时，若选择 300 V、2 A 的量程，求功率表偏转了 30 格式所测得的功率数值。

解：功率表的分格常数为

$$C=\frac{U_N I_N}{N}=\frac{300\times 2}{75}=8(\mathrm{W/div})$$

被测功率值为： $P=Cn=8\times30=240(\mathrm{W})$

由于安装式功率表制成单量程的，其标尺按功率值刻度。如果和互感器配合使用时，必须和指定变比的互感器配套使用，才可以直接读数。

2. 低功率因数功率表

低功率因数功率表用于测量功率因数较低的交流电路的功率，也可以用来测量直流电路中的小功率。

低功率因数功率表的标尺是按某一较低的额定功率因数（如 0.1 或 0.2）刻度的。它的工作原理和普通电动系功率表完全相同，由于在低功率因数的情况下，转动力矩很小，为了使它的指针在很小的额定转矩下满偏转，必须设法提高可动部分的灵敏度，以降低外界对测量结果的影响。通常在结构上采取相应措施，采用弹性系数很小的游丝，或是采取一些补偿措施。例如：采用补偿线圈以补偿功率表电压支路的功率消耗；采用补偿电容以补偿电压线圈支路的电感造成的角误差；采用带光标指示器的张丝支撑结构消除摩擦力矩造成的误差。

低功率因数功率表的接线盒使用方法与普通功率表基本相同，其额定值包括额定电压 U_N、额定电流 I_N、额定功率因数 $\cos\varphi_N$、额定功率 P_N。其中额定功率即功率量程 $P_N=U_NI_N\cos\varphi_N$。所以功率表的分格常数应为：

$$C=\frac{U_NI_N\cos\varphi_N}{N}$$

低功率因数功率表在测量时，其负载电压 U、电流 I、功率 P 必须满足 $U\leqslant U_N$，$I\leqslant I_N$，$P\leqslant P_N$ 的条件。负载功率因数与 $\cos\varphi_N$ 无关，但是当负载的功率因数大于额定功率因数时，即 $\cos\varphi>\cos\varphi_N$ 时，可能出现电压和电流未达到额定值，而被测功率已经超出功率量程即指针已超过满偏刻度的现象，这是使用低功率因数功率表应特别注意的问题。

【例 5-3】 用 $\cos\varphi_N=0.2$、$U_N=300$ V、$I_N=5$ A、满刻度为 150 div 的低功率因数功率表去测量某一负载所消耗的功率时，其读数为 75 div，请计算出该负载所消耗的功率。若此时又测量出负载的电压为 250 V、负载电流为 4 A，则该负载实际功率因数是多少？

解：该低功率因数功率表的分格常数为：

$$C=\frac{U_NI_N\cos\varphi_N}{N}=\frac{300\times5\times0.2}{150}=2(\mathrm{W/div})$$

负载消耗的功率为：

$$P=Cn=2\times75=150(\mathrm{W})$$

负载实际功率因数为：

$$\lambda=\cos\varphi=\frac{P}{UI}=\frac{150}{250\times4}=0.15$$

四、任务实施

1. 按照图 5-10(b)所示的接线图接线。
2. 根据实验电路的参数选择功率表的量程。
3. 使调压器归零。

4. 合上电源开关，调节调压器的输出电压为 150 V。

5. 读功率表、电流表、电压表的读数，并记录在表 5-1 中。

6. 断开电源，使调压器归零，将功率表的接线方式改为电压线圈后接方式。调节调压器的输出电压为 150 V，读功率表、电流表、电压表的读数，并记录在表 5-1 中。

表 5-1　单相功率表测量功率实验数据

电路连接方式	实验数据及现象记录			
	I/A	U/V	P/W	现象
电压线圈前接				
电压线圈后接				
电流线圈接反				
使用电压换向开关后				

7. 将调压器归零，将功率表的电流线圈的两个端钮对调，慢慢从小到大调节调压器输出电压，观察功率表的偏转情况。使用电压换向开关，再观察功率表的偏转情况。

8. 实验中注意用电安全，不要用手触摸裸露金属部分。

任务 4　三相有功功率的测量

一、任务描述

工程上广泛采用三相交流电，三相交流电路功率的测量就成了很重要的工作。三相有功功率可以用一块或几块单相功率表测量，也可以用三相功率表测量。三相有功功率表是根据被测三相电路的性质，按照一定的测量原理构成的。

二、任务目标

1. 掌握三相有功功率测量方法。
2. 了解三相有功功率表的结构。
3. 培养学生的动手能力。

三、相关知识

1. 数字式三相有功功率表

数字式三相有功功率表外形如图 5-17(a)所示，用单相有功功率表测三相负载有功功率接线如图 5-17(b)、(c)、(d)所示。

2. 单相功率表测量三相有功功率方法

(1)一表法

即利用一只单相功率表直接测量三相四线制完全对称的电路中任意一相的功率，然后将其读数乘以 3，便可得出三相交流电路所消耗功率。用此种方法测量时，功率表的电压线

（a）数字式三相有功功率表

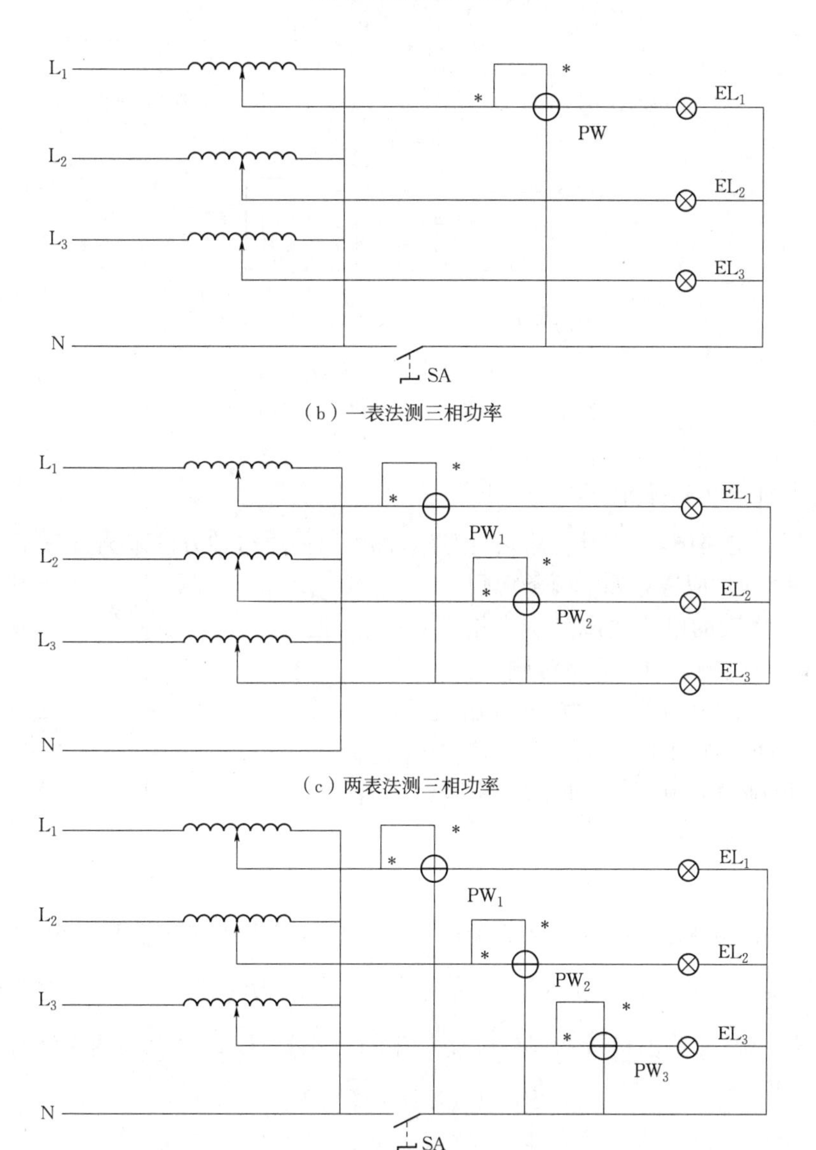

（b）一表法测三相功率

（c）两表法测三相功率

（d）三表法测三相功率

图 5-17　三相有功功率表及三相功率测量

圈和电流线圈必须反映同一相的电压和电流。图 5-18(a)、图 5-18(b)所示分别是测量星形连接和三角形连接负载功率的接线图。当星形连接负载的中性点不能引出或三角形连接负载的一相不能拆开接线时，可采用图 5-18(c)所示的人工中性点法将功率表接入电路。图中

R_0 的阻值应与功率表的电压支路的阻值，以保证中性点 N 的电位为零。

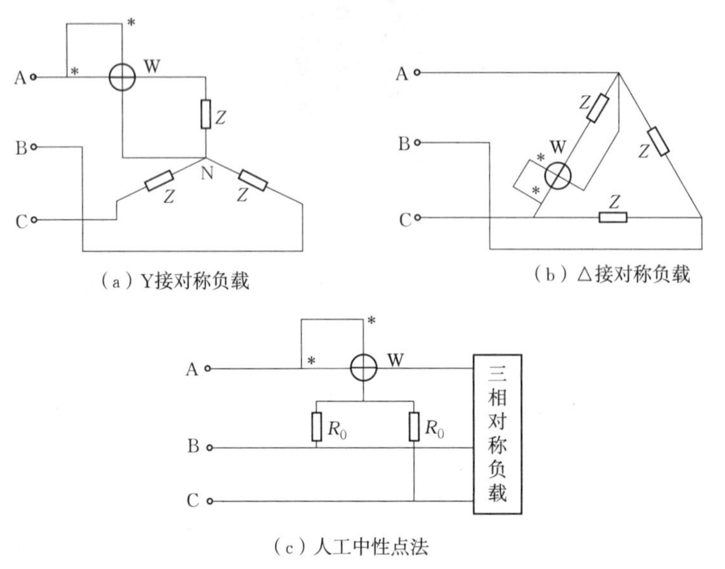

图 5-18　一表法测三相对称负载功率

(2)两表法

①适用条件及接线规则

三相三线制电路中，不论其电路是否对称，都可以使用这种方法来测量三相电路有功功率。应用两表法时，应遵守如下两条规则：

a. 两只功率表的电流线圈分别串接任意两相，但电流线圈的发电机端必须接到电源侧。

b. 两功率表的电压线圈的发电机端，必须分别接到各自电流线圈所在的相上，而另一端接在公共相上。

由以上规则可以画出三种不同的接线电路图，图 5-19 所示是其中一种。

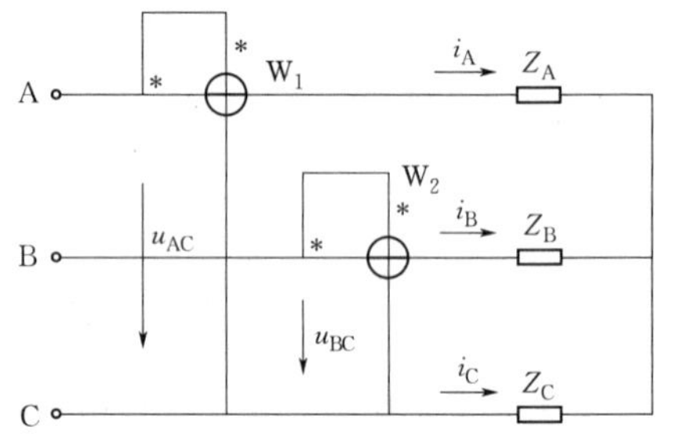

图 5-19　两表法测三相功率接线图

②测量原理

在图 5-19 中，功率表 W_1 的电流线圈中流过线电流 $\dot{I}_A$，电压支路加线电压 $\dot{U}_{AC}$；功率表 W_2 的电流线圈中流过线电流 $\dot{I}_B$，电压支路加线电压 $\dot{U}_{BC}$。因此功率表 W_1 和 W_2 的读数分别是线电压 $\dot{U}_{AC}$ 与线电流 $\dot{I}_A$、线电压 $\dot{U}_{BC}$ 与线电流 $\dot{I}_B$ 产生的功率 P_1 和 P_2。其表达式分别为：

$$P_1 = U_{AC} I_A \cos(\dot{U}_{AC} \dot{I}_A)$$

$$P_2 = U_{BC} I_B \cos(\dot{U}_{BC} \dot{I}_B)$$

式中　$\dot{U}_{AC}\dot{I}_A$——$\dot{U}_{AC}$ 与 $\dot{I}_A$ 之间的相位差角；

$\dot{U}_{BC}\dot{I}_B$——$\dot{U}_{BC}$ 与 $\dot{I}_B$ 之间的相位差角。

在图 5-19 所示的星形连接的负载电路中(负载也可以是三角形连接)，其三相总瞬时功率为：

$$p=p_A+p_B+p_C=u_Ai_A+u_Bi_B+u_Ci_C \tag{5-7}$$

若为三相三线制电路，则有： $i_A+i_B+i_C=0$

即： $$i_C=-i_A-i_B \tag{5-8}$$

将式(5-8)带入式(5-7)可得：

$$\begin{aligned} p &=u_Ai_A+u_Bi_B+u_Ci_C \\ &=u_Ai_A+u_Bi_B-u_Ci_A-u_Ci_B \\ &=(u_A-u_C)i_A+(u_B-u_C)i_B \\ &=u_{AC}i_A+u_{BC}i_B \end{aligned}$$

三相总瞬时功率在一个周期内的平均值为：

$$\begin{aligned} P &=\frac{1}{T}\int_0^T p\,\mathrm{d}t \\ &=\frac{1}{T}\int_0^T (u_{AC}i_A+u_{BC}i_B)\mathrm{d}t \\ &=\frac{1}{T}\int_0^T u_{AC}i_A\mathrm{d}t+\frac{1}{T}\int_0^T u_{BC}i_B\mathrm{d}t \\ &=U_{AC}I_A\cos(\dot{U}_{AC}\ \dot{I}_A)+U_{BC}I_B\cos(\dot{U}_{BC}\ \dot{I}_B) \end{aligned} \tag{5-9}$$

由于三相总瞬时功率在一个周期内的平均值即为三相总有功功率，所以由式(5-9)可以看出，三相总有功功率就等于两功率表读数之和，即 $P=P_1+P_2$。由于式(5-9)是在 $i_A+i_B+i_C=0$ 条件下推出的，所以两表法适用于对称或不对称三相三线制电路(三相四线制完全对称电路中，中线电流为零时也可以采用此方法)。

③负载对称时功率表的读数与负载功率因数角的关系

用两表法测量三相电路的有功功率时，每一块表的读数本身没有具体的物理意义，即使在完全对称的三相电路中，两块表的读数也不一定相等，而是与负载的功率因数角有关。下面讨论负载对称时两块功率表的读数与负载功率因数角的关系。

图 5-19 中电路负载对称时，对应的向量图如图 5-20 所示。由图中可知，$\dot{U}_{AC}$与$\dot{I}_A$之间的相位差角为$(30°-\varphi)$，$\dot{U}_{BC}$与$\dot{I}_B$之间的相位差角为$(30°+\varphi)$，因此两功率表的读数分别为：

$$\begin{cases} P_1=U_{AC}I_A\cos(\dot{U}_{AC}\dot{I}_A)=U_LI_L\cos(30°-\varphi) \\ P_2=U_{BC}I_B\cos(\dot{U}_{BC}\dot{I}_B)=U_LI_L\cos(30°+\varphi) \end{cases} \tag{5-10}$$

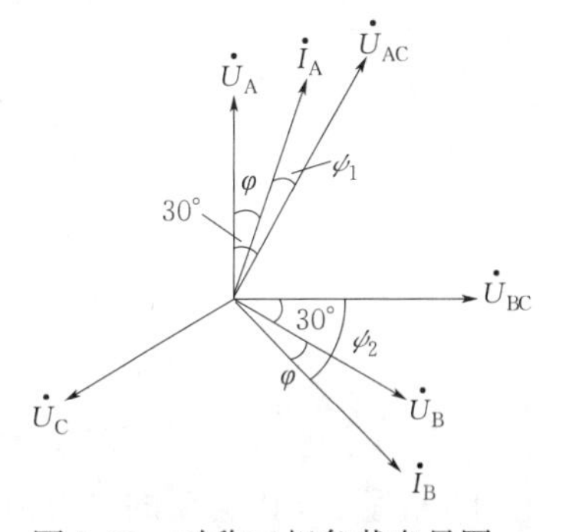

图 5-20 对称三相负载向量图

式中 U_L——线电压有效值；

I_L——线电流有效值。

由式(5-10)可以看出，两功率表的读数与 φ 角有如下关系：

a. 当 $\varphi=0$ 时，即负载为纯电阻性负载时，两功率表的读数相等即 $P_1=P_2$。

b. 当 $\varphi=\pm30°$，$P_2=2P_1$ 或 $P_1=2P_2$，即一块表的读数是另一块表读数的两倍。

c. 当 $\varphi=\pm60°$，$P_1=0$ 或 $P_2=0$，即有一块表的读数为零。

d. 当 $|\varphi|>60°$时，$P_1<0$ 或 $P_2<0$，即有一块表的读数为负值(指针反偏)。为了获取读

数，可将功率表的电流端钮对调，或是将功率表的换向开关换向，此时得到的读数应为负值。三相总有功功率应为两表读数的代数和。

（3）三表法

在三相四线制电路中，不论负载对称与否，都可以利用三块功率表测量出每一相的功率，然后三个读数相加即为三相总功率，即：

$$P=P_1+P_2+P_3$$

三表法的接线如图 5-21 所示。

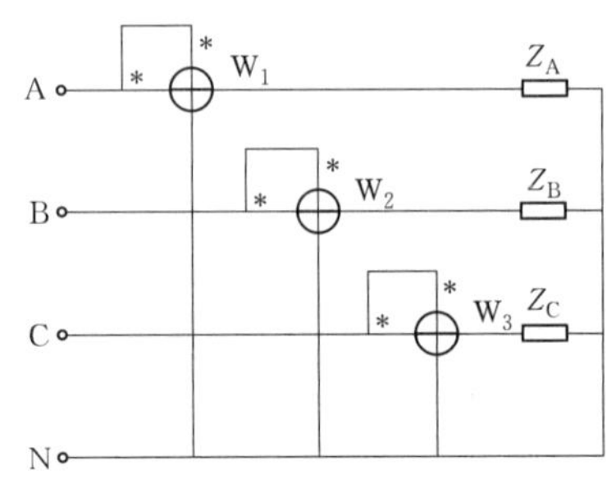

图 5-21　三表法测量三相四线制电路的有功功率

3. 电动系三相功率表

电动系三相功率表是专门用于测量三相电路有功功率的，其工作原理与单相功率表同，在结构上分为三相两元件功率表和三相三元件功率表。

（1）三相两元件有功功率表

三相两元件有功功率表是根据两表法原理构成的，它有两个独立单元，每个单元就是一个单相功率表，这两个单元的可动部分机械地固定在同一转轴上，总转矩即为两元件产生转矩的代数和，仪表的指示值就是三相电路的有功功率。它适合于测量三相三线制交流电路的功率，其内部线路图如图 5-22 所示。它的面板上有 7 个接线端钮，接线时应遵守下列两条原则。

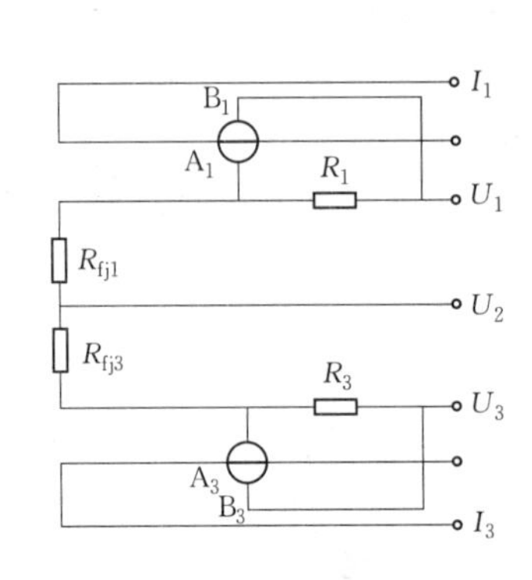

（a）内部线路图

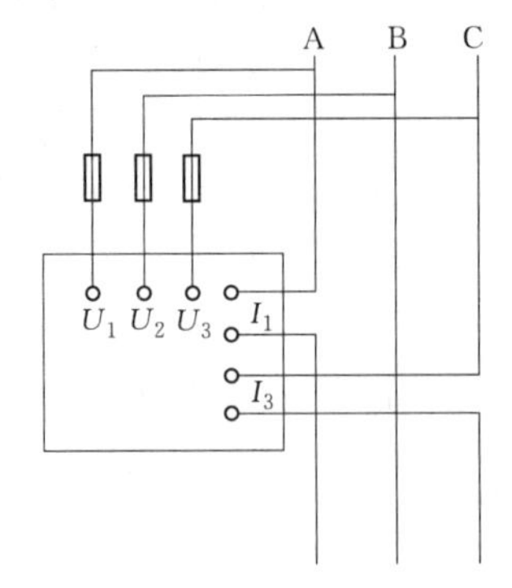

（b）接线方式

图 5-22　三相两元件功率表内部线路与接线方式

A_1、A_3—电流线圈；B_1、B_3—电压线圈；R_1、R_3—电压线圈分流电阻；R_{fj1}、R_{fj3}—附加电阻

①两个电流线圈 A_1、A_3 可以任意串联接入被测三相三线制电路的任意两线；使通过线圈的电流为三相电路的线电流。同时注意将发电机端接到电源侧。

②两个电压线圈 B_1 和 B_2 通过 U_1 端钮和 U_3 端钮分别接至电流线圈 A_1 和 A_3 所在的线上，而 U_2 端钮接至三相三线制电路的另一线上。

（2）三相三元件有功功率表

三相三元件有功功率表是根据三表法原理构成的，它有三个独立的单元，每一个单元就相当于一个单相功率表，三个单元的可动部分都装置在同一转轴上。因此它的读数就取决于这三个单元的共同作用。三相三元功率表适用于测量三相四线制交流电路的功率。

三相三元件功率表的面板上有 10 个接线端钮，其中电流端钮 6 个、电压端钮 4 个。接线时应注意将接中性线的端钮接至中性线上；三个电流线圈分别串联接至三根相线中；而三个电压线圈分别接至各自电流线圈所在的相线上，如图 5-23 所示。

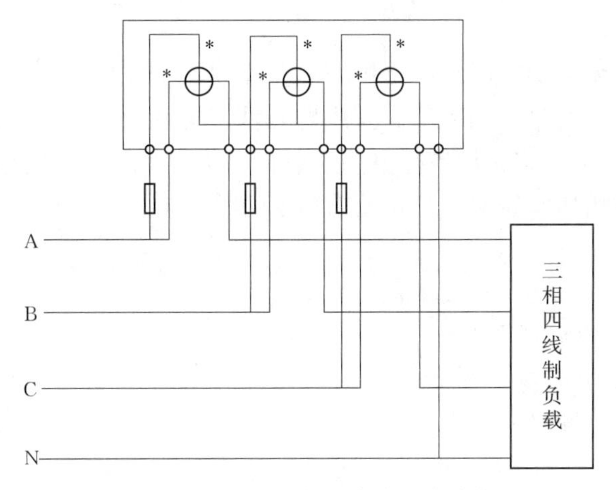

图 5-23　三相三元件功率表的接线方法

四、任务实施

1. 一表法测三相对称负载的功率

(1)按图 5-17(b)所示连接好电路，图中三只灯泡都选择 100 W。

(2)将开关 SA 打开，合上电源开关，调节三相调压器，使负载端电压为 220 V。三只灯泡正常发光，观察功率表的读数，将结果填在表 5-2 中。

2. 两表法测量不对称三相三线制负载的功率

(1)按图 5-17(c)所示接好线路，构成三相不对称负载。

(2)合上电源开关，调节调压器，使负载端电压由低到高慢慢增加，调至到某一组灯泡亮度正常为止。观察另外两只功率表的读数，将结果填入表 5-2 中。

3. 三表法测量不对称三相四线制负载的功率

(1)按图 5-17(d)所示连接好线路，将灯组成不对称三相负载。

(2)闭合单掷开关 SA，合上电源，调节三相调压器，使负载端电压为 220 V，三只灯泡正常发光，观察三只功率表读数，将测量结果填入表 5-2 中。

表 5-2　实验数据

测量方法 / 负载形式	一表法		三表法				两表法		
	P	$\sum P$	P_1	P_2	P_3	$\sum P$	P_1	P_2	$\sum P$
对称有中线									
不对称有中线									
不对称无中线									

任务5　三相无功功率的测量

一、任务描述

测量三相电路的无功功率可以用单相功率表，根据接线方式的不同可分为跨相法、两表人工中性点法和测有功功率的两表法。其中跨相法又分为一表跨相法、两表跨相法和三表跨相法。另外，在工程上大多采用铁磁电动系三相无功功率表测量三相电路无功功率，其结构和原理就是根据单相功率表测量三相无功功率的原理制成的。

二、任务目标

1. 掌握三相无功功率测量方法。
2. 了解三相无功功率表的结构。
3. 培养学生的动手能力。

三、相关知识

1. *三相无功功率表*

三相无功功率表如图5-24所示。

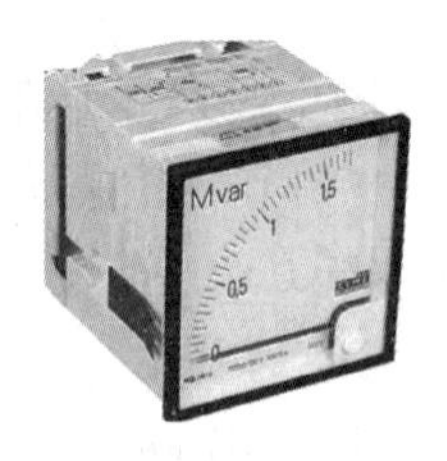

（a）三相无功功率表外形图

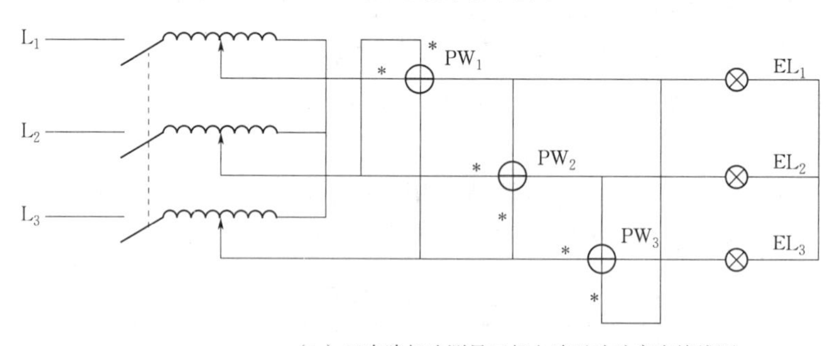

（b）三表跨相法测量三相电路无功功率表接线图

图5-24　三相无功功率表

2. *一表跨相法*

一表跨相法适用于测量完全对称的三相电路的无功功率，接线图如图5-25(a)所示。由图中可以看出，功率表的电流线圈流过的是线电流$\dot{I}_A$，电压线圈支路反映的是线电压$\dot{U}_{BC}$，由

图 5-25(b)所示的向量图可知,线电压$\dot{U}_{BC}$与线电流$\dot{I}_A$之间的相位差角为 $90°-\varphi$。因此功率表的读数应为:

$$P=U_{BC}I_A\cos(90°-\varphi)=U_LI_L\sin\varphi$$

因为三相对称负载的电路中无功功率 $Q=\sqrt{3}U_LI_L\sin\varphi$,所以功率表的读数乘以$\sqrt{3}$,就得到对称三相电路的总无功功率,即:

$$Q=\sqrt{3}P \tag{5-11}$$

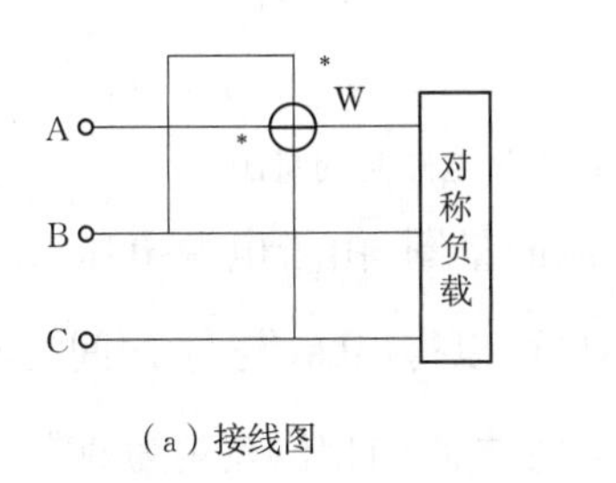

(a)接线图

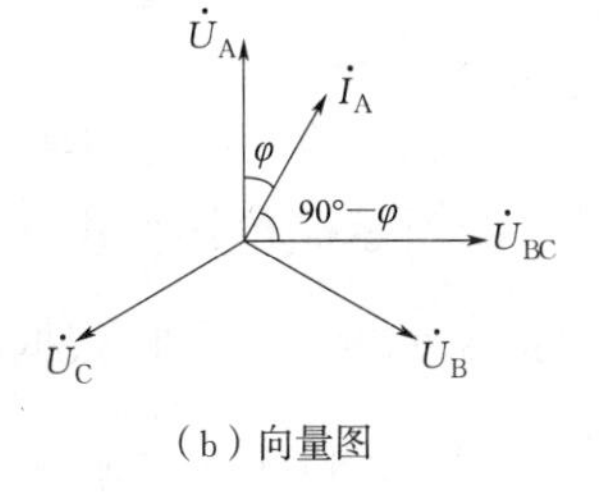

(b)向量图

图 5-25 一表跨相法的测量电路与向量图

3. 两表跨相法

两表跨相法适用于测量电源不完全对称而负载对称的三相无功功率,其接线图如图 5-26 所示。

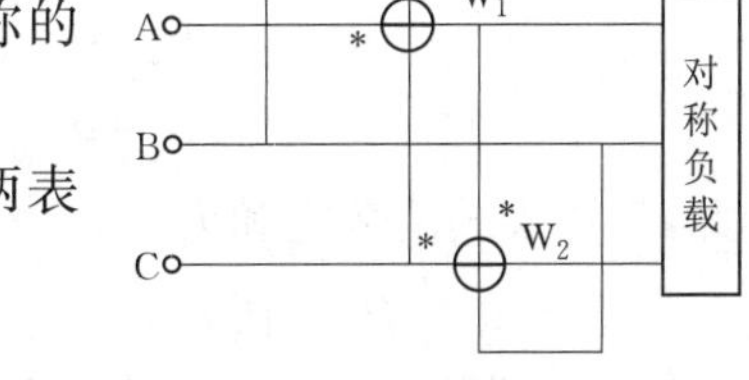

图 5-26 两表跨相法的测量电路

若三相电路完全对称,则两块表的读数完全相等,两表读数之和为:

$$P=P_1+P_2=2U_LI_L\sin\varphi$$

所以三相电路的无功功率为:

$$Q=\frac{\sqrt{3}}{2}(P_1+P_2) \tag{5-12}$$

在不完全对称的三相电路中,两功率表的读数不完全相等,如果将两块表的读数取平均值后再与$\sqrt{3}$相乘,得到的三相无功功率比一表法更接近实际值,所以这种方法在实际中应用较多。

4. 三表跨相法

三表跨相法适用于电源电压对称而负载不对称的三相电路无功功率的测量,其接线图如图 5-27(a)所示。

图 5-27(a)中功率表 W_1 的读数为:

$$P_1=U_{BC}I_A\cos(\dot{U}_{BC}\dot{I}_A)$$

功率表 W_2 的读数为:

$$P_2=U_{CA}I_B\cos(\dot{U}_{CA}\dot{I}_B)$$

功率表 W_3 的读数为:

$$P_3=U_{AB}I_C\cos(\dot{U}_{AB}\dot{I}_C)$$

由于负载不对称而电源对称,所以从电源侧分析,电源发出的无功功率就是负载消耗的

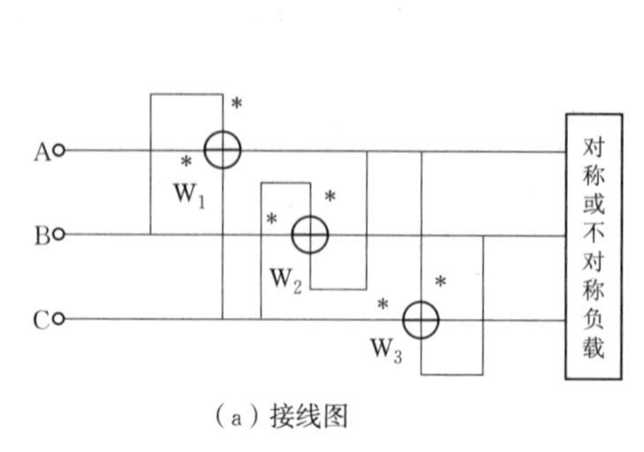

（a）接线图

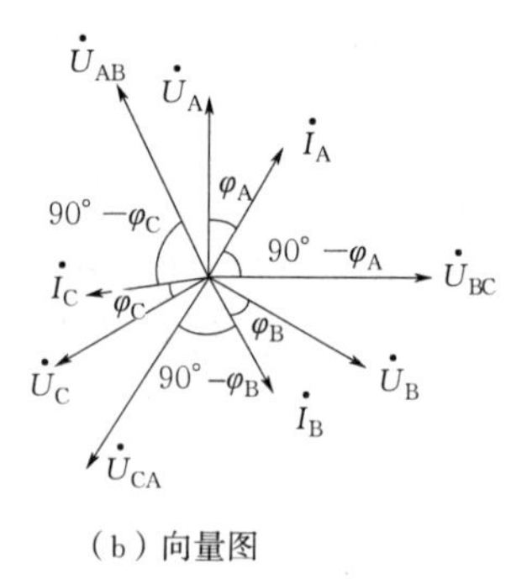

（b）向量图

图 5-27　三表跨相法的测量电路与向量图

无功功率。图 5-27（b）所示是电源侧电压、电流向量图，由于电源电压对称，所以有 $U_{BC}=\sqrt{3}U_A$、$U_{CA}=\sqrt{3}U_B$、$U_{AB}=\sqrt{3}U_C$，另外，根据向量图可以得出$\dot{U}_{BC}$与$\dot{I}_A$ 之间的相位差角为 $90°-\varphi_A$，$\dot{U}_{CA}$与$\dot{I}_B$ 之间的相位差角为 $90°-\varphi_B$，$\dot{U}_{AB}$与$\dot{I}_C$ 之间的相位差角为 $90°-\varphi_C$。所以三个表的读数可以分别为：

$$P_1=U_{BC}I_A\cos(90°-\varphi_A)=\sqrt{3}U_AI_A\sin\varphi_A$$
$$P_2=U_{CA}I_B\cos(90°-\varphi_B)=\sqrt{3}U_BI_B\sin\varphi_B$$
$$P_3=U_{AB}I_C\cos(90°-\varphi_C)=\sqrt{3}U_CI_C\sin\varphi_C$$

因此，三块表的读数之和为：

$$P_1+P_2+P_3=\sqrt{3}(U_AI_A\sin\varphi_A+U_BI_B\sin\varphi_B+U_CI_C\sin\varphi_C)$$

在不对称电路中，三相无功功率为：

$$Q=U_AI_A\sin\varphi_A+U_BI_B\sin\varphi_B+U_CI_C\sin\varphi_C$$

所以，三相无功功率与三表读数之间的关系为：

$$Q=\frac{\sqrt{3}}{3}(P_1+P_2+P_3) \tag{5-13}$$

由此可见，只要把三块表的读数相加后除以$\sqrt{3}$，就得到三相电路总的无功功率。这一结论对三相三线制和三相四线制都适用。

5. 两表人工中性点法

这种方法适用于电源电压对称而负载对称或不对称的三相三线制电路无功功率的测量，其接线图如图 5-28(a)所示。图中电阻 R_V 的阻值和两块功率表电压支路的阻值相等，这样就使得 N 点为中性点，这种方法又叫做两表人工中性点法。

W_1 表电流线圈流过的电流为 $\dot{I}_A$，电压线圈所加的电压为$\dot{U}_{NC}$，W_1 表电流线圈流过的电流为 $\dot{I}_C$，电压线圈所加的电压为$\dot{U}_{AN}$。图 5-28(b)所示是电源侧电压、电流向量图，从图中可以看出，$\dot{I}_A$与$\dot{U}_{NC}$之间的相位差角为 $60°-\varphi_A$；$\dot{I}_C$与$\dot{U}_{AN}$之间的相位差角为 $120°-\varphi_C$。由此可得两块功率表的读数分别为：

$$P_1=U_{NC}I_A\cos(60°-\varphi_A)$$
$$P_2=U_{AN}I_C\cos(120°-\varphi_C)$$

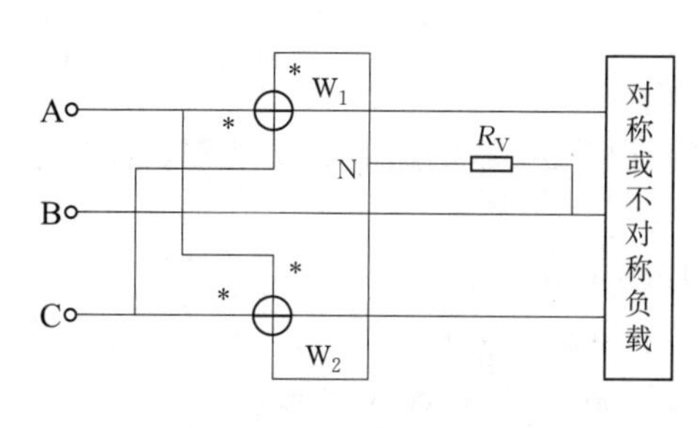

（a）接线图

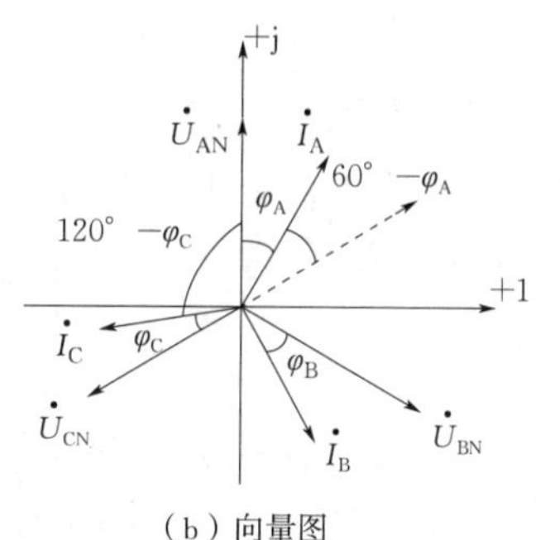

（b）向量图

图 5-28　两表人工中性点法的测量电路与向量图

因为电源电压对称，所以有　　$U_{NC}=U_{AN}=U_P$

两块表的读数之和为：

$$P_1+P_2=U_{NC}I_A\cos(60^\circ-\varphi_A)+U_{AN}I_C\cos(120^\circ-\varphi_C)$$

$$=U_p\left(\frac{1}{2}I_A\cos\varphi_A+\frac{\sqrt{3}}{2}I_A\sin\varphi_A-\frac{1}{2}I_C\cos\varphi_C+\frac{\sqrt{3}}{2}I_C\sin\varphi_C\right)$$

$$=U_p\left[\frac{1}{2}\left(I_A\cos\varphi_A-\frac{1}{2}I_B\cos\varphi_B-\frac{1}{2}I_C\cos\varphi_C\right)+\frac{1}{4}(I_B\cos\varphi_B-I_C\cos\varphi_C)+\frac{\sqrt{3}}{2}(I_A\sin\varphi_A+I_C\sin\varphi_C)\right]$$

在三相三线制电路中，有　　$\dot{I}_A+\dot{I}_B+\dot{I}_C=0$

所以，三个电流向量在实轴和虚轴上的电流分量的代数和应分别为零，即：

$$I_A\cos(90^\circ-\varphi_A)+I_B\cos(30^\circ+\varphi_B)+I_C\cos(30^\circ-\varphi_C)=0$$

$$I_A\sin(90^\circ-\varphi_A)+I_B\sin(30^\circ+\varphi_B)+I_C\sin(30^\circ-\varphi_C)=0$$

整理以上两式得：

$$\frac{1}{2}(I_B\cos\varphi_B-I_C\cos\varphi_C)=\frac{\sqrt{3}}{6}I_B\sin\varphi_B+\frac{\sqrt{3}}{6}I_C\sin\varphi_C-\frac{\sqrt{3}}{3}I_A\sin\varphi_A$$

$$\frac{1}{2}\left(I_A\cos\varphi_A-\frac{1}{2}I_B\cos\varphi_B-\frac{1}{2}I_C\cos\varphi_C\right)=\frac{\sqrt{3}}{4}I_B\sin\varphi_B-\frac{\sqrt{3}}{4}I_C\sin\varphi_C$$

代入 P_1+P_2 的表达式并整理后可得：

$$P_1+P_2=\frac{\sqrt{3}}{3}U_p(I_A\sin\varphi_A+I_B\sin\varphi_B+I_C\sin\varphi_C)=\frac{\sqrt{3}}{3}Q$$

由上可以看出，三相无功功率就等于两表读数之和的$\sqrt{3}$倍，即：

$$Q=\sqrt{3}(P_1+P_2) \tag{5-14}$$

用两表人工中性点法测量三相无功功率要注意以下几点：

(1)功率表的量程应根据电路的相电压来选择。

(2)两块表之一的读数有可能为负值，此时三相无功功率应为两块表读数的代数和再乘以$\sqrt{3}$。

(3)R_V 阻值的选取一定要精准，必须和功率表电压线圈支路电阻相等，以减小测量误差。

6. 用测量有功功率的两表法测量无功功率

测有功功率的两表法适用于测量对称的三相三线制电路的无功功率。如果电路完全对称，则两表的读数为：

$$P_1=U_L I_L \cos(30°-\varphi)$$
$$P_2=U_L I_L \cos(30°+\varphi)$$

则：

$$P_1-P_2=U_L I_L \cos(30°-\varphi)-U_L I_L \cos(30°+\varphi)=U_L I_L \sin\varphi$$

所以，三相无功功率与两表读数之间的关系为：

$$Q=\sqrt{3}U_L I_L \sin\varphi=\sqrt{3}(P_1-P_2) \tag{5-15}$$

即两表读数之差乘以$\sqrt{3}$就是三相无功功率。

7. 铁磁电动系三相无功功率表

铁磁电动系三相无功功率表利用铁磁电动系测量机构构成，它是按照两表跨相法或是两表人工中性点法的原理进行测量的，它采用两元功率方式，即把两单元组合在一起，仪表总的转矩为两单元转矩的代数和。

按两表跨相法原理构成的1D5-VAR型铁磁电动系三相无功功率表接线原理图如图5-29所示，图中电容C是角误差补偿电容，这种无功功率表只适用于负载对称的三相三线制电路。按两表人工中性点法原理构成的1D1-VAR型铁磁电动系三相无功功率表的接线原理图如图5-30所示，B相附加电阻R_B的阻值与A相、B相电压线圈支路总电阻相等。这种无功功率表适用于三相负载对称或不对称的三相三线制电路。

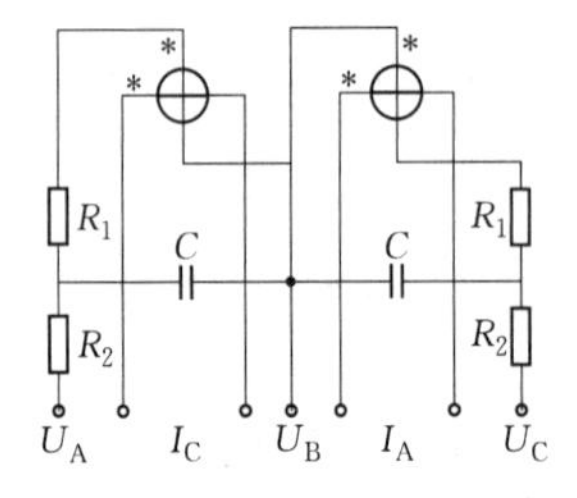

图5-29 1D5-VAR型三相无功功率表线路图

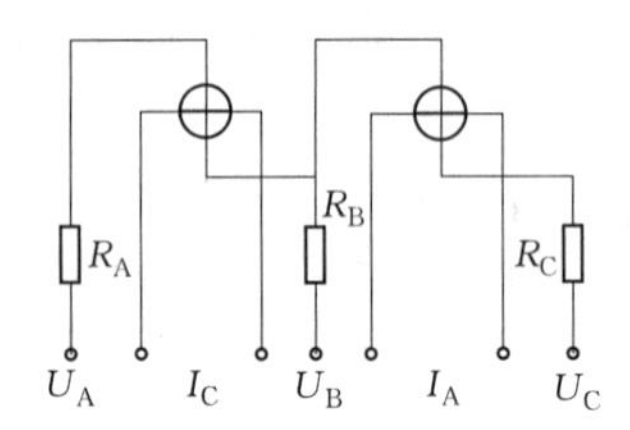

图5-30 1D1-VAR型三相无功功率表线路图

四、任务实施

1. 按照图5-24(b)所示连接电路，三只灯泡功率不同。测量前使三相调压器归零，接通电路后调节三相调压器使之输出线电压为200 V，分别读三块功率表记录在表5-3中。

表5-3 三表跨相法测试三相电路无功功率数据表

记录数据			计算数据
Q_1(var)	Q_2(var)	Q_3(var)	$Q\sum$(var)

2. 注意事项

(1)测试过程中不要用手触摸裸露金属。

(2)若条件不允许,测试中可以不直接接入三块功率表,而是用一块功率表和电流表插头、电压表表笔、电流插孔板代替三块功率表使用。

任务6 频率表、相位表和功率因数表

一、任务描述

频率、相位是电能质量的重要指标,交流电路的许多参数(电路阻抗、有功功率等)都与频率、相位有关,所以在电力系统中频率、相位的测量很重要。

频率表是直接用来测量电源频率或电路频率的仪表。

相位表和功率因数表实质上都是相位表,不同的地方只是功率因数表标度尺是按 $\cos\varphi$ 关系进行刻度的。相位表是用来测量两个交流量之间相位关系的仪表,最常见的有便携式电动系相位表和安装式铁磁电动系及变换式相位表。

二、任务目标

1. 了解电动系比率表工作原理。
2. 了解电动系相位表和功率因数表的测量原理。
3. 掌握三相功率因数测量方法。
4. 培养学生的动手能力。

三、相关知识

1. 电动系比率表原理

6L2-$\cos\varphi$ 功率因数表及其测量三相电路功率因数接线图如图5-31所示。

电动系频率表和相位表是利用具有特殊结构的电动系测量机构—电动系比率表来实现频率和相位的测量。

电动系比率表也是由固定线圈和可动线圈构成,其结构如图5-32(a)所示。但是它有两个可动线圈,一个用来产生转动力矩,另一个用来产生反作用力矩,两个可动线圈彼此交叉装设于同一转轴上,夹角为 2δ,其中不设游丝,通过可动线圈的电流由不产生力矩的导流丝引入。

它的固定线圈分两段绕制,这点和普通电动系仪表完全相同,当固定线圈中通过电流 $\dot{I}$ 时,线圈内部产生均匀磁场,其磁感应强度 B 如图5-32(b)所示。当两个可动线圈中分别有电流 $\dot{I}_1$、$\dot{I}_2$ 时,磁场会对两个通电的可动线圈产生电磁力,在图5-32所示的电流正方向下电磁力 F_1 和 F_2 的方向如图5-32(b)所示。由于使可动线圈转动的力矩是由和可动线圈平面垂直的电磁分力 F_1' 和 F_2' 产生的,它们的大小分别为:

$$F_1'=F_1\cos(\delta+\alpha)$$

（a）6L2-cos φ功率因数表

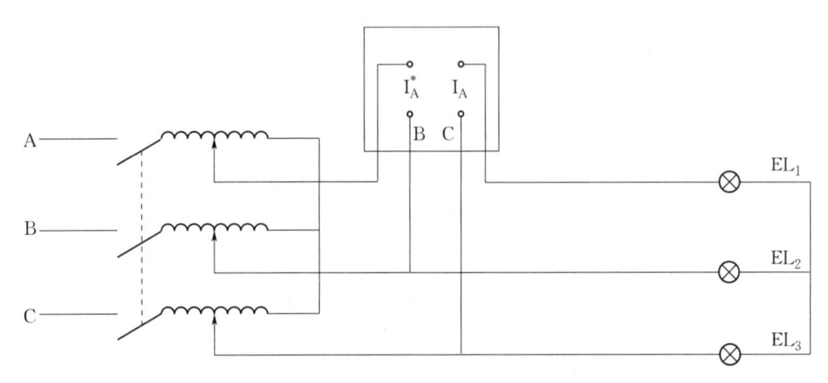

（b）6L2-cos φ型功率因数表测量接线图

图 5-31　6L2-cosφ 型功率因数表及其测量三相电路功率因数接线图

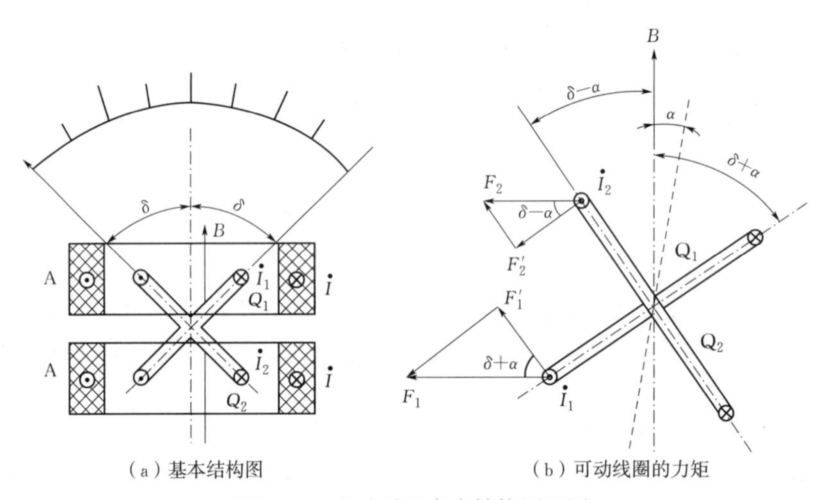

（a）基本结构图　　　　（b）可动线圈的力矩

图 5-32　电动系比率表结构原理图

$$F_2'=F_2\cos(\delta-\alpha)$$

式中　α——可动部分的偏转角。

由 F_1 和 F_2 产生的平均转矩为：

$$M_1=K_1II_1\cos\psi_1\cos(\delta+\alpha)$$

$$M_2=K_2II_2\cos\psi_2\cos(\delta-\alpha)$$

式中　ψ_1、ψ_2——$\dot{I}$ 与$\dot{I}_1$、$\dot{I}$ 与$\dot{I}_2$之间的相位差角；

K_1、K_2——常数，通常使得 $K_1=K_2$。

由于这两个力矩的方向相反，可动部分的转动方向取决于较大的力矩方向。当可动部分转到某一位置使得 $M_1=M_2$ 时，可动部分因受力平衡而停止转动，此时可动部分受力的平衡方程为：

$$K_1 I I_1 \cos\psi_1 \cos(\delta+\alpha)=K_2 I I_2 \cos\psi_2 \cos(\delta-\alpha)$$

或

$$\frac{\cos(\delta-\alpha)}{\cos(\delta+\alpha)}=\frac{I_1 \cos\psi_1}{I_2 \cos\psi_2} \tag{5-16}$$

由式(5-16)可以看出，电动系比率表的偏转角与固定线圈中电流的大小无关，而与两个可动线圈电流的比值有关，所以称此种类型的测量机构为比率表或比率计。利用电动系比率表配以一定的测量线路，就可以制成电动系频率表、相位表或功率因数表。

2. 电动系频率表

电动系频率表的测量线路如图 5-33 所示。由图可以看出，电动系频率表有两条并联支路：一条是动线圈 B_2 并联一个分流电阻 R_0 后与定圈 A、电感 L、电容 C 及电阻 R 串联；另一条是动圈 B_1 与电容 C_0 串联。适当选取定圈支路元件参数，使这条支路的串联谐振频率与仪表测量范围的中间频率 f_0 相等。当被测频率 $f=f_0$ 仪表指针指在标尺刻度线的中间位置；当 $f<f_0$ 或 $f>f_0$ 时，即被测频率小于或大于定圈支路的谐振频率时，可动线圈在转动力矩的作用下偏向左侧或右侧，指针指示被测频率值。选择不同谐振频率，就可以构成不同测量范围的频率表。例如 D3-Hz 型频率表测量范围可分为 45～55 Hz，900～1 100 Hz，1 350～1 650 Hz 等多种。在电力工业中，通常用铁磁电动系构成安装式频率表，以提高其抗干扰能力。

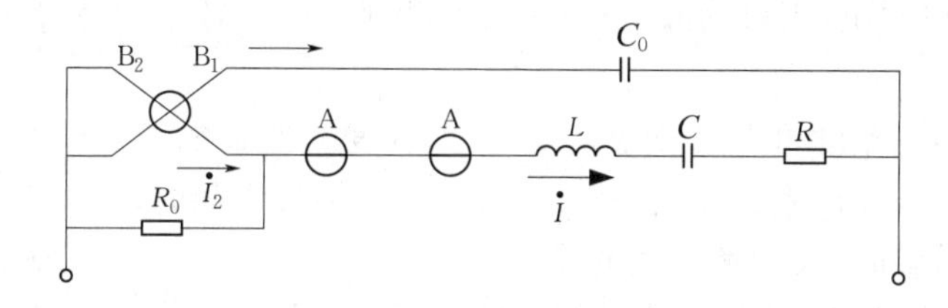

图 5-33 电动系频率表测量线路

A—定线圈；B_1、B_2—可动线圈；L—电感；C、C_0—电容；R、R_0—电阻

频率表的外部接线方法与电压表相同，并联接入被测电路中即可。

3. 单相电动系相位表和功率因数表

电动系相位表和功率因数表的工作原理、测量线路完全相同。图 5-34(a)所示为 D3-φ 型相位表的内部原理电路和测量接线图。

由图 5-34 中可以看出，固定线圈串联在被测电路中反映负载的电流，可动线圈 Q_1 和 Q_2 与相应的元件相连后共同构成电压支路，与被测电路并联反映负载电压。

D3-φ 型相位表在设计时其参数选择如下：

(1)两个动线圈的夹角为 $2\delta=60°$，则 $\delta=30°$。

(2)两个动线圈支路的阻抗值相等，保证电流 $I_1=I_2$。

(3)整个电压线圈支路为纯阻性，保证 $\dot{U}$ 与 $\dot{I}_U$ 同相位，图 5-34(a)中电容 C 就是用来补

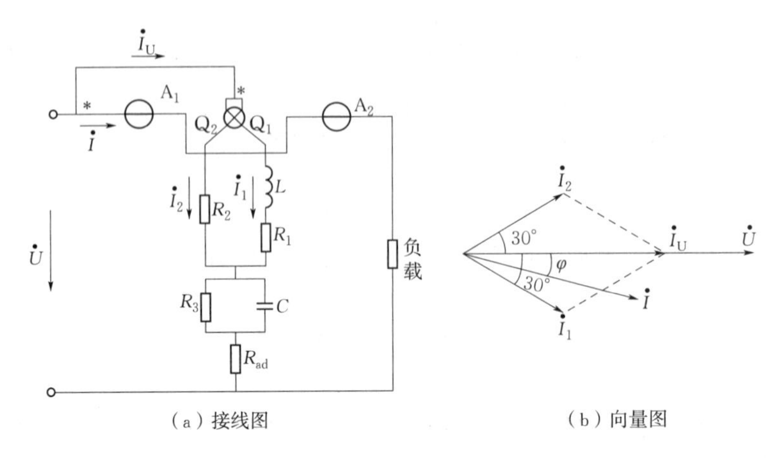

图 5-34　D31-cosφ 型表接线和向量图

偿电压线圈支路电感的。

(4)$\dot{I}_1$ 滞后电压 $\dot{U}30°$，$\dot{I}_2$ 超前电压 $\dot{U}30°$。

当负载为感性时，D3-φ 型相位表的向量图如图 5-34(b)所示，图中由于负载的电流滞后于电压 φ 角度，所以电流 $\dot{I}$ 和 $\dot{I}_1$ 的相位差角 $\psi_1=30°-\varphi$，而电流 $\dot{I}$ 和 $\dot{I}_2$ 的相位差角 $\psi_2=30°+\varphi$，由于 $\delta=30°$，所以由式(5-16)可得可动部分的平衡方程为：

$$\frac{\cos(30°-\alpha)}{\cos(30°+\alpha)}=\frac{I_1\cos(30°-\varphi)}{I_2\cos(30°+\varphi)} \tag{5-17}$$

由式(5-17)可以看出，当可动部分平衡时，可动部分的偏转角 α 就等于负载的功率因数角 φ，即 $\alpha=\varphi$。

显然，这种仪表的刻度可以按 φ 或是 cosφ 来刻度。当 φ 的符号改变时，仪表指着的偏转方向也改变。所以，相位表的零点(cosφ=1)选择在标尺中间时，当指针向右偏转时，表示是容性负载；向左偏转时，表示是感性负载。

单相电动系相位表和功率因数表使用时应注意以下几点：

(1)使用前仪表的指针可以在任意位置，不必调整。

(2)选择仪表的量程时要注意它的电流和电压量限，保证被测电路的电流和电压不超过仪表的量限。

(3)仪表的接线方式与功率表相同，应遵守发电机端接线原则。

(4)仪表必须在规定的频率范围内使用，否则会由于频率的原因使得电压支路的参数发生变化，从而给测量带来误差。

4. 电动系相位表和功率因数表

三相电动系功率因数表用来测量三相三线制对称负载的相位角或功率因数，D31-cosφ 型三相相位表接线原理图如图 5-35(a)所示。

由图 5-35 可以看出，电动系比率表的固定线圈串接在 A 相，反映 A 相线电流，即 $\dot{I}=\dot{I}_B$ 电动系比率表的两个可动线圈分别两个相等的附加电阻串联后，再分别并接在 B、A 和 B、C 两相上，分别反映线电压 $\dot{U}_{BA}$、$\dot{U}_{BC}$，由于附加电阻的阻值远大于可动线圈的阻抗，所以两个动

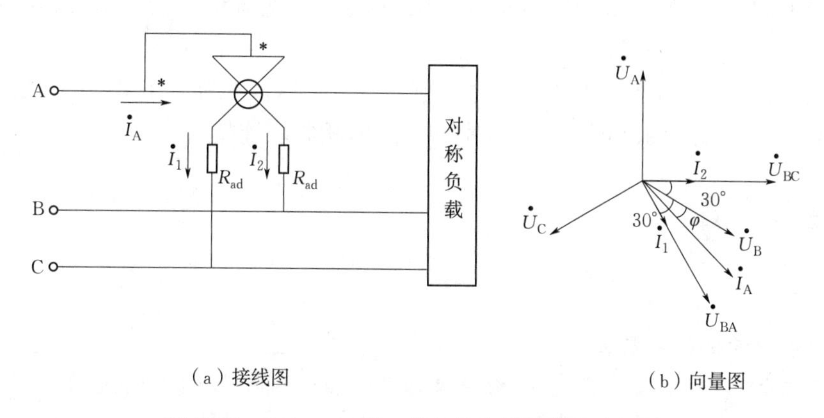

图 5-35　D31-cosφ 型三线相位表的接线和向量图

线圈支路的可认为是纯电阻电路，那么$\dot{I}_1$ 和$\dot{I}_2$ 分别与$\dot{U}_{BA}$和$\dot{U}_{BC}$同方向。因为两可动线圈的附加电阻相等，所以两动线圈支路电流大小相等，$I_1=I_2$。

图 5-35(b)所示为其向量图，从图中可以看出，$\dot{I}_1$ 和$\dot{I}_B$ 相位差角 $\psi_1=30°-\varphi$，$\dot{I}_2$ 和$\dot{I}_B$ 相位差角 $\psi_2=30°+\varphi$。由式可得转矩平衡方程为：

$$\frac{\cos(\delta-\alpha)}{\cos(\delta+\alpha)}=\frac{\cos(30°-\varphi)}{\cos(30°+\varphi)}$$

式中　δ——常数，因此偏转角 α 与负载的相位角 φ 存在函数关系。

三相电动系功率因数表通常做成多量程的。电流量程改变是通过改变连接片方式实现固定线圈的串、并联，并联时量程是串联时的两倍。电压量程的改变是通过该改变可动线圈支路附加电阻的阻值实现的。其量程转换如图 5-36 所示。

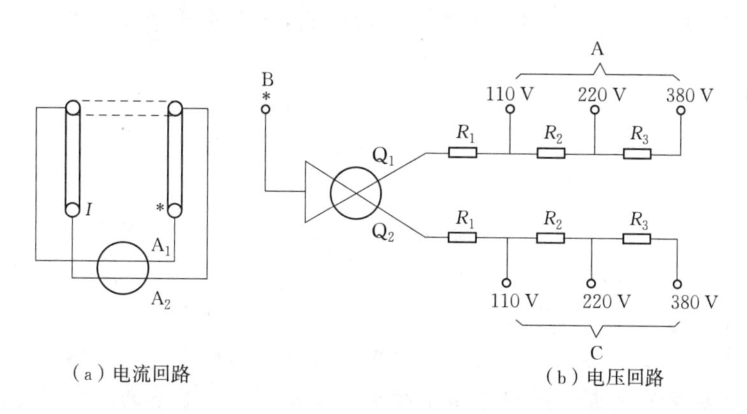

图 5-36　D31-cosφ 型三线相位表量程转换原理图

四、任务实施

1. 按照图 5-31(b)所示连接电路，三只灯泡功率相同。测量前使三相调压器归零，接通电路后调节三相调压器使之输出线电压为 200 V。读出功率因数表读数并记录。

2. 注意事项

(1)选择 6L2-cosφ 型功率因数表额定电压为 380 V,电流量程为 5 A,以满足负载测量要求。

(2)接线时注意相序,两个电流接线柱串联在 A 相中,$I_A{}^*$ 为 A 相电流流入端,I_A 为 A 相电流流出端。两个电压接线柱 B、C 分别和对应的相并联连接。

巩固练习

一、填空题

1. 电动系测量机构主要由________和________构成。

2. 在交流电路中,电动系测量机构的偏转角不仅与两个线圈中电流的________有关,而且还与两个电流的________有关。

3. 电动系电流表和电压表的刻度是________,电动系功率表的刻度是________。

4. 普通单相功率表有三个量程,它们是________、________和________。

5. 功率表的电流量程是通过改变________,电压量程是通过改变________。

6. 功率表接线时,电流线圈发电机端接________,电压线圈发电机端________。

7. 功率表正确接线时出现指针反偏现象时,应调换________的接线,或使用________,而不应调换________的接线。

8. 两表法测量三相三线制电路有功功率时,两块功率表的________可以串接在三相中的任意两相上,________接在电源侧,使电流线圈流过________电流;两块功率表的电压线圈的“发电机端”应接在________所在相上,另一端则接至________的公共相上,使电压线圈加________电压。

9. 两表人工中性点法测量三相电路的无功功率适用于________电路。

10. 电动系比率表的测量机构中有两个可动线圈,一个用于产生________,一个用于产生________。

二、判断题

1. 电动系测量机构的优点是准确度高、功耗小、交直流两用。 (　　)

2. 电动系电流表和电压表的刻度是均匀的。 (　　)

3. 功率表电压线圈前接法适用于负载电阻远远大于电流线圈内阻的情况。 (　　)

4. 功率表出现指针反转时,可以将电压线圈端钮反接。 (　　)

5. 低功率因数功率表标尺通常是按功率因数为 0.1 或 0.2 刻度的。 (　　)

6. 三表法测量三相有功功率适用于对称或不对称的三相三线制电路。 (　　)

7. 测量有功功率的两表法是用于测量对称的三相三线制电路的无功功率。 (　　)

8. 电动系比率表在不使用时,指针可以处在任何位置。 (　　)

三、简答题

1. 电动系测量机构的工作原理?

2. 电动系三相有功功率表是怎样构成的?

3. 画出两表法测量三相有功功率的三种接线图。

四、计算题

1. 有一三相对称电路，其中线电压为 380 V，线电流为 10 A，若用两表法测三相有功功率，如果两表读数相等，则负载的功率因数角是多少，功率表的读数是多少？若一表的读数是另一表的读数的两倍，则负载的功率因数角是多少，功率表的读数是多少？

2. 有一感性负载，其两端电压为 220 V、电流为 2 A、功率因数为 0.3，问能否用额定电压为 300 V，额定电流为 2 A、额定功率因数为 0.2 的低功率因数功率表测量这一负载的功率？为什么？若负载的功率因数为 0.25，问能否测量？

项目6 · 测量用互感器

项目描述

互感器是按比例变换电压或电流的设备。其能够将一次系统的电压、电流信息准确地传递到二次侧相关设备;使高电压、大电流变换为低电压、小电流,使装置更标准化、小型化,保证了二次设备和人身的安全。通过本项目学习,了解互感器原理、分类、用途、接线以及故障处理方法和特种表的使用。

项目要点

1. 认识电压互感器、电流互感器。
2. 电压、电流互感器的结构和原理、接线方法,会使用电压互感器进行测量。
3. 判断和处理电压、电流互感器的一般故障。
4. 学习使用钳形电流表。

任务1　电流互感器

一、任务描述

简单认识电流互感器,了解其原理、结构、用途等,学会故障排除。

二、任务目标

1. 了解电流互感器的工作原理。
2. 掌握电流互感器参数的测量方法。
3. 了解电流互感器的使用及故障分析和预防。

三、相关知识

1. 认识电流互感器

常见几种类型的电流互感器如图6-1所示。

（a）半封闭电流互感器

（b）户外油浸式电流互感器

（c）LRD-35型电流互感器

（d）穿墙式电流互感器

（e）10 kV户内电流互感器

（f）零序电流互感器

图 6-1　常见电流互感器

2. 电流互感器分类

根据分类方法的不同，电流互感器可以分成不同的类型。电流互感器的分类按不同情况可划分如下：

(1)电流互感器按用途可分为测量用互感器和保护用互感器两类，测量用互感器主要用来测量电流、功率和电能等；保护用互感器主要是继电保护和自动控制中用来做保护控制等。

(2)根据一次绕组匝数可分为单匝式和多匝式。单匝式又分为贯穿型和母线型两种。贯穿型互感器本身装有单根铜管或铜杆作为一次绕组；母线型互感器则本身未装一次绕组，而是在铁芯中留出一次绕组穿越的空隙，施工时以母线穿过空隙作为一次绕组。通常油断路器和变压器套管上的装入式电流互感器就是一种专用母线型互感器。

(3)根据安装地点可分为户内式和户外式。

(4)按电压等级可分为低压和高压。

(5)根据绝缘方式可分为干式、浇注式、油浸式等。干式用绝缘胶浸渍，适用于作为低压户内的电流互感器；浇注式用环氧树脂作绝缘，浇注成型；油浸式多为户外型。

(6)根据电流互感器工作原理可分为电磁式、光电式、磁光式、电子式电流互感器。

(7)按外形可分为羊角式和穿心式。

(8)按安装方式可分为支持式和穿墙式。

(9)按铁芯多少可分为单铁芯式和多铁芯式。

3. 电流互感器的结构与工作原理

(1)普通式电流互感器的结构与工作原理

普通电流互感器的结构和工作原理与电压互感器基本相同,所不同的是电流互感器的初级线圈匝数比次级线圈匝数少得多,即次级匝数多、导线细。电流互感器使用时接线原理图如图 6-2 所示,一次绕组直接串联于电源线路中,一次电流 i_1 通过一次线路时产生交变磁通,在二次绕组中感应出按比例减小的二次电流 i_2,二次绕组与仪表、继电器等二次负载串联构成闭合回路。电流互感器的电路符号如图 6-3 所示。

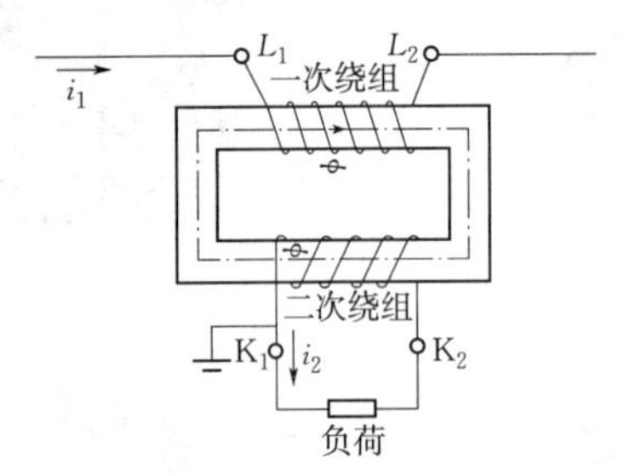

图 6-2 电流互感器接线原理图

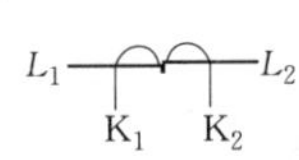

图 6-3 电流互感器的电路符号

电流互感器实际运行时负荷的阻抗很小,二次绕组接近于短路状态,相当于一个短路运行的变压器。

(2)穿心式电流互感器的结构与工作原理

穿心式电流互感器的结构与普通式电流互感器有所不同,它不设一次绕组,一次侧的载流导线直接穿过互感器的铁芯起一次绕组的作用,而二次绕组直接均匀地缠绕在互感器圆形铁芯上,与仪表、继电器、变送器等电流线圈的二次负荷串联构成闭合回路。原理图如图 6-4 所示。

(3)多抽头电流互感器

多抽头电流互感器与普通电流互感器所不同的是在绕制二次绕组时,增加几个抽头,这样可以通过不同的抽头获得多个不同的变比。例如,一次侧绕组不变,在二次侧增加两个抽头,就可以变成具有三个变比的电流互感器,变比可以是 k_1、k_2 为 50/5,k_1、k_3 为 100/5,k_1、k_4 为 500/5,等等。多抽头电流互感器示意图如图 6-5 所示。

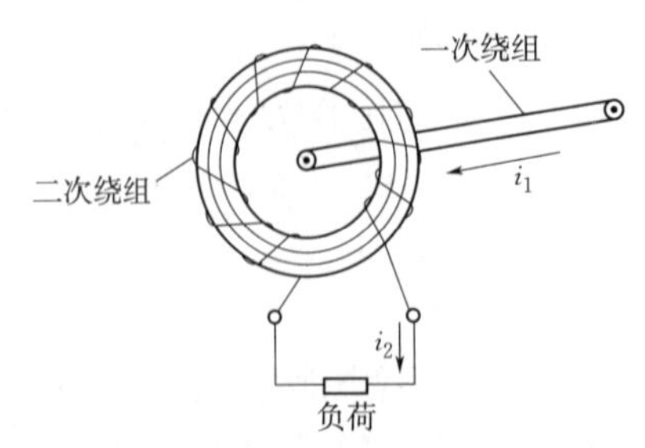

图 6-4 穿心式电流互感器接线原理图

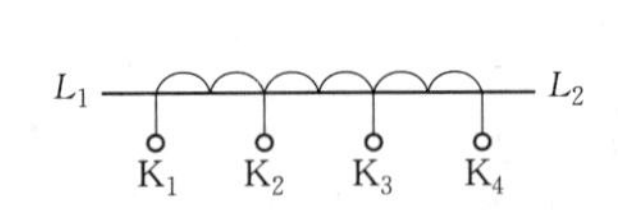

图 6-5 多抽头电流互感器接线原理图

4. 电流互感器的主要参数

(1)额定电流变比

电流互感器的额定电流变比是指一次额定电流与二次额定电流之比(也叫变比),也等于二次侧匝数与一次侧匝数的比。额定电流比一般用不约分的分数形式表示,用公式表示为:

$$k_I=\frac{I_1}{I_2}=\frac{N_2}{N_1} \tag{6-1}$$

如一次额定电流 I_1 和二次额定电流 I_2 分别为 100、5 A,则电流互感器的变比为:

$$k_I=\frac{I_1}{I_2}=100/5$$

所谓额定电流,就是在这个电流下,互感器可以长期运行而不会因发热而损坏。当负载电流超过额定电流时,叫作过负载。如果互感器长期过负载运行,会把它的绕组烧坏或缩短绝缘材料的寿命。

(2)准确度等级

由于电流互感器存在着一定的误差,因此根据电流互感器允许误差划分互感器的准确度等级。国产电流互感器的准确度等级有 0.01、0.02、0.05、0.1、0.2.0.5、1.0、3.0、5.0、0.2 S级及 0.5 S级。

0.1 级以上电流互感器,主要用于试验室进行精密测量,或者作为标准用来检验低等级的互感器,也可以与标准仪表配合,用来检验仪表,所以也叫作标准电流互感器。用户电能计量装置通常采用 0.2 级和 0.5 级电流互感器,对于某些特殊要求(希望电能表在 0.05～6 A之间,即额定电流 5 A 的 1%～120%之间的某一电流下能作准确测量)可采用 0.2 S 级和 0.5 S 级的电流互感器。

(3)电流互感器的误差

电流互感器和电压互感器一样,也存在着比差和角差,其定义与电压互感器相似。

其中电流互感器的变比 K_I 与二次电流的乘积与一次电流之差对一次电流的比值百分数,就叫比差。比差可用公式表示为:

$$f_I=\frac{k_I I_2-I_1}{I_1}\times 100\% \tag{6-2}$$

实际应用中,有时需要对变比与匝数进行换算。比如有的电流互感器在使用中铭牌丢失了,当用户负荷变更须变换电流互感器变比时,首先应对互感器进行效验,确定互感器的最高一次额定电流,然后根据需要进行变比与匝数的换算。例如,一个最高一次额定电流为 150 A的电流互感器要作 50/5 的互感器使用,换算公式为 :

$$一次穿心匝数=\frac{最高一次额定电流}{需变换互感器的一次电流}=\frac{150}{50}=3(匝)$$

即变换为 50/5 的电流互感器,一次穿心匝数应为 3 匝。可以以此推算出最高一次额定电流,如原电流互感器的变比为 50/5,穿心匝数为 3 匝,要将其变为 75/5 的互感器使用时,需要先计算出最高一次额定电流,计算公式为:

$$最高一次额定电流=原使用中的一次电流\times原穿心匝数=50\times3=150(A)$$

变换为 75/5 后的穿心匝数为 $\frac{150}{75}=2$(匝),即原穿心匝数为 3 匝的 50/5 的电流互感器变换为 75/5 的电流互感器用时，穿心匝数应变为 2 匝。

再如原穿心匝数 4 匝的 50/5 的电流互感器，需变为 75/5 的电流互感器使用，我们先求出最高一次额定电流为 $50\times4=200$ A，变换使用后的穿心匝数应为$\frac{200}{75}=2.66$ 匝，在实际穿心时绕线匝数只能为整数，要么穿 2 匝，要么穿 3 匝。当我们穿 2 匝时，其一次电流已变为$\frac{200}{2}=100$ A 了，形成了 100/5 的互感器，这就产生了误差，误差计算式为：

$$误差=\frac{原变比-现变比}{现变比}\times100\%=\frac{\frac{75}{5}-\frac{100}{5}}{\frac{100}{5}}\times100\%=\frac{15-20}{20}\times100\%=-25\%$$

也就是说我们若还是按 75/5 的变比来计算电度的话，将少计了 25%的电量。而当我们穿 3 匝时，又必将多计了用户的电量。因为其一次电流变为$\frac{200}{3}=66.7$ A，形成了$\frac{66.7}{5}$的互感器，同样可算得误差为：

$$误差=\frac{原变比-现变比}{现变比}\times100\%=\frac{\frac{75}{5}-\frac{66.7}{5}}{\frac{100}{5}}\times100\%=12.5\%$$

即按 75/5 的变比计算电度时多计了 12.5%的电度。所以当我们不知道电流互感器的最高一次额定电流时，是不能随意的进行变比更换的，否则是很有可能造成计量上的误差。

由上面分析可知，当需要对电流互感器进行变比变换时，将会给测量带来误差，其误差计算可用公式表示为：

$$f_{12}=\frac{k_{I1}-k_{I2}}{k_{I2}}\times100\% \tag{6-3}$$

式中 k_{I1}——原变比。

k_{I2}——变换后的变比。

f_{12}——变比更换前后的误差。

角差则为一次电流与二次电流相位的差值。角差同比差一样，也是互感器的一种性能指标，如果超标，互感器也不合格。一般来说，角差超标是由于铁芯性能不良造成的。在应用过程中，由于角差的存在，不能准确反映一次电流的变化。

对于 0.1、0.2、0.5 级和 1 级测量用电流互感器，在二次负荷欧姆值为额定负荷值的 25%～100%之间的任一值时，其额定频率下的电流误差和相位误差不超过表 6-1 所列限值。

表 6-1　测量用电流互感器误差限值

准确度等级	比差(±%) 在下列额定电流时(±%)				角差(±′) 在下列额定电流时(±%)			
	5	20	100	120	5	20	100	120
0.1	0.4	0.2	0.1	0.1	15	8	5	5
0.2	0.75	0.35	0.2	0.2	30	15	10	10

续上表

准确度等级	比差(±%) 在下列额定电流时(±%)				角差(±′) 在下列额定电流时(±%)			
	5	20	100	120	5	20	100	120
0.5	1.5	0.75	0.5	0.5	90	45	30	30
1.0	3.0	1.5	1.0	1.0	180	90	60	60

对于0.2 S和0.5 S级测量用电流互感器，在二次负荷欧姆值为额定负荷值的25%～100%之间任一值时，其额定频率下的电流误差和相位误差不应超过表6-2所列限值。

表6-2 测量用电流互感器误差限值

准确度等级	比差(±%) 在下列额定电流时(±%)					角差(±′) 在下列额定电流时(±%)				
	1	5	20	100	120	1	5	20	100	120
0.2 S	0.75	0.35	0.2	0.2	0.2	30	15	10	10	10
0.5 S	1.5	0.75	0.5	0.5	0.5	90	45	30	30	30

(4)额定容量

电流互感器的额定容量，就是额定二次电流 I_2 通过二次额定负载 Z_2 时所消耗的视在功率 S_2，所以

$$S_2 = I_2^2 Z_2 \tag{6-4}$$

一般情况 $I_2 = 5$ A，因此额定容量常常表示为：

$$S_2 = 5^2 Z_2 = 25Z_2 \tag{6-5}$$

额定容量也可以用额定负载阻抗 Z_2 表示。

电流互感器在使用中，二次连接线及仪表电流线圈的总阻抗，不能超过铭牌上规定的额定容量且不低于1/4额定容量时，才能保证它的准确度。制造厂铭牌标定的额定二次负载通常用额定容量表示，其输出标准值有2.5、5、10、15、25、30、50、60、80、100(V·A)等。

(5)额定电压

电流互感器的额定电压，是指一次绕组长期对地能够承受的最大电压(有效值)。它只是说明电流互感器的绝缘强度，而和电流互感器额定容量没有任何关系。它标在电流互感器型号后面。例如LC W-35，其中“35”是指额定电压，它以kV为单位。

(6)极性标志

为了保证测量及校验工作的接线正确，电流互感器一次和二次绕组的端子应标明极性标志。

①一次绕组首端标为 L_1，末端标为 L_2。当多量限一次绕组带有抽头时，首端标为 L_1，自第一个抽头起依次标为 L_2，L_3……。

②二次绕组首端标为 K_1，末端标为 K_2。当二次绕组带有中间抽头时，首端标为 K_1，自第一个抽头起以下依次标志为 K_2，K_3……。

③对于具有多个二次绕组的电流互感器，应分别在各个二次绕组的出线端标志“K”前

加注数字，如 $1K_1$，$1K_2$，$1K_3$……；$2K_1$，$2K_2$，$2K_3$……。

④标志符号的排列应使一次电流自 L_1 端流向 L_2 端时，二次电流自 K_1 流出，经外部回路流回到 K_2。

从电流互感器一次绕组和二次绕组的同极性端子来看，电流 I_1、I_2 的方向是相反的，这样的极性关系称为减极性，反之称为加极性。电流互感器一般都按减极性表示。

5. 电流互感器的接线方式

电流互感器的接线方式一般按其所接负载的运行要求确定。最常用的接线方式为单相、三相星形、两相不完全星形和两相差接连接，如图 6-6 所示。

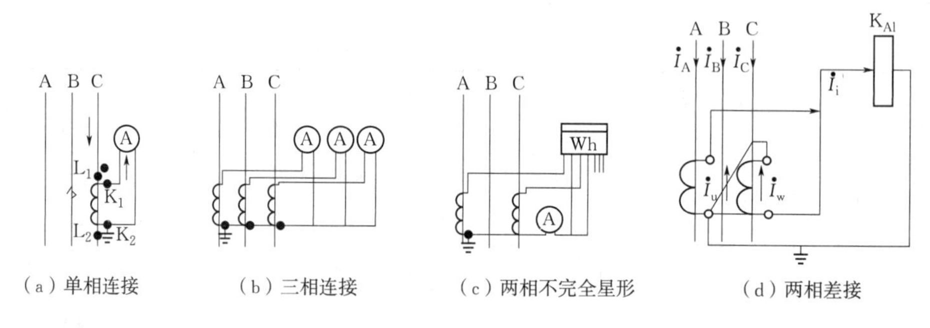

图 6-6 电流互感器的接线方式

6. 电流互感器的型号

电流互感器的型号由字母符号及数字组成，通常用 2 到 4 个字母表示电流互感器绕组类型、绝缘种类、使用场所及外形等，用数字表示电压等级。通常字母符号含义如下：

第一位字母：L—电流互感器。

第二位字母：M—母线式（穿心式）；Q—线圈式；Y—低压式；D—单匝式；F—多匝式；A—穿墙式；R—装入式；C—瓷箱式；Z—支柱式；V—倒装式。

第三位字母：K—塑料外壳式；Z—浇注式；W—户外式；G—改进型；C—瓷绝缘；P—中频；Q—气体绝缘。

第四位字母：B—过流保护；D—差动保护；J—接地保护或加大容量；S—速饱和；Q—加强型。

字母后面的数字一般表示使用电压等级，数字单位是 kV。例如：LMK-0.5S 型，表示用于额定电压 500 V 及以下电路，塑料外壳的穿心式 S 级电流互感器。LA-10 型，表示用于额定电压 10 kV 电路的穿墙式电流互感器。

四、任务实施

1. 电流互感器绝缘电阻测量

（1）试品温度应在 10～40 ℃之间。

（2）用 2 500 V 兆欧表测量，测量前对被试绕组进行充分放电。

（3）试验接线：电流互感器按图 6-7 连接实验线路。

（4）驱动兆欧表达到额定转速，或接通兆欧表电源开始测量，待指针稳定后（或 60 s），读取绝缘电阻值;读取绝缘电阻后,先断开接至被试绕组的连接线,然后再使绝缘电阻表停止运转。

(5)断开绝缘电阻表后应对被试品放电接地。

2. 电流互感器变比试验

(1)电流法(方法一)

由调压器及升流器等构成升流回路,待检 TA 一次绕组串入升流回路;同时用测量用 TA_0 和交流电流表测量加在一次绕组的电流 I_1、用另一块交流电流表测量待检二次绕组的电流 I_2,计算 I_1/I_2 的值,判断是否与铭牌上该绕组的额定电流比(I_{1n}/I_{2n})相符。如图 6-7 所示。用此方法进行测量时,测量某个二次绕组时,其余所有二次绕组均应短路不得开路,根据待检 CT 的额定电流和升流器的升流能力选择量程合适的测量用 CT 和电流表。

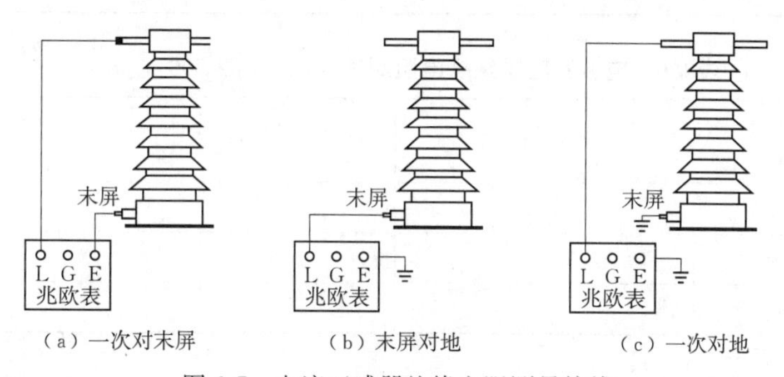

图 6-7 电流互感器绝缘电阻测量接线

(2)电压法(方法二)

待检 CT 一次绕组及非被试二次绕组均开路,将调压器输出接至待检二次绕组端子,缓慢升压,同时用交流电压表测量所加二次绕组的电压 U_2;用交流毫伏表测量一次绕组的开路感应电压 U_1,计算 U_2/U_1 的值,判断是否与铭牌上该绕组的额定电流比(I_{1n}/I_{2n})相符,如图 6-8 所示。需注意,二次绕组所施加的电压不宜过高,防止 CT 铁芯饱和。

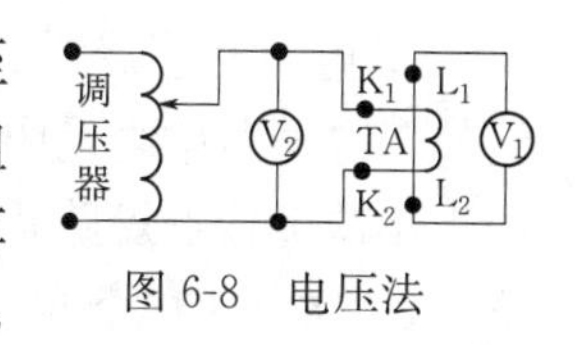

图 6-8 电压法

(3)电流互感器变比测试仪(互感器特性测试仪)(方法三)

按说明书操作。按此方法测量时,测量某个二次绕组时,其余所有二次绕组均应短路不得开路,根据待检 CT 的额定电流和升流器的升流能力选择合适的测量电流。

根据以上实验内容,测量电流互感器的各项参数,将测量值填入表 6-3、表 6-4、表 6-5、表 6-6 中。

表 6-3 电流互感器铭牌数据

设备名称	型号	标准级次	额定变比	出厂日期	额定电压	额定容量	制造厂	出厂编号	
电流互感器								A	
								B	
								C	

表 6-4　电流互感器二次电流及变流比测定

变流比	一次施加电流 A	二次绕组的电流 A		实际变流比	误差
		A 相			
		B 相			
		C 相			

表 6-5　电流互感器绕组直流电阻测试(使用 3 395 直阻仪)　　$T=$____ ℃

相别	一次侧(μΩ)	二次侧(mΩ)
A 相		
B 相		
C 相		

表 6-6　电流互感器绝缘电阻测试(MΩ)(用 2 500 V 摇表)　　$T=$____ ℃

相别 / 绝缘电阻	A 相	B 相	C 相
一次对二次及地			
二次对一次及地			
二次对地			

五、注意事项

1. 电流互感器的二次侧不允许开路运行。电流互感器在工作时，二次侧不允许开路，它的二次回路始终是闭合的，但因测量仪表和保护装置的串联绕组的阻抗很小，电流互感器的工作情况接近短路状态，一次电流所产生的磁化力大部分被二次电流所补偿，总磁通密度不大，二次绕组电势也不大。当电流互感器开路时，二次回路阻抗无限大，电流等于零，一次电流完全变成了励磁电流，在二次绕组产生很高的电势，威胁人身安全，造成仪表、保护装置、互感器二次绝缘损坏。同时，由于铁芯中的剩磁，使电流互感器的误差增大。

2. 电流互感器二次回路必须设置保护接地，以防止一次绝缘击穿，二次串入高压，威胁人身安全，损坏设备。

3. 要经常检查导线接头处有无过热，有无声响和异味。

4. 要保证瓷质部分清洁完整，无破损，无放电现象。

5. 要保证注油式电流互感器的油面正常，无缺油和漏油现象。

6. 对具有两个及以上的铁芯共用一个一次绕组的电流互感器来说，接电能表时，要将电能表接在准确度较高的二次绕组上，并且不能再接入非电能计量的其他装置，以防互相影响。

7. 在使用电流互感器时，同其他一样，也要根据实际需要进行选择。国家标准中规定，电流互感器额定二次电流的标准值为 1 A、2 A 和 5 A，优先值为 5 A。我们通常使用时一般选择二次电流额定值为 5 A 的互感器即可。当传输距离较大时，1 A 和 5 A 相比有较多优点可优先选择。

任务2　电压互感器

一、任务描述

掌握电压互感器的结构、原理、接线、用途。

二、任务目标

1. 了解电压互感器的工作原理。
2. 掌握电压互感器参数的测量方法。
3. 了解电压互感器的使用及故障分析和预防。

三、相关知识

1. 认识电压互感器

图6-9所示是一些常见的电压互感器。

（a）电压互感器

（b）电流型电压互感器

（c）三相电压互感器　　（d）抗谐振三相电压互感器

图　6-9

（e）抗铁磁谐振三相电压互感器

（f）全封闭电压互感器

（g）半封闭电压互感器

图 6-9　几种常见电压互感器

2. 电压互感器的结构

电压互感器就是一个带铁芯的变压器。它主要由一、二次线圈、铁芯和绝缘组成。基本结构如图 6-10 所示。图 6-11 是它的电路表示符号。

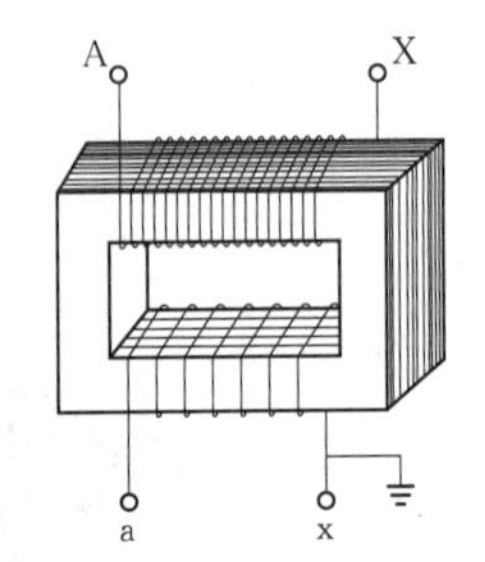

图 6-10　电压互感器的基本结构

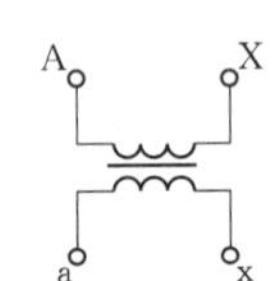

图 6-11　电压互感器的电路符号

3. 电压互感器的工作原理

电压互感器就是一个降压变压器，只不过它工作时二次侧是开路的，不仅结构与变压器相同，工作原理也与变压器相同，即初、次级线圈电压比等于初、次级线圈匝数比。其一次侧的匝数较多，二次侧的匝数较少。当在一次绕组上施加一个电压 U_1 时，在铁芯中就产生一个磁通 Φ，根据电磁感应定律，则在二次绕组中就产生一个二次电压 U_2。改变一次或二次绕组的匝数，可以产生不同的一次电压与二次电压比，这就可组成不同变比的电压互感器。电压互感器使用时一次侧并联接于高压端，互感器将高电压按比例转换成低电压，一般转换成标准低电压 100 V，二次侧接测量仪表、继电保护仪器等。

电压互感器容量很小且比较恒定，正常运行时接近于空载状态。电压互感器本身的阻抗很小，一旦二次边发生短路，电流将急剧增长而烧毁线圈。为此，电压互感器的一次边接有熔断器，二次边可靠接地，以免一次、二次边绝缘损毁时，二次边出现对地高电位而造成人身和设备事故。电压互感器的实际应用接线图如图 6-12 所示。

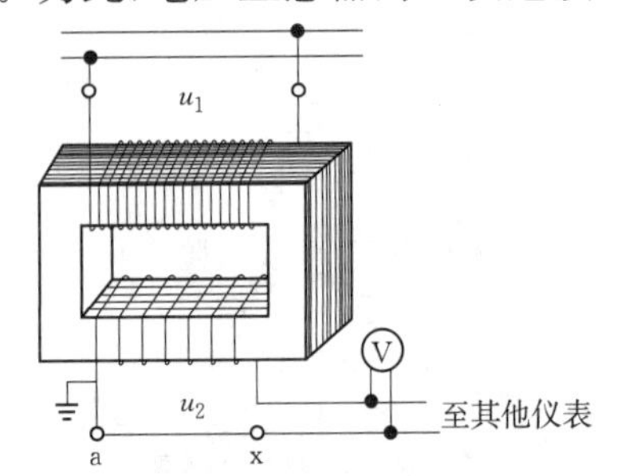

图 6-12　电压互感器接线图

测量用电压互感器一般都做成单相双线圈结构，其一次边电压为被测电压，如电力系统的线电压，可以单相使用，也可以用两台接成 V/V 形作三相使用。实验室用的电压互感器往往是一次边多抽头的，以适应测量不同电压的需要。使用时根据实际电压选择不同级别的电压互感器，要分清表示符号的含义。如互感器变比为10/0.1和35/0.1,表示两台电压互感器的一次电压分别是10 kV、35 kV,二次电压都是100 V。

供保护接地用电压互感器还带有一个第三线圈,称三线圈电压互感器。三相的第三线圈接成开口三角形,开口三角形的两引出端与接地保护继电器的电压线圈连接。正常运行时,电力系统的三相电压对称,第三线圈上的三相感应电动势之和为零。一旦发生单相接地时,中性点出现位移,开口三角形的端子间就会出现零序电压使继电器动作,从而对电力系统起保护作用。

线圈出现零序电压则相应的铁芯中就会出现零序磁通。为此,这种三相电压互感器采用旁轭式铁芯(10 kV及以下时)或采用三台单相电压互感器。对于这种互感器,第三线圈的准确度要求不高,但要求有一定的过励磁特性(即当一次边电压增加时,铁芯中的磁通密度也增加相应倍数而不会损坏)。

4. 电压互感器的接线方案

电压互感器常用的接线方案如图6-13所示。

(1)一个单相电压互感器连接时按图6-13(a)所示的方式接线。

(2)两个单相电压互感器连接时可按图6-13(b)所示接成V/V形,这种连接常用在工厂变配电所的6～10 kV高压装置中。

(3)三个单相电压互感器连接时可按图6-13(c)所示接成Y0/Y0形,这种连接为需要线电压的仪表、继电器等供电,并连接监察电压表。由于小接地电流系统在一次侧发生单相接地时,另外两相电压要升高到线电压,所以不能接入按相电压选择的电压表,否则发生单相接地时可能造成电压表烧坏。

(4)三个单相电压互感器或一个三相五芯柱三线圈电压互感器按如图6-13(d)所示的连接方式接成Y0/Y0/△形,二次线圈给需要线电压的仪器仪表供电。辅助二次线圈接成开口三角形,构成零序电压过滤器,供电给监察线路绝缘的电压继电器。三相电路正常工作时,开口三角形两端的电压接近于零。当某一相接地时,开口三角形两端将出现近100 V的零序电压,使电压继电器动作并发出信号。

5. 电压互感器的主要参数

(1)绕组的额定电压。额定一次电压是指可以长期加在一次绕组上的电压,并在此基准下确定其各项性能。根据其接入电路的情况,可以是线电压,也可以是相电压。其值应与我国电力系统规定的“额定电压”系列相一致。

额定二次电压,我国规定接在三相系统中相与相之间的单相电压互感器为100 V,对于接在三相系统相与地间的单相电压互感器,为$100/\sqrt{3}$(V)。

(2)额定电压变比。额定电压变比为额定一次电压与额定二次电压之比,一般用不约分的分数形式表示。用公式表示为:

$$k_{\mathrm{U}}=\frac{U_1}{U_2}=\frac{N_1}{N_2} \tag{6-6}$$

(3)额定二次负载。电压互感器的额定二次负载,为确定准确度等级所依据的二次负载导纳(或阻抗)值。额定输出容量为在二次回路接有规定功率因数的额定负载,并在额定电压下所输出的容量,通常用视在功率(单位V·A)表示。

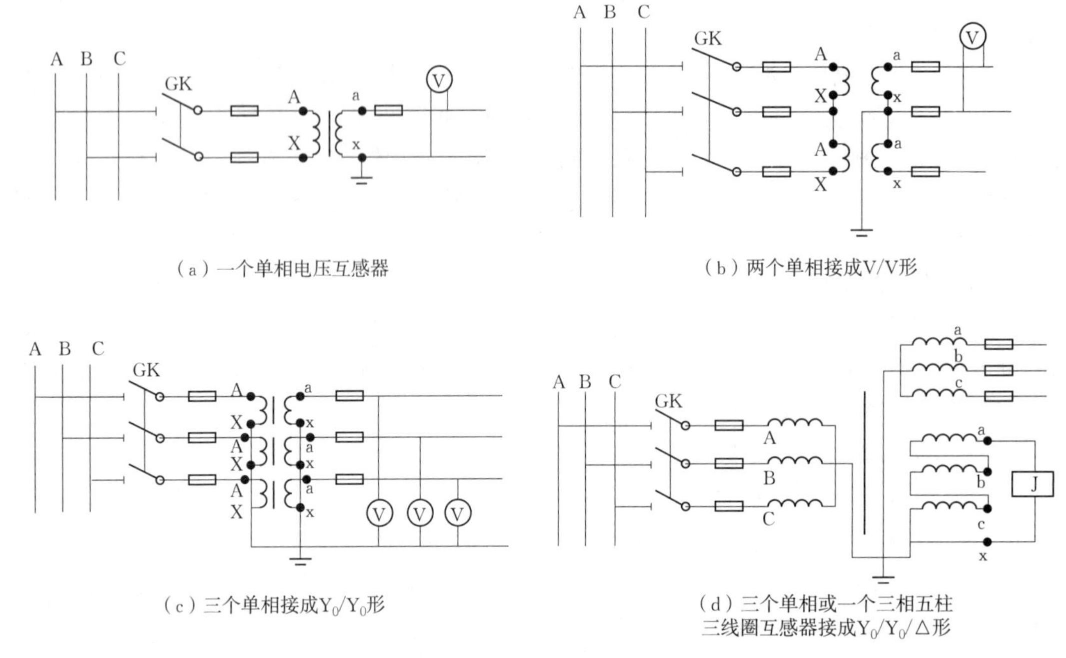

（a）一个单相电压互感器

（b）两个单相接成V/V形

（c）三个单相接成Y_0/Y_0形

（d）三个单相或一个三相五柱三线圈互感器接成$Y_0/Y_0/\triangle$形

图 6-13　电压互感器的接线方案

实际测试中，电压互感器的二次负载常以测出的导纳表示，负载导纳与输出容量的关系为：

$$S=U_2^2Y \tag{6-7}$$

由于U_2的额定值为 100 V，故常可用$S=Y\times10^4$来计算。

（4）准确度等级。由于电压互感器存在着一定的误差，因此根据电压互感器允许误差划分互感器的准确度等级。国产电压互感器的准确度等级有 0.01、0.02、0.05、0.1、0.2、0.5、1.0、3.0、5.0 九级。

0.1 级以上电压互感器，主要用于试验室进行精密测量，或者作为标准用来检验低等级的互感器，也可以与标准仪表配合，用来检验仪表，所以也叫作标准电压互感器。用户电能计量装置通常采用 0.2 级和 0.5 级电压互感器，通常的测量用电压互感器标准准确度等级有五个，分别是：0.1、0.2、0.5、1.0 和 3.0 级。

制造厂在铭牌上标明准确度等级时，必须同时标明确定该准确度等级的二次输出容量，如 0.5 级、50 V·A。

（5）电压互感器的误差。电压互感器的容量很小，通常只有几十到几百伏安，接在二次侧的负荷很小，其二次电压的值接近于二次电势的值，大小决定于一次电压的值。在实际计量中用互感器二次电压U_2与互感器变比k_U的乘积来反映一次电压值。由于励磁电流、绕组电阻及漏抗的存在，变比不是一个常数，使得k_UU_2与一次边的实际电压U_1在数值和相位上都出现差异，产生电压比值误差和相位角误差。

电压互感器二次侧的电压值U_2同变比k_U的乘积与实际电压U_1之差对实际电压U_1的百分比就是比值误差，简称比差。用公式表示为：

$$f_U=\frac{k_U U_2-U_1}{U_1}\times 100\% \tag{6-8}$$

比差是反映互感器性能好坏的重要参数，其值越小说明电压互感器的准确度越高。

一次电压与二次电压相量的相位之差称为角差。用 δ 表示，角差大小一般用分(′)来表示。由于二次电流与一次电流在理论上相位差应该是 180°，但由于角差的存在，其相位差变成 $180°\pm\delta$，当 $-u_2$ 超前于 u_1 时，δ 为正值，反之为负。角差的存在同样影响测量的精度。

测量用电压互感器在额定频率，实际电压为额定电压的 80%～120%，且功率因数为 0.8(滞后)，负荷为额定负荷的 25%～100%条件下，各标准准确度等级的电压误差和相位差应不超过表 6-7 所列限值。

表 6-7 测量用电压互感器的误差限值

准确度等级	比差(±%)	角差(±′)	允许一次电压变化范围	允许一次负荷变化范围
0.1	0.1	5	$(0.8\sim1.2)U_{1N}$	$(0.25\sim1.0)S_N$
0.2	0.2	10		
0.5	0.5	20		
1	1	40		
3	3	不规定		

需要了解的是，保护用电压互感器的准确级与测量用电压互感器不同，保护用电压互感器的准确等级，以该准确级在额定准确限值一次电流下所规定的最大允许复合误差百分数标称，其后标以字母"P"，表示保护。保护用电压互感器的标准准确级有 3P 和 6P。此外，字母 P 后面可能带有数字，例如 3P10，后面的 10 是准确限值系数，3P10 表示当一次电流是额定一次电流的 10 倍时，该绕组的复合误差≤±3%。其误差限值见表 6-8。

表 6-8 保护用电压互感器误差限值

准确度等级	比差(±%)	角差(±′)
3P	3.0	120
6P	6.0	240

(6)极性标志。为了保证测量及校验工作的接线正确，电压互感器一次及二次绕组的端子应标明极性标志。电压互感器一次绕组接线端子用大写字母 A、B、C、N 表示，二次绕组接线端子用小写字母 a、b、c、n 表示。

6. 电压互感器的分类

(1)按使用环境的不同可分为户内式和户外式。35 kV 及以下多制成户内式；35 kV 以上则制成户外式。

(2)按相数不同可分为单相和三相式，35 kV 及以上不能制成三相式。

(3)按绕组数目可分为双绕组和三绕组电压互感器，三绕组电压互感器除一次侧和基本二次侧外，还有一组辅助二次侧，供接地保护用。

(4)按绝缘方式可分为干式、浇注式、油浸式和充气式。干式绝缘胶电压互感器结构简单、无着火和爆炸危险,但绝缘强度较低,只适用于 6 kV 以下的户内式装置。浇注式电压互感器结构紧凑、维护方便,适用于 3 kV～35 kV 户内式配电装置。油浸式电压互感器绝缘性能较好,可用于 10 kV 以上的户外式配电装置。充气式电压互感器用于 SF6 全封闭电器中。

(5)按原理可分为电磁式电压互感器、电容式电压互感器和光电式电压互感器。电容式电压互感器主要由电容分压器、中压变压器、补偿电抗器、阻尼器等部分组成,后三部分总称为电磁单元。若干个相同的电容器串联接在高压相线与地面之间,形成电容分压器,与一次绕组相连接。这种电压互感器广泛用于 110 kV～330 kV 的中性点直接接地的电网中。

(6)根据用途可分为测量用和保护用电压互感器。

(7)根据结构不同可分为单级式电压互感器和串级式电压互感器。单级式电压互感器,一次绕组和二次绕组均绕在同一个铁芯柱上。串级式电压互感器,一次绕组分成匝数相同的几段,各段串联起来,一端子连接高压电路,另一端子接地。

7. 电压互感器的型号

电压互感器型号通常由以下几部分组成,各部分字母,符号表示内容如下:

第一个字母:J—电压互感器。

第二个字母:D—单相;S—三相;C—串级式;W—五铁芯柱。

第三个字母:G—干式;J—油浸式;C—瓷绝缘;Z—浇注绝缘;R—电容式;S—三相;Q—气体绝缘。

第四个字母:W—五铁芯柱;B—带补偿角差绕组。

连字符后的字母:GH—高海拔地区使用;TH—湿热地区使用。

字母后的数字:表示电压等级(kV)。

例如:JDJ-10 表示单相油浸电压互感器,额定电压 10 kV。

当然,随着社会的发展和技术的进步,互感器的类型越来越多,一些厂家生产的电压互感器的型号表示方法已经与通常的表示方法有所不同,还需要在实际中不断学习和掌握。

四、任务实施

1. 电压互感器绕组直流电阻测量

(1)对电压互感器一次绕组,宜采用单臂电桥进行测量。

(2)对电压互感器的二次绕组以及电流互感器的一次或二次绕组,宜采用双臂电桥进行测量,如果二次绕组直流电阻超过 10 Ω,应采用单臂电桥测量。

(3)也可采用直流电阻测试仪进行测量,但应注意测试电流不宜超过线圈额定电流的 50%,以免线圈发热直流电阻增加,影响测量的准确度。

(4)试验接线:将被试绕组首尾端分别接入电桥,非被试绕组悬空,采用双臂电桥(或数字式直流电阻测试仪)时,电流端子应在电压端子的外侧。

(5)换接线时应断开电桥的电源,并对被试绕组短路充分放电后才能拆开测量端子,如果放电不充分而强行断开测量端子,容易造成过电压而损坏线圈的主绝缘,一般数字式直流电阻测量装置都有自动放电和警示功能。

(6)测量电容式电压互感器中间变压器一、二次绕组直流电阻时,应拆开一次绕组与分压电容器的连接和二次绕组的外部连接线,当中间变压器一次绕组与分压电容器在内部连接而无法分开时,可不测量一次绕组的直流电阻。测量时需注意以下两点:

①测量电流不宜大于按绕组额定负载计算所得的输出电流的 20%。

②当线圈匝数较多而电感较大时,应待仪器显示的数据稳定后方可读取数据,测量结束后应待仪器充分放电后方可断开测量回路。

2. 电压互感器绝缘电阻测量

(1)试品温度应在 10~40 ℃之间。

(2)用 2 500 V 兆欧表测量,测量前对被试绕组进行充分放电。

(3)试验接线:电磁式电压互感器需拆开一次绕组的高压端子和接地端子,拆开二次绕组,按图 6-14 所示连接实验线路。

(4)驱动兆欧表达额定转速,或接通兆欧表电源开始测量,待指针稳定后(或 60 s),读取绝缘电阻值;读取绝缘电阻后,先断开接至被试绕组的连接线,然后再将绝缘电阻表停止运转。

(5)断开绝缘电阻表后应对被试品放电接地。

3. 电压变比测量

(1)电压表法(方法一)

待检互感器一次及所有二次绕组均开路,将调压器输出接至一次绕组端子,缓慢升压,同时用交流电压表测量所加一次绕组的电压 U_1 和待检二次绕组的感应电压 U_2,计算 U_1/U_2 的值,判断是否与铭牌上该绕组的额定电压比(U_{1n}/U_{2n})相符,如图 6-14 所示。

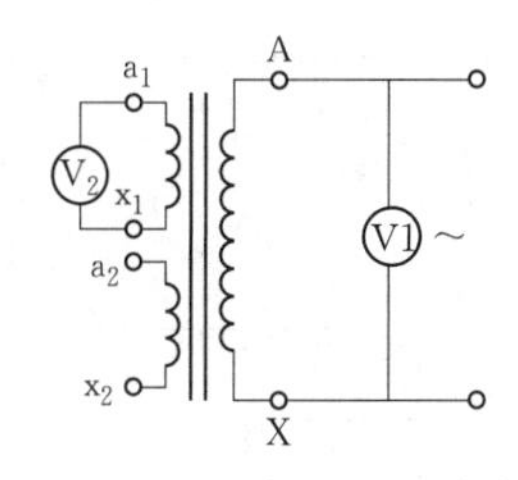

图 6-14 电压表法试验接线图

(2)变比电桥法(方法二)

参照仪器使用说明书进行。将所测数据一次填入表 6-9、表 6-10、表 6-11、表 6-12、表 6-13。

表 6-9 电压互感器信息

相别	型号	出厂编号	额定变比	出厂日期	制造厂
A					
B					
C					

表 6-10 电压互感器绝缘电阻测量值

相别	一次对二次及地(MΩ)	二次对一次及地(MΩ)	二次之间(MΩ)
A			
B			
C			
参考值	≥2 500 MΩ		

表 6-11　直流电阻测量值

相别	一次线圈(kΩ)	二次线圈(Ω)	辅助线圈(Ω)
A			
B			
C			
实例(某C相值)	2.98	0.408 5	0.563 5

表 6-12　电压互感器工频耐压测试

相别	工频 3 kV,1 min	
	耐压测试前一次对地(MΩ)	耐压测试后一次对地(MΩ)
A		
B		
C		
例如	≥2 500 MΩ	≥2 500 MΩ

表 6-13　电压互感器变压比测量

项目 / 相序	一次施加电压	二次实测值	误差%	变比
A				
B				
C				
例如		99.48 V	−0.52%	

五、注意事项

1. 电压互感器在投入运行前要按照规程规定的项目进行试验检查,例如,测极性、连接组别、摇绝缘、核相序等。

2. 电压互感器的接线应保证其正确性,一次绕组和被测电路并联,二次绕组应和所接的测量仪表、继电保护装置或自动装置的电压线圈并联,同时要注意极性的正确性。

3. 接在电压互感器二次侧负荷的容量应合适,接在电压互感器二次侧的负荷不应超过其额定容量,否则,会使互感器的误差增大,难以达到测量的正确性。

4. 电压互感器二次侧不允许短路。由于电压互感器内阻抗很小,若二次回路短路时,会出现很大的电流,将损坏二次设备甚至危及人身安全。电压互感器可以在二次侧装设熔断器以保护其自身不因二次侧短路而损坏。在可能的情况下,一次侧也应装设熔断器以保护高压电网不因互感器高压绕组或引线故障危及一次系统的安全。

5. 其一次额定电压的选择主要是满足相应电网的电压要求,其绝缘水平能够承受电网电压长期运行,承受可能出现的雷击过电压、操作过电压及异常运行方式下的过电压。

6. 其一次额定电压应符合 GB 156—2003《标准电压》所规定的某一标称电压。对于接在三相系统相与地之间或中性点与地之间的单相电压互感器，其额定一次电压为上述额定电压的$\frac{1}{\sqrt{3}}$。对于接于三相系统相间电压的单相电压互感器，二次额定电压为 100 V。对于接在三相系统相与地间的电压互感器，二次额定电压为$\frac{100}{\sqrt{3}}$(V)。

7. 为了确保人在接触测量仪表和继电器时的安全，电压互感器二次绕组必须有一点接地。因为接地后，当一次和二次绕组间的绝缘损坏时，可以防止仪表和继电器出现高电压危及人身安全。

任务3　钳　形　表

一、任务描述

钳形表是可以不需断开电路就可直接测电路交流电流的携带式仪表，在电气检修中使用非常方便，应用相当广泛。

二、任务目标

1. 了解钳形表的工作原理。
2. 了解钳形表的分类。
3. 掌握钳形表的测量方法。

三、相关知识

1. 认识钳形表

钳形表以及如何用钳形表测电流如图 6-15、图 6-16 所示。

图 6-15　常见数字钳形表

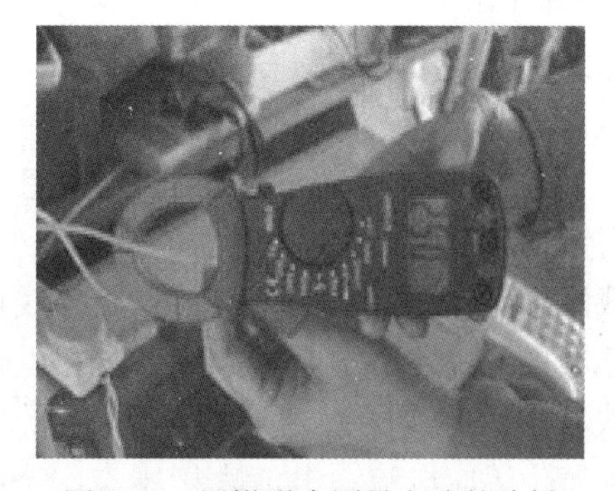

图 6-16　用钳形表测量电脑的功耗

2. 工作原理

钳形电流表简称钳形表。钳形表就是电流互感器的一种。钳形表是集电流互感器与电流表于一身的仪表，其工作原理与电流互感器测电流是一样的。钳形表是由电流互感器和电流表组合而成。其工作部分主要由一只电磁式电流表和穿心式电流互感器组成。穿心式电流互感器铁芯制成活动开口，且成钳形，故名钳形电流表。电流互感器的铁芯在捏紧扳手时可以张开；被测电流所通过的导线可以不必切断就可穿过铁芯张开的缺口，当放开扳手后铁芯闭合。穿过铁芯的被测电路导线就成为电流互感器的一次线圈，其中通过电流便在二次线圈中感应出电流。从而使二次线圈相连接的电流表便有指示，测出被测线路的电流。钳形表是一种不需断开电路就可直接测电路交流电流的携带式仪表，在电气检修中使用非常方便，应用相当广泛。

钳形表的工作原理和变压器一样。初级线圈就是穿过钳型铁芯的导线，相当于 1 匝的变压器的一次线圈，这是一个升压变压器。二次线圈和测量用的电流表构成二次回路。当导线有交流电流通过时，就是这一匝线圈产生了交变磁场，在二次回路中产生了感应电流，电流的大小和一次电流的比例，相当于一次和二次线圈的匝数的反比。钳形电流表用于测量大电流，如果电流不够大，可以将一次导线在通过钳形表时增加圈数，同时将测得的电流数除以圈数。

钳形电流表的穿心式电流互感器的二次边绕组缠绕在铁芯上且与交流电流表相连，它的一次边绕组即为穿过互感器中心的被测导线。旋钮实际上是一个量程选择开关，扳手的作用是开合穿心式互感器铁芯的可动部分，以便使其钳入被测导线。

测量电流时，按动扳手，打开钳口，将被测载流导线置于穿心式电流互感器的中间，当被测导线中有交变电流通过时，交流电流的磁通在互感器二次边绕组中感应出电流，该电流通过电磁式电流表的线圈，使指针发生偏转，在表盘标度尺上指示出被测电流值。

钳形表可以通过转换开关的拨挡，改换不同的量程。但拨挡时不允许带电进行操作。钳形表一般准确度不高，通常为 2.5～5 级。为了使用方便，表内还有不同量程的转换开关供测不同等级电流以及测量电压的功能。

钳形表最初是用来测量交流电流的，但是现在万用表有的功能它也都有，可以测量交直流的许多参数。

3. 钳形表的分类

(1)指针式钳形表

指针式钳形表结构如图 6-17 所示。指针式钳形电流表由电流互感器和电流表组成，互感器的铁芯制成活动开口且成钳形，活动部分与手柄 6 相连。当紧握手柄时，电流互感器的铁芯张开，可将被测载流导线 4 置于钳口中，该载流导线成为电流互感器的一次侧线圈。关闭钳口，在电流互感器的铁芯中就有交变磁通通过，互感器的二次绕组 5 中产生感应电流。电流表接于二次绕组两端，它的指针所指示的电流值与钳入的载流导线的工作电流值成正比，可以直接从刻度盘上读出被测电流值。指针式钳形表的刻度盘与指针式万

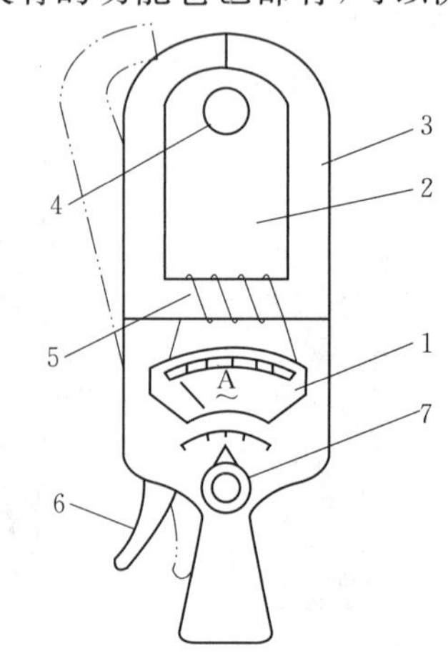

图 6-17　钳形表的构造图

1—电流表；2—电流互感器；3—铁芯；4—被测导线；5—二次绕组；6—手柄；7—量程选择开关

用表的刻度盘基本相似,如图 6-18 所示。

(2)数字式钳形电流表的结构

数字式钳形电流表与指针式钳形电流在外形上的最大差异在于,数字式钳形电流表显示部分采用液晶显示屏,如图 6-19 所示。

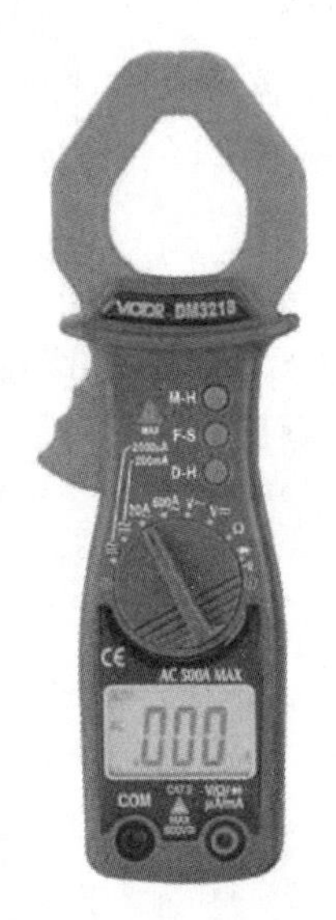

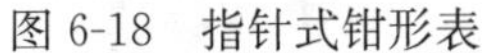

图 6-18 指针式钳形表　　图 6-19 数字钳形表

四、任务实施

1. 测量前的准备

(1)检查仪表的钳口上是否有杂物或油污,待清理干净后再测量。

(2)进行仪表的机械调零。

2. 用钳形电流表测量

(1)估计被测电流的大小,将转换开关调至需要的测量挡。如无法估计被测电流大小,先用最高量程挡测量,然后根据测量情况调到合适的量程。

(2)握紧钳柄,使钳口张开,放置被测导线。为减少误差,被测导线应置于钳形口的中央。

(3)钳口要紧密接触,如遇有杂音时可检查钳口清洁或重新开口一次,再闭合。

(4)测量 5 A 以下的小电流时,为提高测量精度,在条件允许的情况下,可将被测导线多绕几圈,再放入钳口进行测量。此时实际电流应是仪表读数除以放入钳口中的导线圈数。

(5)测量完毕,将选择量程开关拨到最大量程挡位上。

五、注意事项

1. 被测线路的电压要低于钳形表的额定电压。严禁用低压钳形表测量高电压回路的电流。

2. 测高压线路的电流时,要戴绝缘手套,穿绝缘鞋,站在绝缘垫上。

3. 钳口要闭合紧密不能带电换量程。

4. 当电缆有一相接地时,严禁测量。防止因电缆头的绝缘水平低发生对地击穿爆炸而危及人身安全。

5. 观测表计时，要特别留意保持头部与带电部门的安全间隔，人体任何部门与带电体的间隔不得小于钳形表的整个长度。

6. 用高压钳形表测量时，应由两人操纵，非值班人员测量还应填写第二种工作票，测量时应戴绝缘手套，站在绝缘垫上，不得触及其他设备，以防止短路或接地。

7. 测量低压可熔保险器或水平排列低压母线电流时，应在测量前将各相可熔保险或母线用绝缘材料加以保护隔离，以免引起相间短路。

六、知识拓展

1. 数字钳形电流表(图 6-20)的附加功能

(1)二极管导通电压测量；

(2)通断测试；

(3)直流电压测量；

(4)交流电压测量；

(5)电阻测量；

(6)数据保持；

(7)最大值保持；

(8)自动切换量程；

(9)自动关机。

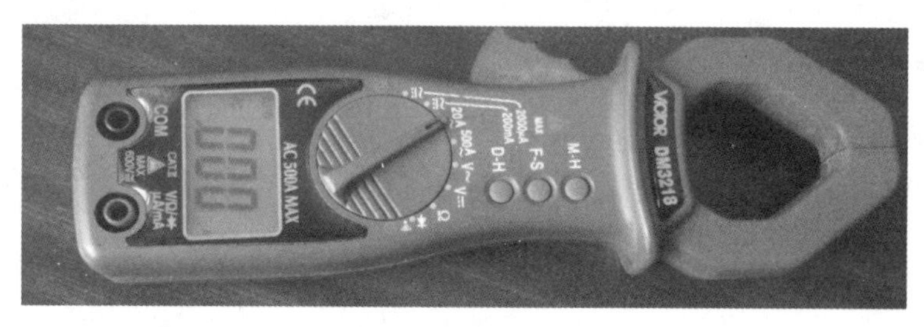

图 6-20　数字钳形表

2. 用数字钳形电流表测量泄漏电流

(1)测量泄漏电流时，除了接地线外应钳在所有导线上，如图 6-21 所示。

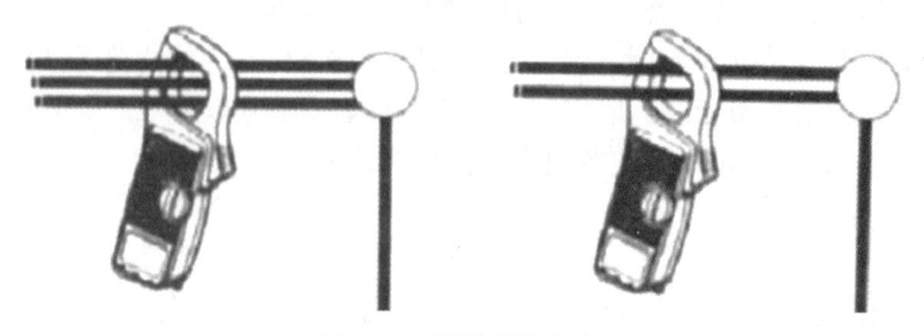

图 6-21　测量泄漏电流

(2)如果被测电路泄漏电流太小，在钳口允许的情况下可将被测载流导线在钳口部分的铁芯上缠绕几圈再测量，然后将读数除以穿入钳口内导线的匝数即为实际泄漏电流值。

巩固练习

一、填空题

1. 电压互感器按使用环境的不同可分为(　　)和(　　)。

2. 电压互感器按相数的不同可分为(　　)和(　　)。

3. 电流互感器按外形可分为(　　)和(　　)。

4. 电流互感器按安装方式可分为(　　)式和(　　)式。

5. 电流互感器的二次侧不允许(　　)运行。

6. 电压互感器的二次侧不允许(　　)运行。

7. 互感器包括(　　)、(　　)。

8. 按工作原理电流互感器分为(　　)、(　　)、(　　)以及(　　)。

9. 电流互感器的接线方式有(　　)、(　　)、(　　)以及(　　)。

10. 电压互感器的接线方式有(　　)、(　　)、(　　)以及(　　)。

11. 一台三相五柱式电压互感器接成(　　)形接线,可用来测量(　　)、(　　),还可用作(　　),广泛用于(　　)系统。

二、判断题

1. 运行中的电流互感器二次绕组严禁短路。(　　)

2. 电流互感器二次绕组可以接熔断器。(　　)

3. 电流互感器相当于空载状态下的变压器。(　　)

4. 运行中的电压互感器二次绕组严禁开路。(　　)

5. 电压互感器的一次及二次绕组均应安装熔断器。(　　)

6. 电压互感器相当于短路状态下的变压器。(　　)

7. 电压互感器二次电压的高低与一次侧电压的高低无关。(　　)

8. 电流互感器的容量,是指二次输出的有功功率,单位为“W”。(　　)

9. 运行中的电流互感器,二次侧负载的串联等效阻抗值不得大于额定值。(　　)

10. 运行中的电流互感器二次电流,不论一次电流的大小,都是5 A。(　　)

11. 电压互感器不论一次电压多高,二次侧额定值均为100 V。(　　)

12. 电流互感器不论一次电流多大,二次侧额定值均为5 A。(　　)

13. 我们把高电压变成低电压的互感器称为电压互感器。(　　)

14. 电流互感器一次侧绕组的接线点是接入不同的导线上,即并联。(　　)

15. 电压互感器一次侧绕组的接线点是与电源、负载相连接,即串联。(　　)

16. 电压互感器按其工作原理可以分为电磁感应原理及电容分压原理。(　　)

17. 电压互感二次侧各测量仪表、继电器等并联等效阻抗不得大于额定值,以保证准确度级次。(　　)

18. 准确度级次为0.5级的电压互感器,它的变比误差限值为±0.5%。(　　)

19. 运行中的电流互感器,二次侧负载的串联等效阻抗值不得大于额定值。(　　)

20. 电流互感器二次绕组允许短接,严禁开路,以保证安全。(　　)

21. 电流互感器的容量，是指二次输出的视在功率，单位为“伏安”。 (　　)

22. 电流互感器发生异常声响，表计指示异常，二次回路有打火现象，应立即停电检查二次侧是否开路并减少负荷进行处理。 (　　)

23. 互感器将线路上的高电压、大电流按一定比例变换成低电压、小电流，能使测量仪表和继电保护装置远离高压，有利于安全。 (　　)

24. 电流互感器的变流比是互感器的二次额定电流与一次额定电流之比。 (　　)

25. 在正常工作负载范围内，电流互感器的二次电流随二次负载的增大而明显减小。 (　　)

26. 互感器的精度用相对误差表示。 (　　)

27. 正常运行时，电压互感器铁芯磁通较大，电流互感器铁芯磁通很小。 (　　)

28. 运行中电压互感器二次侧不能短路；电流互感器二次侧不能开路。 (　　)

三、简答题

1. 使用钳形表时要注意哪些事项？

2. 为什么电流互感器二次回路必须设置保护接地？

3. 电流互感器的作用有哪些？电压互感器的作用有哪些？

4. 什么是电流互感器的变比？一次电流为1 000 A，二次电流为5 A，计算电流互感器的变比。

5. 运行中电流互感器二次侧为什么不允许开路？如何防止运行中的电流互感器二次侧开路？

6. 什么是电流互感器的准确度级？我国电流互感器准确度级有哪些？

7. 运行中的电压互感器二次侧为什么不允许短路？

8. 什么是电压互感器的准确度级？我国电压互感器的准确度级有哪些？各适用于什么场合？

9. 停用电压互感器应注意什么？

10. 使用钳形电流表时，被测的导线应为那种状况？

11. 一般的电流互感器产生误差的主要原因是什么？

12. 一般电流互感器误差的绝对值随着二次负荷阻抗值的增大如何变化？

13. 电流互感器铭牌上所标的额定电压是指什么电压？

14. 电流互感器相当于普通变压器怎样的运行方式？

15. 电流互感器的负荷与其所接一次线路上的负荷大小的关系是什么？

16. 常用什么来扩大电磁系电流表的测量量限？

项目7 电力常用仪器仪表

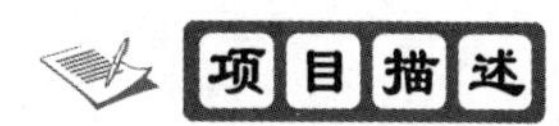

在电力系统中，为了保证电力设备或线缆的正常使用，经常要检测、测量电力设备或线缆的运行状态与相关参数，必然用到检测或测量仪器仪表。一旦发现电力设备或线缆存在故障，可以查出故障类型与故障位置。

通过对本项目的学习，要求掌握电缆故障检测仪、超声波线缆测高仪、核相仪、红外线测温仪的使用方法。

项目要点

1. 掌握电缆故障检测仪的使用方法。
2. 掌握超声波线缆测高仪的使用方法。
3. 掌握核相仪的使用方法。
4. 掌握红外线测温仪的使用方法。

任务1 电缆故障检测仪

一、任务描述

电缆的应用越来越广泛。由于电缆中传递的是电力或电信号，对生产生活至关重要，一旦电缆出现故障，就会影响电力或电信号的传输，进而会对生产生活造成严重影响。所以对电缆故障的检测是非常必要的。

二、任务目标

1. 熟悉电缆故障检测方法。
2. 掌握电缆故障测试仪的使用方法。
3. 培养学生实际动手能力。

三、相关知识

1. 电缆是由一根或多根相互绝缘的导体和外包绝缘保护层制成，将电力或电信号从一处传输到另一处的导线。根据用途的不同，电缆的种类有很多，如电力电缆、控制电缆、补偿电缆、屏蔽电缆、高温电缆、计算机电缆、信号电缆、同轴电缆、耐火电缆、船用电缆、矿用电缆、铝合金电缆等等。

2. 传统的电缆故障检测方法

(1)测量电阻电桥法(图 7-1)

电桥法是利用电桥平衡时，对应桥臂电阻的乘积相等，而电缆的长度和电阻成正比的原理进行测试的。对于电缆短路故障、低阻故障，此方法应用很方便。

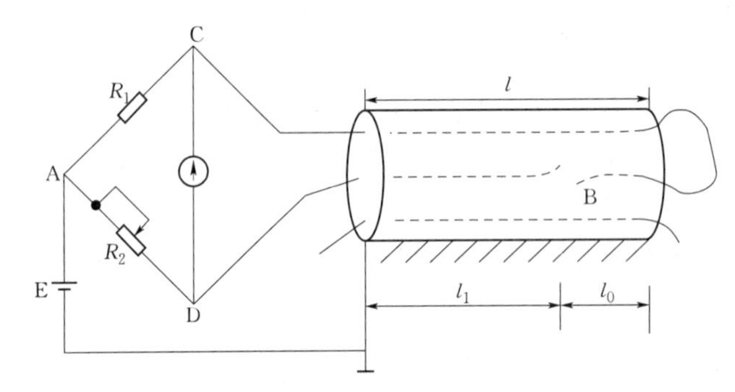

图 7-1　电桥法测电缆故障原理图

(2)低压脉冲反射法

电缆故障的测试是基于电波在传输线中传输时遇到线路阻抗不均匀而产生反向的原理。根据传输线理论，每条线路都有其一定的特性阻抗 Z_c，它由线路的结构决定，而与线路的长度无关。在均匀传输线路上，任一点的输入阻抗等于特性阻抗，若终端所接负载等于特性阻抗，线路发送的电流波或电压波沿线传送，到达终端被负载全部吸收而无反向。当线路上任一点阻抗不等于 Z_c时，电波在该点将产生全反射或部分反射。反射的大小和极性可用反射系数 P 表示，其关系式如下：

$$P=\frac{U_{反}(反射波幅度)}{U_{入}(入射波幅度)}=\frac{Z_o-Z_c}{Z_o+Z_c} \tag{7-1}$$

式中　Z_c——传输线的特性阻抗；

Z_o——传输线反射点的阻抗。

①当线路无故障时，$Z_o=Z_c$，$P=0$，无反射。

②当线路发生断线故障时，$Z_o=\infty$，$P=1$，线路发生全反射，且反射波与入射波极性相同。

③当线路发生短路时，$Z_o=1$，$P=-1$，线路发生负的全反射，反射波与入射波相性相反。

当线路输入一个脉冲电波时，该脉冲便以速度 V 沿线路传输，当 L_x距离遇到故障点后被反射折回输入端，其往返时间为 T，则可表示为：

$$2L_x = VT$$
$$L_x = 0.5VT \tag{7-2}$$

V 为电波在线路中的传播速度，与线路一次参数有关，对每种线路它是一个固定值，可通过计算和仪器实测得到。将脉冲源的发射脉冲和线路故障点的反射波以一显示器实时显示，并由仪器提供的时钟信号可测得时间 T。因此线路故障点的距离 L_x 便可由式(7-2)求得。不同故障时的波形图如图 7-2 所示。

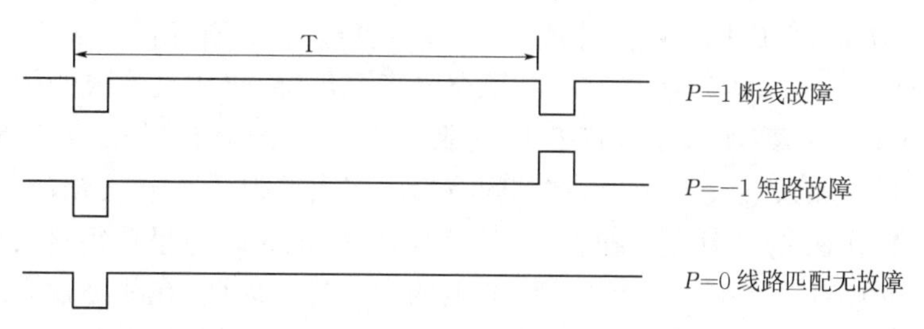

图 7-2　不同故障的反射波形

对电缆的低阻性接地和短路故障及断线故障，脉冲法可很方便地测出故障距离。但对高阻性故障，因在低电压的脉冲作用下仍呈现很高的阻抗，使反射波不明显甚至无反射。此种情况下需加一定的直流高压或冲击高压使其放电，利用闪络电弧形成瞬间短路产生电波反射。

(3)脉冲电压取样法

脉冲电压取样法又称冲击高压闪络法，是一种用于测量高阻泄漏与闪络性故障的测试方法。首先将电缆故障在直流或脉冲高压信号下击穿，然后通过记录放电脉冲在测量点与故障点往返一次所需的时间来测距。脉冲电压法主要有直流高压闪络(直闪法)与冲击高压闪络(冲闪法)两种方法。

①直流高压闪络法

故障电阻极高，尚未形成稳定电阻通道之前，可利用逐步升高的直流电压施于被测电缆。至一定电压值后故障点首选被击穿，形成闪络，利用闪络电弧对所加入电压形成短路反射，反射回波在输入端被高阻源形成开路反射。这样电压在输入端和故障点之间将多次反射，直至能量消耗殆尽为止。故障点距离计算仍可用式(7-2)计算，其中 $T=t_2-t_1$。测试原理线路图如图 7-3 所示，线路的反射波形如图 7-4 所示。理论波形为矩形波，因反射的不完全和线路损耗使实际波形幅度减小和前后变圆滑。

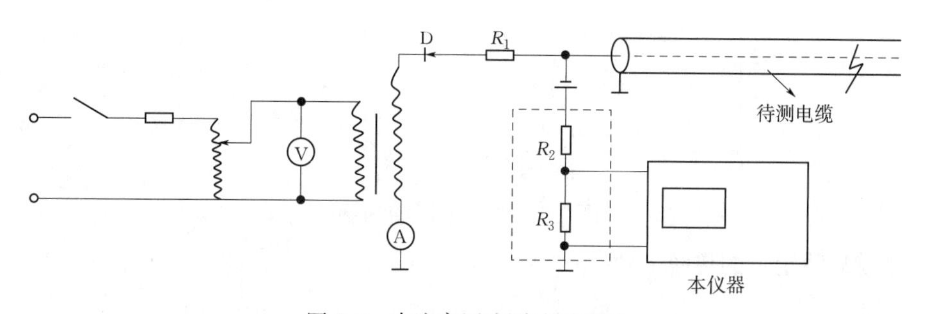

图 7-3　直流高压法测试原理图

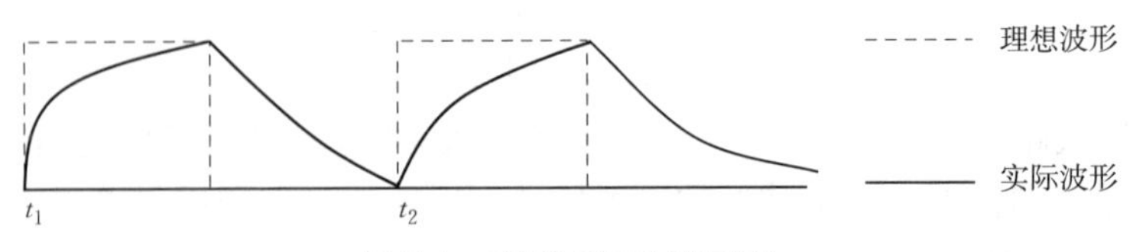

图 7-4　直流高压法波形图

②冲击高压闪络法

当故障电阻降低，形成稳定电阻通道后，因设备容量所限，直流高压加不上去，此时需改用冲击电压测试。直流高压经球间隙对电缆充电直至击穿，仍用其形成的闪络电弧产生短路反射。在电缆输入端需加测量电感 L 以读取回波。其原理线路如图 7-5 所示，电波在故障点被短路反射，在输入端被 L 反射，在其间将形成多次反射。因电感 L 的自感现象，开始由于 L 的阻流作用呈现开路反射，随着电流的增加经一定时间后呈现短路反射。而整个线路又由电容 C 和电感 L 又组成一个 $L—C$ 放电的大过程。因此，在线路输入端所呈现的波过程是一个近于衰减的余弦曲线上迭加着快速的脉冲多次反射波，如图 7-6 所示。从反射波的间隔可求出故障的距离。图 7-6 中，$T+\Delta T \geqslant T$，其中 ΔT 为放电延迟时间。

故障距离
$$L_x = 0.5VT \tag{7-3}$$

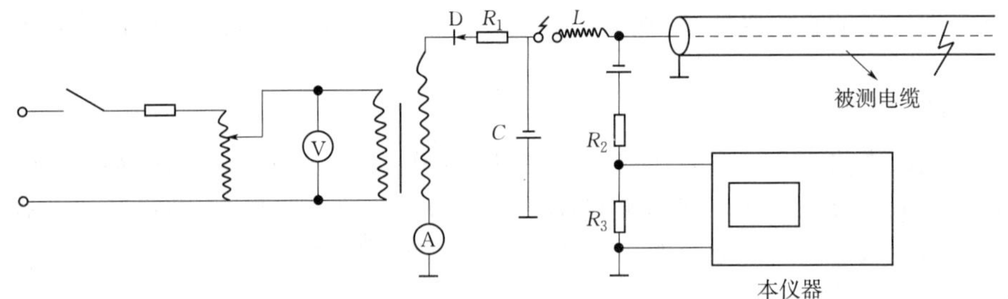

图 7-5　冲击高压法测试原理图

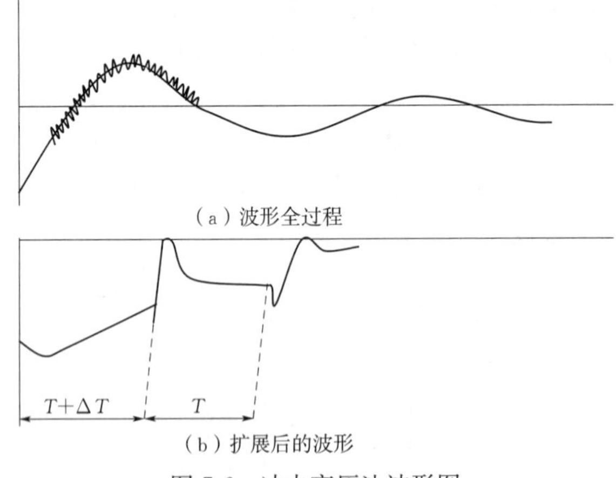

图 7-6　冲击高压法波形图

3. 电缆故障定点的传统方法

(1)声测法

该方法是在对故障点电缆施加高压脉冲使故障点放电时，通过听故障点放电的声音来找出故障点的方法。该方法比较简单方便，但由于外界环境一般很嘈杂，干扰比较大，有时很难分辨出真正的故障点放出的声音。

(2)声磁同步法

这种方法也需对故障电缆施加高压脉冲使故障点放电。当向故障电缆中施加高压脉冲信号时，在电缆的周围就会产生一个脉冲磁场信号，同时因故障点的放电又会产生一个放电的声音信号，由于脉冲磁场信号传播速度比较快，声音传播速度信号比较慢，它们传到地面时测出这个时间差，用仪器的探头在面上同时接收故障点放电产生的声音和磁场信号，测量出这个时间差，并通过在地面上移动探头的位置，找到这个时间差最小的地方，这个探头所在位置的正下方就是故障点的位置。

(3)音频信号法

此方法主要是用来探测电缆的路径走向。在电缆两相间或者金属护层之间(在对端短路的情况下)加入一个音频电流信号，用音频接收器接收这个音频电流产生的音频磁场信号，就能找出电缆的敷设路径；在电缆中间有金属性短路故障时，对端就不许短路，在发生金属性短路的两者之间加入音频电流信号后，音频信号接收器在故障点正上方接收到的信号会突然增强，过了故障点后音频信号会明显减弱或者消失，用这种方法可以找到故障点。这种方法主要用于查找金属性短路故障或距离比较近的开路故障的故障点(线路中的分布电容和故障点处电容的存在可以使这种较高频率的音频信号得到传输)。对于故障电阻大于几十欧姆的短路故障或距离比较远的开路故障，这种方法不适用。

(4)跨步电压法

此方法主要是通过故障相和大地之间加入一个直流高压脉冲信号，在故障点附近用电压表检测放电时两点间跨步电压突变的大小和方向，来找到故障点的方法。这种方法的优点是可以指示故障点的方向，对测试人员的指导性较强，但此方法只能查找直埋电缆外皮破损的开放性故障，不适用于查找封闭性的故障或非直埋电缆的故障，同时，对于直埋电缆的开放性故障，如果在非故障点地方有金属护层外的绝缘层被破坏，使金属护层对大地之间形成多点放到通道时，用跨步电压法可能会找到很多跨步电压突变的点，这种情况在 10 kV 及以下等级的电缆中比较常见。

4. HT-TC 型电缆故障智能测试仪(图 7-7)

HT-TC 型电缆故障智能测试仪是以微处理器为核心，控制信号的发射、接收及数字化处理过程，能对电缆的高阻闪络故障，高低阻性的接地，短路和电缆的断线，接触不良等故障进行测试，若配备声测法定点仪，可准确测定故障点的精确位置。特别适用于测试各种型号、不同等级电压的电力电缆及通信电缆。

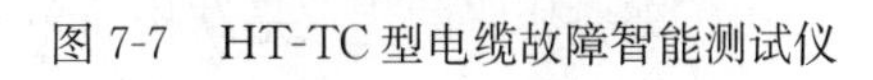

图 7-7　HT-TC 型电缆故障智能测试仪

四、任务实施

以低压脉冲法为例介绍电缆故障检测仪使用方法(图 7-8)。

(1)仪器正常状态的检查

使用仪器前，可按以下步骤，检查仪器是否正常工作。

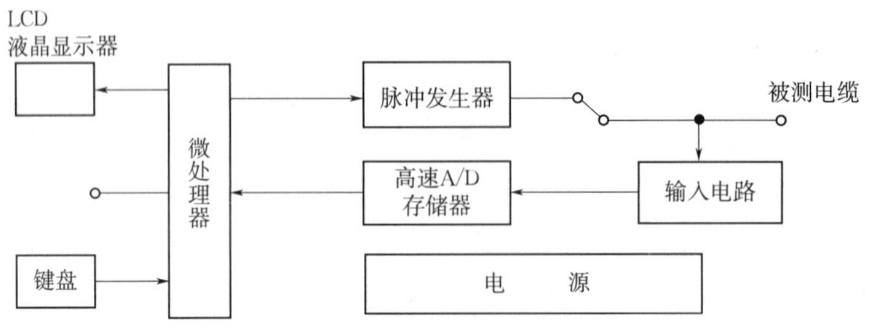

图 7-8　HT-TC 型电缆故障测试仪工作原理图

①脉冲触发工作状态下，按下电源开键，液晶显示屏上将显示仪器主视窗口，宣传品上有故障距离、波速、测量范围，比例等字样及数据。

②按面板“?”键，仪器中间位置的活动光标将会移动，此时，故障距离数据相应变动。

③调节增益电位器，仪器屏上显示的波形幅度将会增大或减小。改变测量范围，仪器显示屏上测量范围和发射脉冲宽度将发生相应变化，至此，表明仪器工作正常。

(2)将面板上触发工作方式开关置于“脉冲”位置。

(3)将测试线插入仪器面板上输入插座内，再将测试线的接线夹与被测电缆相连。若为接地故障应将黑色夹子与被测电缆的地线相连。

(4)断开被测电缆线对的局内设备。

(5)搜索故障回波及判断故障性质。使仪器增益最大，观察屏幕上有无反射脉冲，若没有，改变测量范围(按下测量范围键，每按一次，范围增大一倍)，每改变一挡范围并观察有无反射脉冲，一挡一挡地搜索并仔细观察，至搜索到反射脉冲时为止。故障性质由反射回波的极性判断。若反射脉冲为正脉冲，则为开路断线故障，若反射脉冲为负脉冲，则为短路或接地故障。

(6)距离测试，按增益控制键“▲或▼”使反射脉冲前沿最徒。然后按光标移动键“◀或▶”三秒左右快速移动，光标自动移至故障回波的前沿拐点处自动停下，此时屏幕上方显示的距离即为故障点到测试端的距离。由于电波在不同结构的电缆上的传播速度是不同的，因此，在测试各种不同型号的电缆时，必须高速适应该电缆传输的波速值。为了提高精度，可改变波形比例，将波形扩展后，按上述方法进行精确定位。

任务 2　超声波线缆测高仪

一、任务描述

由于架空线路的优点是结构简单、架设方便、投资少、传输容量大、散热条件好、维护方便，在电能和信号传输中得到广泛应用。架空线在架设和使用时，需要与地面或建筑物保持一定的距离，若采用传统米尺、绝缘棒或绝缘绳子等传统测量工具，很不方便。若测量电力架空线高度，测距时距离架空线太近，会发生触电事故。若测量信号线缆高度，如果因操作不当造成通信线路故障，会使通信中断。所以需要对传统线缆测高的方法进行改进。

使用超声波线缆测高仪时，线路维修工不需要接触电力(通信)架空线，瞬时完成，取代了使用绝缘棒或绝缘绳子测量的旧方法。特别是对新架设线路和电网改造时线路的对地安全距离和线间交叉跨越的测量，是线路维修工提高工作效率和安全生产的理想工具。

二、任务目标

1. 熟悉超声波测距原理。
2. 掌握超声波线缆测高仪的使用方法。
3. 培养学生实际动手能力。

三、相关知识

1. 超声波测距原理(图 7-9)

超声波测距原理是在超声波发射装置发出超声波，根据接收器接到超声波时的时间差，与雷达测距原理相似。超声波发射器向某一方向发射超声波，在发射时刻的同时开始计时，超声波在空气中传播，途中碰到障碍物就立即返回来，超声波接收器收到反射波就立即停止计时。(超声波在空气中的传播速度为 340 m/s，根据计时器记录的时间 t，就可以计算出发射点距障碍物的距离(s)，即：$s=340\times t/2$)。超声波指向性强，在介质中传播的距离较远，因而超声波经常用于距离的测量。

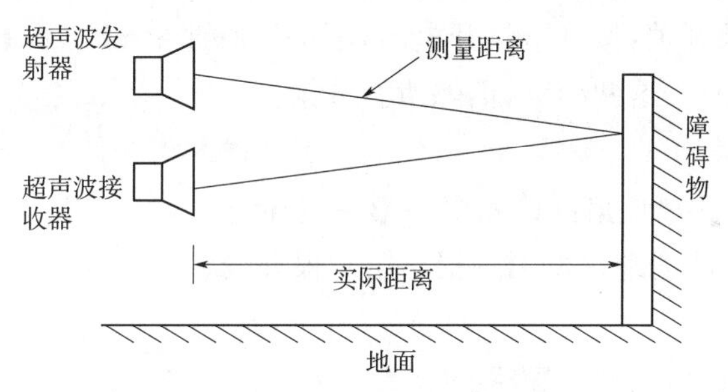

图 7-9　超声波测距原理图

声波线缆测高仪是应用超声波反射来实现高度测量的，测量时，超声波线缆测高仪向上方被测量的导线以 15 ℃波束发射超声波，波束到达导线后反射，仪器接收反射波后，根据超声波在空气中的传播速度，就能计算出波束行程的距离。

2. 欧尼卡 Onick 线缆测高仪 6000E

欧尼卡 Onick 线缆测高仪 6000E(图 7-10)，采用非接触式测高方式，瞬间读取测量值。

线缆测高仪基本特性如表 7-1 所示。

①采用超声波测量原理。

②同时测量 6 根线缆高度。

③测量线缆与线缆之间的距离。

④适用不同用途线缆。

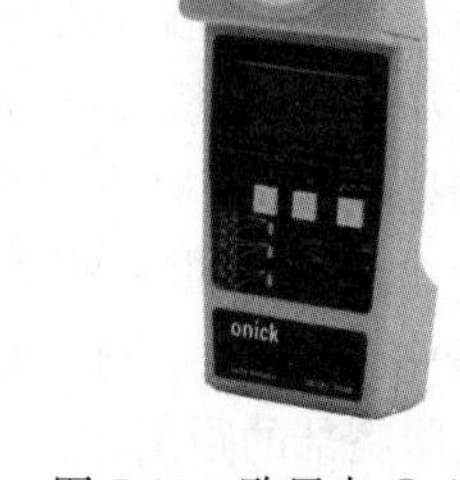

图 7-10　欧尼卡 Onick 线缆测高仪 6000E

⑤测量室内墙体、电杆、变压器及其他物体的距离。

⑥体积小、携带方便、具有自校验功能。

表 7-1　欧尼卡 Onick 线缆测高仪 6000E 相关技术参数与相应技术指标

技术参数	技术指标
测量范围(电缆最小直径 30 mm)	3～35 m
测量范围(电缆最小直径 15 mm)	3～15 m
测量范围(电缆最小直径 8 mm)	3～12 m
测量范围(电缆最小直径 4 mm)	3～10 m
测量分辨率(测量范围＜10 m)	5 mm
测量分辨率(测量范围＞10 m)	10 mm

四、任务实施

1. 功能键说明

(1)R 阅读键:依次读取所测第一根～第六根导线的读数。

(2)M 测量键:按一下即完成全部测量功能。

(3)Auto/Off 电源开关:按一下打开电源,不按任何键 3 min 后,电源自动关闭。

(4)R 和 M 键:同时按这两个键,消除所有数据。

2. TOP/BTM 开关

(1)在 TOP 位置,测离地最高第六根～第一根导线。

(2)在 BTM 位置,测离地最低第一根～第六根导线。

3. Mea/Cal 开关

(1)在 Mea 位置,仪器测架空导线。

(2)在 Cal 位置,仪器测室内距离或其他大物体的距离,也可以测标准物体的距离,作为检验仪器精度的依据。

4. 操作步骤

(1)打开 ON 键。

(2)站在导线下方与导线平行位置。

(3)等显示屏温度值与大气温度一致。

(4)如果测导线高度,把 Mea/Cal 开关定到 Mea 位置,如果测离地最低第一根～第六根导线,把 TOP/BTM 开关定到下挡,如果测离地最高至第一根导线,把该开关定到上挡。

(5)两手水平握稳测高仪(至腰间部位、严禁置放于地面),按下 M 键,约 2～3 s 后松开。

(6)按 R 即显示测量值。如 TOP/BTM 开关在下挡,显示屏按顺序显示离地最近的导线与仪器底部的距离,第一根线与第二根线的距离,第三根线与第二根线的距……(注意:测量导线的数量不超过六根)。如 TOP/BTM 开关在上挡,显示屏按顺序显示离地最高的导线与仪器底部的距离,第六根导线与第五根导线的距离,第五根导线与第四根导线的距离……(注:该值前面有“—”符号,表示负值),其余依次类推。

(7)同时按 R 和 M 键,清除所有数据。

任务3　核　相　仪

一、任务描述

对于新建、改建、扩建的变电所和输电线路,以及在线路检修完毕、向用户送电前都必须进行三相电路核相试验,以确保输电线路相序与用户三相负载所需求的相序一致。

二、任务目标

1. 熟悉核相方法。
2. 掌握核相仪的使用方法。
3. 培养学生实际动手能力。

三、相关知识

核相是指电力系统电气操作中用仪表或其他手段核对两电源或环路相位、相序是否相同。也就是在实际电力系统中,对相位差的测量。

1. 传统核相方法

传统方法是使用单相电压互感器核相,接线如图 7-11 所示。当电源点同相时,电压互感器二次电压应近似为零;当电源点异相时,单相电压互感器二次电压应近似为 100 V。

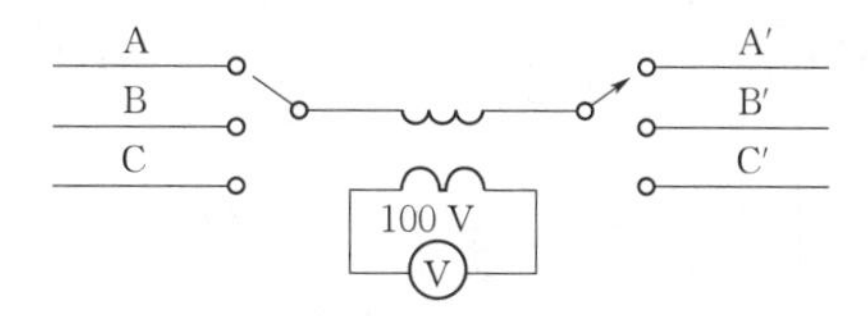

图 7-11　单相电压互感器核相原理图

2. FRD-10 高压核相器(图 7-12)

FRD-10 高压核相器可分别用于 6 kV、10 kV 电力系统,确定两个电网(发电机组)相位是否相同,以便确定并网。

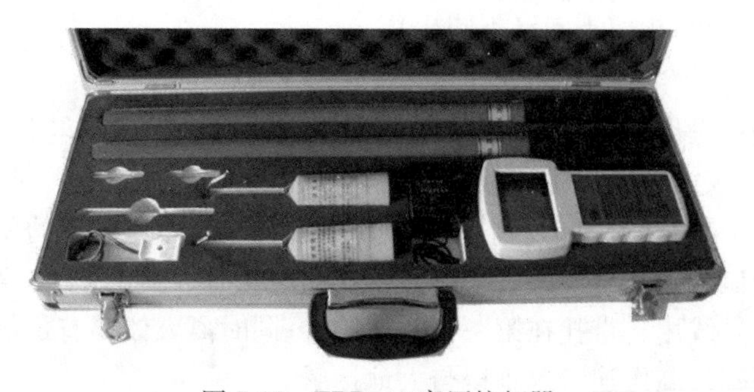

图 7-12　FRD-10 高压核相器

四、任务实施

以 FRD-10 高压核相器为例介绍核相仪的使用方法。

1. 检查仪器是否正常

表计正常显示，发射与绝缘杆连接指示灯亮，绝缘杆收缩自如。用万用表或摇表检测衰减部件阻值是否符合表 7-2。

表 7-2 FRD-10 高压核相器衰减部件阻值

额定电压(kV)	衰减部件		有效长度(m)	握手长度(m)	全长(m)
	长度(m)	阻值(MΩ)			
6～10	0.55～0.7	36～50	0.8	0.8	1.6

2. 到达需要核相场所

(1)按图 7-13 所示接线。核相操作应由三人进行，两人操作，一人监护。且必须逐相操作，逐一记录。操作人先将其中一个发射装置挂在电网导电体上，然后另一发射装置与同一相导电体接触，此时仪器显示结果中的相位角应小于 30°，同时语言提示："相位相同"(同相)。

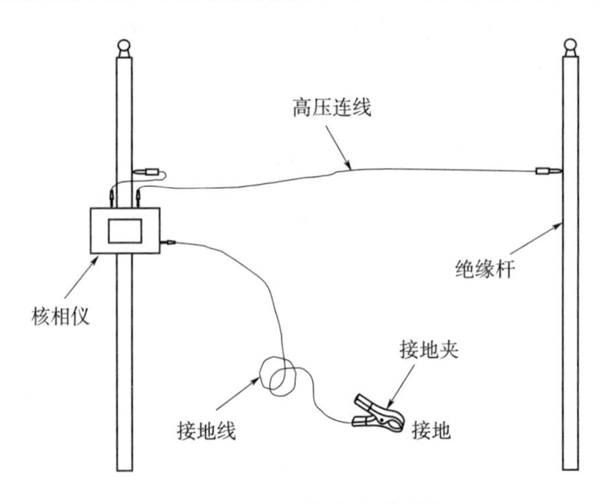

图 7-13 核相仪核相接线图

(2)然后将其中一发射装置与同一电网另一相导电体接触，此时相位角应在 120°左右，同时语言提示："请注意，相位不同"(不同相)。

3. 注意

特别注意的是在操作时，人体不得接触核相仪、高压连线，人体与核相仪要保持 2.1 m 的安全距离(将核相仪放在第二根连接杆上端)，接地线要可靠接地。同时人体与高压连线也要保持足够的安全距离(2.1 m)(请严格按照核相仪试验操作规程的要求进行操作)。连接两根测试竿的测试线为普通 220 V 导线，在核相时人体不得接触或近距离接触该导线。使用时应将过长的导线用扎带扎在第一根测试竿上，同时离人体要有足够的安全距离(请参照高压电器操作规程)，高压连线也不得与大地接触。

任务 4　红外线测温仪

一、任务描述

电力设备在使用过程中，电流的热效应会使电力设备的整体或局部温度升高。为了保证电力设备的温升不超过设备本身所能承受的极限值，就要对电力设备进行测温。其次，对于正在运行的高压设备，为了保证测量人员的安全，不能靠近高压设备，此时，就要对高压设备进行远距离测温，以便了解电气设备的运行状况。

二、任务目标

1. 熟悉测温方法。
2. 掌握红外线测温仪的使用方法。
3. 培养学生实际动手能力。

三、相关知识

1. *温度测量方法*

从最初的接触式测温，到现在应用广泛的非接触式红外线测温仪器，温度测量方式不断发展，但最常用温度测量方式还是 4 种，即热电阻测温、热电偶测温、红外线测温仪测温和红外热像仪测温。其中前面两种属接触试测温，后两种属非接触式测温。下面简单介绍这 4 种测温方法。

(1)热电阻测温

热电阻测温比较常见的是热敏电阻，它本身是通过阻值的改变来反映温度，其精度高，性能好，成本低，在工业和实验室有着广泛的应用。其缺点是检测时需与被测介质充分接触，并要有足够的时间进行热交换，温度响应慢，而且测温范围窄，且只适合低温段测量。

(2)热电偶测温

热电偶是将温差的变化转换成电压信号，通过电压信号来反映温度。热电偶测温时与热电阻一样，也要与被测介质直接接触，它的测温范围比热电阻广，但是用热电偶进行测温时，要使用补偿导线进行冷端温度补偿，造价比较高。

(3)红外线测温仪测温

红外线测温仪是一种非接触式测温仪器，它是通过探测被测物辐射的红外能量来确定被测物的温度的，相比接触式测温的热电阻或热偶，红外线测温仪不需要与被测物进行热交换，因此响应速度快，不仅如此，红外线测温仪的测量范围也比接触式测温设备广。但其缺点是测温视场不能有遮挡。

(4)红外热像仪测温

红外热像仪的测温理论基础与红外测温仪一样。如果说红外线测温仪是测量一个“点”的温度，那么红外热像仪就是测量其视场内一个面的温度；红外线测温仪只显示测量光斑内的平均温度值，而红外热像仪是将一个面的温度数据生成一幅热图来显示。相对于红外测温仪而言，红外热像仪更能反映被测物的实际温度信息，直观，准确，功能丰富。

2. HT305 型手持式红外测温仪（图 7-14）

HT305 型手持式红外测温仪，所使用的原理是将物体发射的红外线具有的辐射能转变成电信号，红外线辐射能的大小与物体本身的温度相对应，根据转变成电信号大小，可以确定物体的温度。HT305 型手持红外测温仪由光学系统、光电探测器、信号放大器及信号处理、显示输出等部分组成。

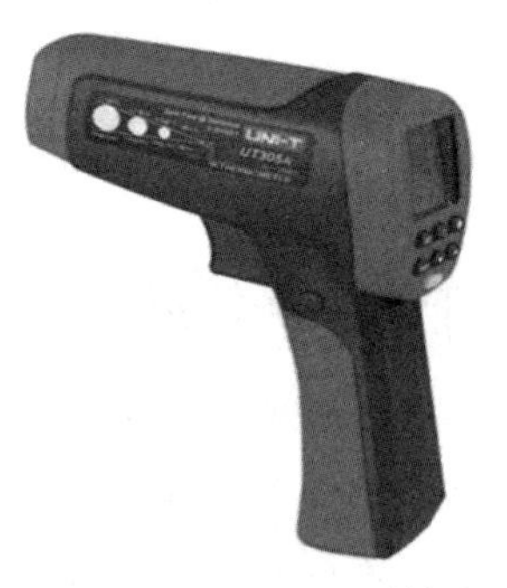

图 7-14　HT305 型手持式红外测温仪

四、任务实施

以检测保险丝和保险座接点温度为例介绍 HT305 型手持式红外测温仪使用方法。

（1）找出热点或冷点

要找出热点或冷点，将测温仪瞄准目标区域之外。然后，缓慢地上下移动以扫描整个区域，直到找到热点或冷点为止，如图 7-15 所示。

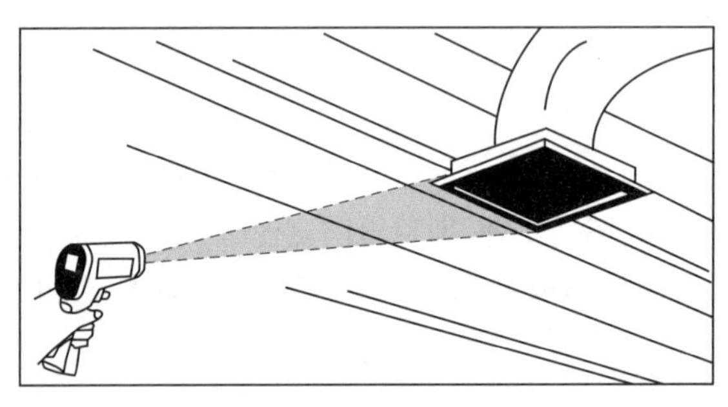

图 7-15　找出热点或冷点

（2）距离与光点尺寸

随着与被测目标距离（D）的增大，仪器所测区域的光点尺寸（S）变大。光点尺寸表示 90%圆内能量。当测温仪与目标之间的距离为 1 000 mm，产生 20 mm 的光点尺寸时，即可取得最大 $D:S$，如图 7-16 所示。

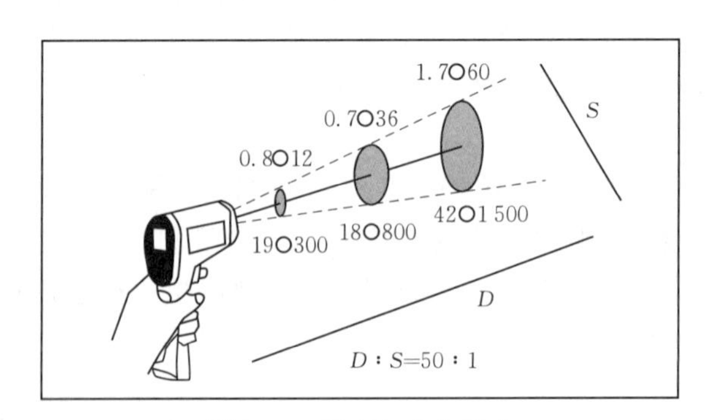

图 7-16　距离与光点尺寸

（3）视场

要确保目标大于光点的大小。目标越小，则应离它越近（图 7-17）。

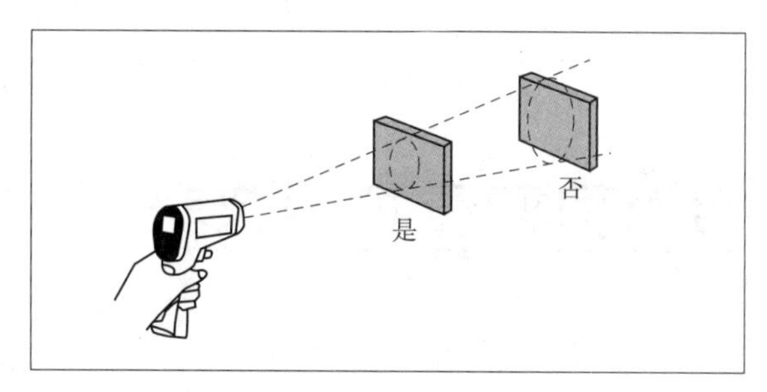

图 7-17　视场

(4)发射率

发射率表征的是材料能量辐射的特征。大多数有机材料和涂漆或氧化处理表面的发射率大约为 0.95。如果可能，可用遮蔽胶带或无光黑漆(<150 ℃)将待测表面盖住并使用高发射率设置，补偿测量光亮的金属表面可能导致的错误读数。等待一段时间，使胶带或油渍达到与下面被覆盖物体的表面相同的温度，测量盖有胶带或油漆的表面温度。如果不能涂漆或使用胶带，可使用发射率选择器来提高测量准确度。即使是使用发射率选择器，对带有光亮或金属表面的目标也很难取得完全准确的红外测量值。

(5)按 SET 键，然后按▼/▲键将发射率设置为较高值，用于用纸包覆的熔丝体或绝缘接头。

(6)按黄色键选择 MAX(最大值)。

(7)扫描熔丝用纸包覆的全长。

(8)松开扳机，扫描每根熔丝。熔丝之间的温度不均等可能表明电压或安培度不平衡。

(9)按 SET 键，然后按▼/▲键将发射率设置为较低值，用于金属熔丝密封盖和不绝缘保险座接点。

(10)按黄色键选择 MAX(最大值)。

(11)扫描每根熔丝上的每个密封盖。

注：温度不均等或高温表明松脱或熔丝保险座弹簧夹的接点被侵蚀。

巩固练习

1. 电缆故障检测方法有哪些？
2. 简述超声波测距的基本原理。
3. 为什么要对电力系统进行核相？
4. 温度测量有哪些方法？

项目8 · 接触网测量仪器仪表

项目描述

接触网作为牵引供电系统重要组成部分，主要保证机车安全稳定运行，为铁路运营保驾护航。接触网运行维护离不开各种仪器仪表的实时测量监控，通过本项目学习熟练掌握高斯仪、激光测量仪、接触网磨耗测量仪、氧化锌避雷器带电测试仪等，主要用来测量地磁感应器、接触线电阻、导高、拉出值等接触网参数，这些仪器具有结构简单、稳定可靠和维修方便等一系列优点，经常用于接触网线路测量和断线抢修中。

项目要点

1. 激光测量仪的测量与使用。
2. 高斯测量仪的测量与使用。
3. 氧化锌避雷器的使用。
4. 接触网导线磨耗测量仪的使用。

任务1　激光接触网测量仪

一、任务描述

激光接触网检测仪主要应用于接触网工区、供电段等，仪器采用红色半导体激光测距技术，对接触网导高、拉出值、线岔中心、锚段关节、超高及红线等14个几何参数进行准确、快速测量。是电气化铁路接触网几何参数测量的专用仪器，在铁路部门得到了广泛应用。

二、任务目标

1. 熟悉激光接触网检测仪的构造及原理。
2. 掌握激光接触网检测仪的使用方法。
3. 培养学生实际动手能力。

三、相关知识

1. 测量原理

系统的数据采集部分由主机和测量架两部分组成。参数测量时，先根据放置标准将测量架卡在钢轨上，主机卡在测量架固定座上，形成一个以钢轨面和钢轨中心为基准的测量平台。测量过程中，旋转主机，或前后移动测量架，使激光点打在目标测量点中心，按"测量键"即完成测量工作。在仪器内部，主机会根据键盘指令调动激光测距模块，光栅测角模块和内部各种传感器分别测量距离和角度，距离，水平，位移数据，按照一定的公式计算参数结果，最终在显示屏上输出导高、拉出值、轨距、水平等几何参数，同时存储测量数据。接触网集合参数原理示意图如图 8-1 所示。

2. 激光接触网检测仪的整体光机设计结构

系统的上位机和下位机都是 51 单片机及其外设组成的数据处理系统。下位机利用位移、水平、光栅、脉冲激光等传感器和测量模块采集数据，然后把处理后的数据传到上位机系统。上位机实现导高、拉出值、超高、轨距线岔等计算。其原理框图如图 8-2 所示。

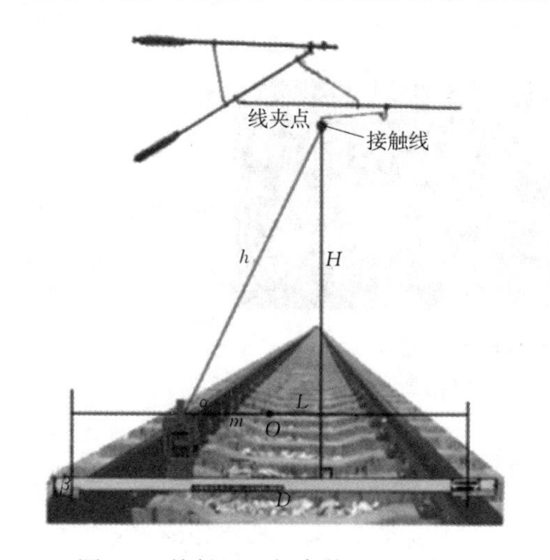

图 8-1　接触网几何参数原理示意图

注：O 为线路中心点

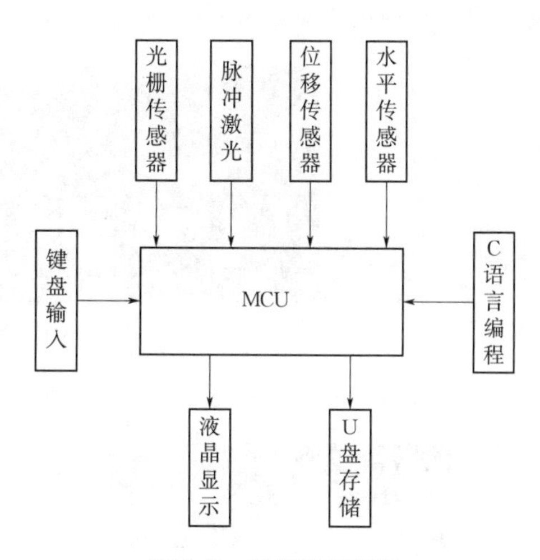

图 8-2　系统原理框图

3. 激光接触网检测仪四大组成部分

(1)激光测距仪

经过连续脉冲调制，使激光以脉冲形式发射，并通过光学系统发射至输电导线，漫反射回至激光探测器，激光信号通过解调、放大、整形处理后输至数字检相电路，调制光带回的数字信息，通过微处理电路可精确计算出导线到铁轨面的距离。

(2)光栅测角仪

光栅模型、结构示意图如图 8-3 所示。

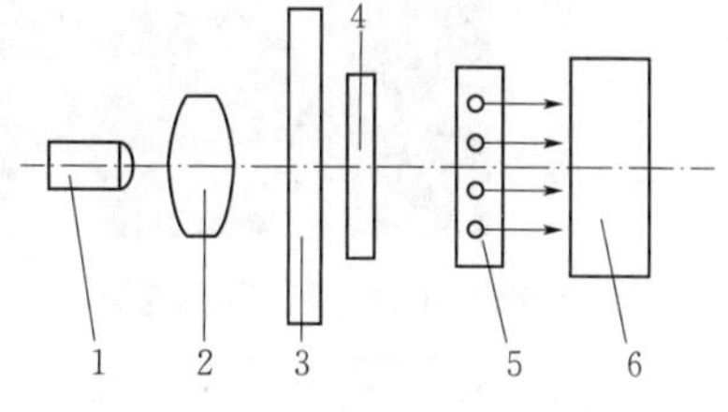

图 8-3　光栅结构示意图

1—光源；2—透镜；3—标尺光栅；4—指示光栅；5—光电元件；6—处理电路

(3)水平传感器

倾角传感器可以非常精确的将所在面的倾角值(或者倾角的正弦值)以电信号输出,不同的倾角值表现为输出电信号的强弱不同。因为我们的仪器要求稳定性非常好,具有一定的抗震动能力,所以我们选择固体倾角传感器。

(4)位移传感器

根据铁路轨距的变化规律,轨距一般变化范围不会超过 70 mm,我们选用变化范围为 75 mm 的直线位移传感器。轨距测量原理示意图如图 8-4 所示。

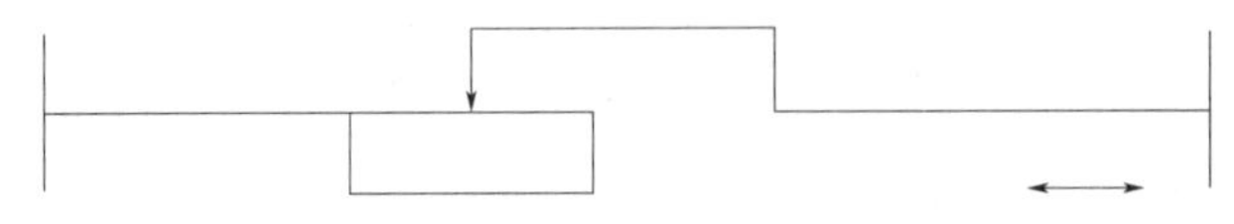

图 8-4 轨距测量原理示意图

4. DJJ-8 激光接触网检测仪

DJJ-8 激光接触网检测仪引进国际尖端精密仪器的机械设计结构;采用了高精度传感器;秉承 DJJ 系列人性化设计,应用于全国路局、中国铁建、中国中铁、大秦铁路、神华集团等多家单位,实物如图 8-5、图 8-6 所示。

图 8-5 DJJ-8 激光接触网检测仪

按键功能(图 8-7)说明:

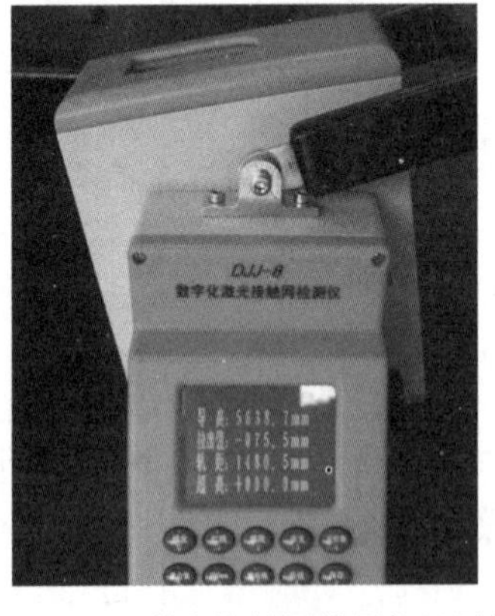

图 8-6 DJJ-8 激光接触网检测仪显示界面

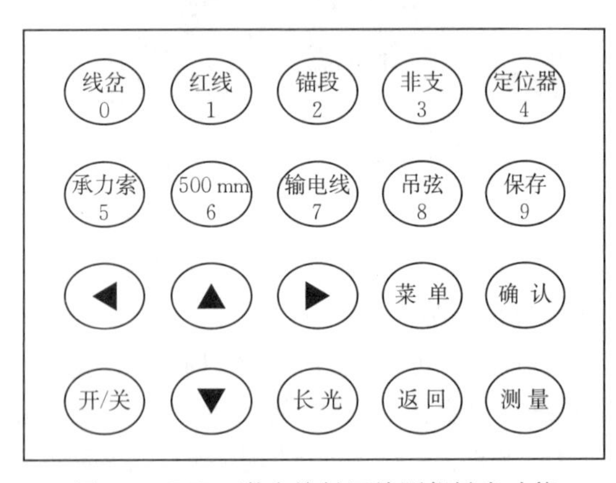

图 8-7 DJJ-8 激光接触网检测仪键盘功能

(线岔 0):在正常测量状态下,该键的功能为进入线岔测量模式,测量岔心的导高、偏离值;在数字输入状态下,为数字 0。

(红线 1):在正常测量状态下,该键的功能为进入红线测量模式,测量红线标高和侧面限界;在数字输入状态下,为数字 1。

(锚段 2):在正常测量状态下,该键的功能为进入锚段关节测量模式,测量锚段关节的抬高和偏离;在数字输入状态下,为数字 2。

(非支 3):在正常测量状态下,测量该键的功能为进入非支测量模式,测量非支的抬高和偏离;在数字输入状态下,为数字 3。

(定位器 4):在正常测量状态下,该键的功能为进入定位器坡度测量模式;在数字输入状态下,为数字 4。

(承力索 5):在正常测量状态下,该键的功能为进入承力索高差测量模式,测量承力索和接触线的高度差;在数字输入状态下,为数字 5。

(500 mm 6):在正常测量状态下,该键的功能为进入 500 mm 处高差测量模式;在数字输入状态下,为数字 6。

(输电线 7):在正常测量状态下,该键的功能为进入输电线高差测量模式,测量接触线与上方输电线的高度差;在数字输入状态下,为数字 7。

(吊弦 8):在正常测量状态下,测量该键的功能为进入自由测量模式,测量被测目标的垂直距和水平距;在数字输入状态下,为数字 8。

(保存 9):在正常测量状态下,测量该键的功能为保存当前所测量数据,需要输入杆号;在数字输入状态下,为数字 9。

(菜 单):进入菜单界面,进行数据回看、内存管理、数据导出、参数设置等操作。

(▲):在正常测量状态下,该键的功能为"隧道设置",输入相应隧道代号后,显示屏标记"s+代号",表示进入隧道数据测量,再按一次结束隧道参数测量;在菜单界面下,该键的功能为光标上移;在需要进行分步测量时,该键的功能为"重测该点"。

(▼):在正常测量状态下,该键的功能为"线路信息设置",输入相应得线路信息代号后按"确认"键记录线路信息。在超高修正中,为切换正负号。

(◀):在正常测量状态下,该键的功能为"超高修正"。根据需要输入设计超高,将测量结果换算成设计超高状态下的接触网参数。

(▶):在正常测量状态下,该键的功能为拉出值和超高正负号基准切换,仪器默认情况下,以线路左侧为基准:拉出值偏左为正,水平右轨比左轨高为正。切换到以右为基准时数据界面标记“右”;在数字输入状态下,该键的功能为删除。

(确认):相当于计算机上的“ENTER”键。

(开/关):软开机键。

(长光):在正常测量状态下,按下该键仪器会发出一束指示激光。同时该键具有从数据显示界面到图像瞄准界面的切换功能。

(返回):在正常测量状态下,用于从数据显示界面到图像瞄准界面的切换。在设置或进入分步测量的状态下,该键的功能为退出(分步测量时若中断测量,前面测量数据丢失)。

(测量):用于常用的导高、拉出值、轨距、水平四项参数测量。

四、任务实施

1. 准备工作

(1)仪器放置标准

将测量架放置于待测目标下方的轨道面上,通过拨动测量架右端的轨距手柄,使测量架两端的固定测脚和活动测脚都紧靠钢轨内沿。保持测量架与轨道基本垂直,将主机放置于测量架的定位盘上,并使旋紧旋钮处于旋紧状态。

(2)开机

打开电源开关后,按下键盘上“开/关”按钮,显示屏会出现“请向右旋转主机”,根据提示用手轻轻旋转主机头(禁止快速旋转),直至显示屏上出现视频图像,即表示仪器进入正常测量状态可以开始测量。

仪器正常测量状态是指将仪器按“仪器放置标准”放置,开机后,仪器可以对任何参数进行测量的状态。每次测量完成或需要中断测量时,按下“返回”键,可使显示屏切换到图像界面并进入正常测量状态。

(3)瞄准

测量前需要进行瞄准。仪器的显示屏中央有白色十字丝,通过前后挪动测量架和旋转主机头,当十字丝中心与待测目标完全重合时,则表明已瞄准。

瞄准时,可先用手转动主机头进行粗调,然后根据需要可旋转微调旋钮进行微调,直到对准目标。在光线较弱的情况下也可以按“长光”键打开长光,用眼睛观察红色激光点辅助瞄准。

2. 测量

在正常测量状态下,瞄准目标后即可按下相应功能键进行测量,并显示测量结果。如果没有瞄准目标则提示“进入盲区或未对准目标请重新测量”。

(1)侧边限界的测量

测量时先用手旋转主机头到相应的位置,按下长光,会在支柱内侧壁上出现一个红点,然后进行微调,使红点与支柱侧的红线重合,按“限界”功能键盘,设备进入侧面限界测量界面，最后按下测量键，数据便会显示在文本框中，本次测量完成。

(2)导高、拉出值、钢轨轨距和超高的测量

测量时将仪器按“仪器放置标准”放置；正常测量状态下瞄准目标后，按下“测量”键，即可显示结果(示例如下)；重复按下“测量”键进行测量，显示屏上的数据也会随之更新；通过按下“返回”键可以由数据显示界面切换到图像瞄准界面；按下“长光”键可以发出一束指示激光，界面显示如下。

导　高：6 023.0 mm
拉出值：+300.0 mm
轨　距：1 435.0 mm
超　高：+002.0 mm

(3)红线标高、侧面限界测量

测量时将仪器按“仪器放置标准”放置；在正常测量状态下，瞄准支柱上的红线，此时可以打开长光方便瞄准。瞄准后按下键盘上的“红线”键，即可在显示屏上显示结果；红线标高以支柱侧轨道面为基准，红线比基准轨高记为正，低记为负。

红线标高：+005.0 mm
侧面限界：2 758.0 mm

(4)500 mm 处高差测量

将仪器按“仪器放置标准”放置于“500 mm 处”下方的轨道面上。

正常测量状态下按下键盘上“500 mm”按钮，仪器会提示“请测量第一点”并切换到图像界面，瞄准第一条接触线后按下“测量”键，显示屏上就会出现高度 1 的数值(即本条接触线的导高)，等待 1 s 后，仪器会提示“请测量第二点”并切换到图像界面，瞄准第二条接触线，按下“测量”键，显示屏显示 500 mm 处高差数值，数值为正表示第一条接触线比第二条接触线高；显示屏同时显示高度 1 的数值和线距的数值。

高度 1：6 100.0 mm
线　距：502.0 mm
高　差：001 5.0 mm

当显示屏显示的线距数值与 500 mm 差别较大时，请不要按“确认”：在“500 mm 处”下方附近，向前或向后挪动仪器(必须保证有一定的距离，使线距有较大的变化，一般要求两次测量线距变化应大于 100 mm，否则由于人为和偶然因素可能导致计算结果误差较大，线距变化较小时，仪器会提示“请确保两次测量有一定间距”)，瞄准第一条接触线，按下“测量”键，显示屏上就会出现高度 1 的数值；切换到图像界面，瞄准第二条接触线，按下“测量”键，显示线距数值，按下“确认”后仪器自动换算出“500 mm 处”高差结果。此时的高度 1 为换算后的500 mm处第一条接触线的导高。

(5)线岔中心测量

测量时将仪器按“仪器放置标准”放置；在正常测量状态下瞄准岔心，按下“线岔”按钮，就会有“请输入内轨距”的提示语，读取测量架上轨距刻度尺数值，输入完成按“确认”键，即

可显示结果。界面显示如下：

导　高:6 225.0 mm
偏离值:+010.0 mm
内轨距:780.0 mm

在输入数据时，按键盘上的数字键输入。如果输入错误，可按(▶)删除，每按一次，删除一位数。

在测量必须经过多次测量才能得出结果的参数(如锚段关节，承力索高差，500 mm 处高差，输电线高差等)时，如果对各次测量的数据要进行重新测量时可按(▲)后进行重测，在测量过程中按下“返回”键可以退出该参数的测量，而且这些参数都是按“确认”键结束并显示结果。

五、注意事项

1. 测量编号必须保持一致，力矩手柄必须推到底。
2. 使用完毕后必须放到包装箱内，放置时需轻拿轻放。
3. 产品一年一检，必须保证合格后方可投入使用。
4. 三个镀金铜片保持清洁，激光发射窗口保清洁，不清洁的需要及时更换。

任务 2　高斯测量仪

一、任务描述

高斯测量仪(特斯拉计)是检测磁体磁感应强度的专用仪器，是磁性测量领域中用途最为广泛的测量仪器之一，铁路自动过分相系统中最主要的组成，地磁感应器需要日常维护，主要依靠高斯测量仪。该仪器可以随身携带，量程范围宽，操作方便，液晶显示清晰。

二、任务目标

1. 熟悉高斯测量仪的构造及原理。
2. 掌握高斯测量仪的使用方法。
3. 培养学生实际动手能力。

三、相关知识

1. 测量原理

测量原理是利用霍尔效应原理。将金属或半导体薄片置于磁场中，当有电流通过时，在垂直于电流和磁场的方向上将产生电动势，这种物理现象称为霍尔效应(原理如图 8-8 所示)。霍尔效应原理的实质是固体材料中的载流子在外加磁场(B 与固体材料垂直)中运动时，因为受到洛仑兹力(F_B)的作用而使轨迹发生偏移，并在材料两侧产生电荷积累形成垂直于电流方向的外加磁场方向的电场，最终使载流子受到的洛仑兹力与电场斥力相平衡($F_B=F_e$)从而在两侧建立起一个稳定的电势差即霍尔电压(V_H)其基本关系式为：

$$V_H=K_H I_H B \tag{8-1}$$

式中　I_H——工作电流；

B——磁通密度；

K_H——元件灵敏度；

V_H——霍尔电压。

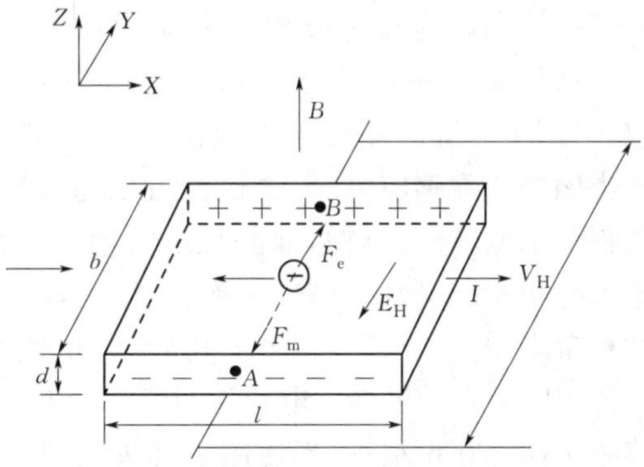

图 8-8　霍尔效应原理图

2. 传感器使用方法

以横向传感器为例介绍传感器的使用方法。

(1)传感器测量方法，被测磁场的磁力线方向垂直穿过传感器前端的霍尔元件，如图 8-9 所示。

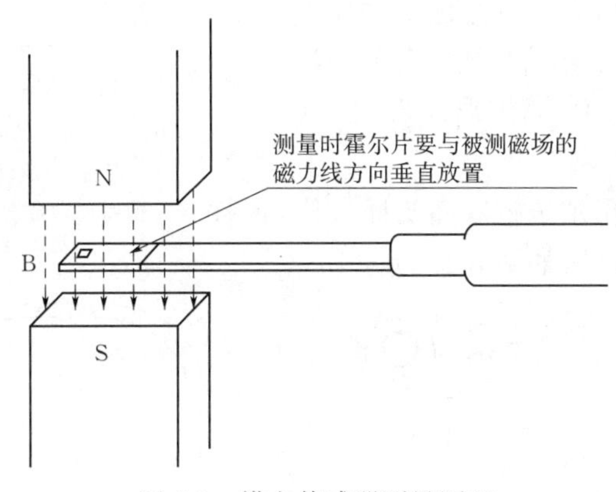

图 8-9　横向传感器测量原理

(2)使用手持传感器测量磁场的图示及说明如图 8-10 所示，手握传感器，用传感器前端霍尔元件的凹面(即有小圆圈标识的一面)轻轻接触被测磁铁的表面或所测空间磁场位置。

(3)不正确的手持式传感器方法将传感器的顶部使劲压到被测物体的表面，这样很容易损坏传感器，如图 8-11 所示。

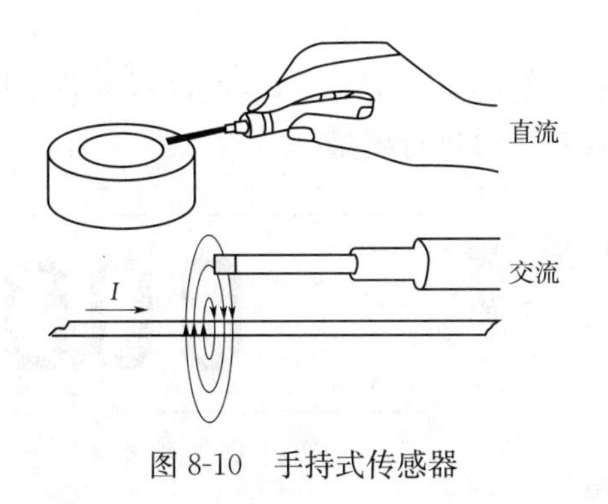

图 8-10　手持式传感器

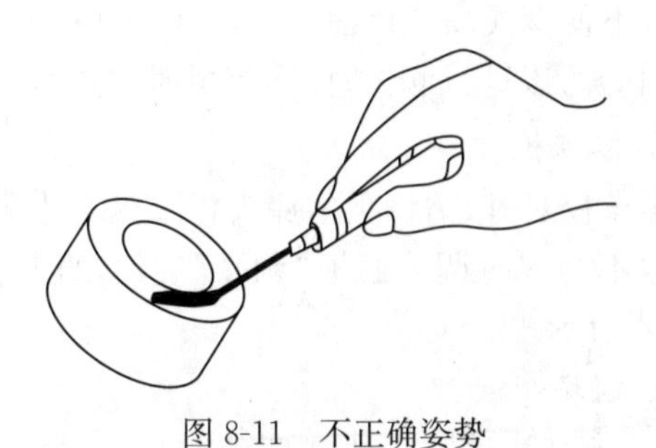

图 8-11　不正确姿势

3. HT208 数字式特斯拉计/高斯计

HT208 是单片机控制的便携式数字特斯拉仪，可用于测量直流磁场、交流磁场、辐射磁场等各类磁场的磁感应强度，该仪器可以随身携带，量程范围宽，操作方便，液晶显示清晰。具有峰值保持功能、mT/Gs 单位转换、按键自动值零、两档量程 200 mT/2 000 mT 可转换，抵挡量程当溢出时会自动进档。电源为四节 5 号电池，可连续工作 100 h 左右，当使用自动关机时，可连续工作数周。实物如图 8-12 所示。

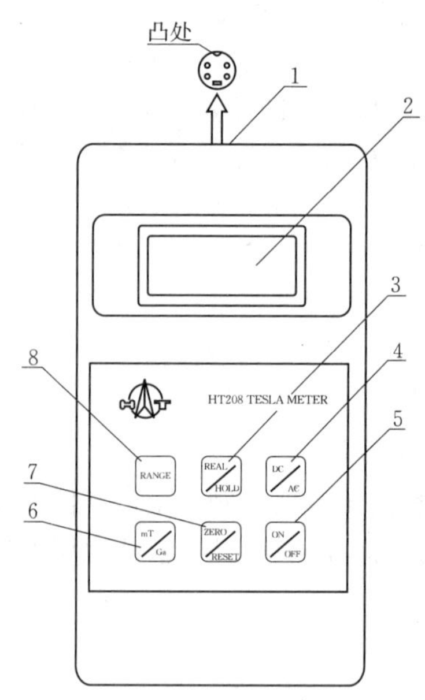

图 8-12　HT208 数字式特斯拉计/高斯计

1—四芯插座；2—液晶显示屏；3—峰值保持；4—直流/交流转换；5—电源开关；6—显示单位转换；7—置零/峰值重置；8—量程转换

四、任务实施

1. 连接

(1)将电池装入仪表后面的电池盒中并盖上电池盖板；若使用外接电源，则将外接电源的一端插入仪器左侧的电源插孔中，插头端插入 220 V 插座即可。

(2)安装传感器。将霍尔传感器插头插入仪表上方的传感器插槽中即可，如图 8-13 所示。

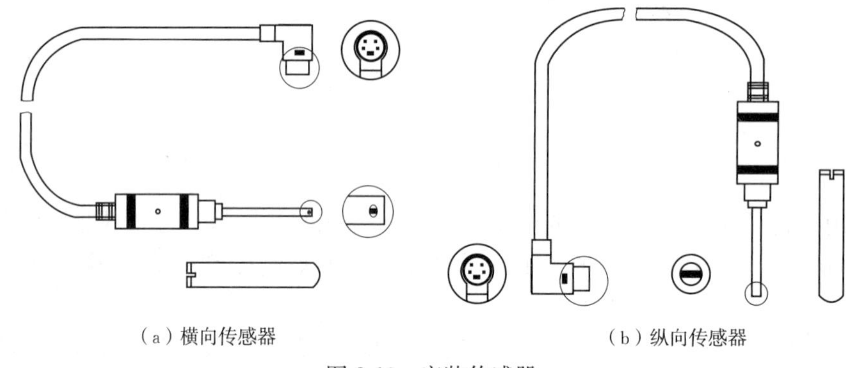
(a) 横向传感器　　(b) 纵向传感器

图 8-13　安装传感器

2. 开机

按下便携式高斯计面板上的“ON/OFF”按钮，显示屏有数字显示，表示仪器电源已接通(图 8-14)可以进行测试；如不为零时请进行零点校对后再进行测量。

3. 零点校对

零点校对时，请将霍尔探头置于磁场为零的区域。表头读数不为零时调节面板“调零”旋钮，直到读数为零，如图 8-14 所示。

图 8-14　电源接通

4. 磁场测试

(1)测试前将霍尔传感器护套打开，然后使霍尔传感器有效位置(横向传感器)或(纵向传感器)紧密接触被测材料表面位置进行测量,液晶显示数字即为被测磁场的大小。

(2)测试时将霍尔探头置于被测样品表面磁场中,移动霍尔探头,可直接从仪器上读出磁场强度大小,单位为毫特斯拉。且可判断磁场极性(测量时液晶屏有正、负显示,正代表N极、负代表S极)如图8-15所示。

(a)N极测试显示结果

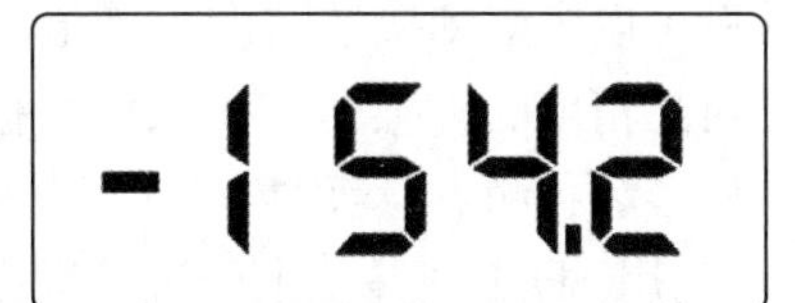

(b)S极测试显示结果

图8-15 磁场测试

(3)"Check/Meas"测量校准键。更换传感器时按下此键显示屏显示的数字和传感器校准数字一致(图8-16)如不一致请进行校准,然后弹起进行测量。

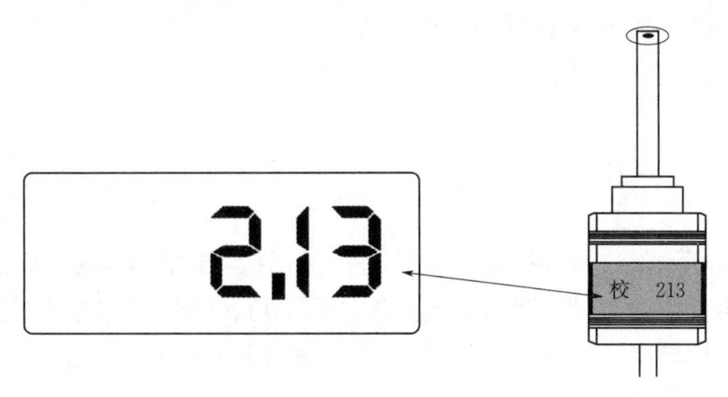

图8-16 校准

5. 校准

将霍尔探头置于标准磁场中,用工具调节仪器左侧"校准"电位器,直到仪器读数和标准磁场的数值一致。若无标准磁场将校准按键按下使显示读数与霍尔探头电流一致,之后将校准按键弹起进行测量。

五、注意事项

1. 请不要把本产品及配套传感器掉落地上或给予强烈冲击。

2. 传感器的探头及先端部位对机械性冲击比较敏感,因此严禁用手触摸。严禁对传感器加热、涂敷黏接剂、粘贴胶布等行为。

3. 严禁在直射日光、高温多湿、水、油、粉尘、腐蚀性空气、震动等的场所使用或保存本产品。

4. 请严格遵守使用温度范围及保存温度范围。

5. 请避免在产品表面出现结露现象(从寒冷的地方急速转移到温暖的地方时出现)时使用本产品。

6. 为了尽可能减少外部磁场对机器的影响,在产生磁场的机器,特别是充磁机、退磁机、微波炉、焊接机、电机等周围请不要使用。

任务 3　接触网磨耗测量仪

一、任务描述

从弓网关系可以了解到接触网由于受电弓的滑行导致电气和机械损耗，接触网导线磨耗测量系统是由高精度的传感器测头承担数据(磨耗后接触线残存高度)采集任务，测头通过超高压绝缘杆接触各测点，运用数据无线传输，地面专用接收装置同步显示数据并进行专业分析，同时可利用 SD 卡或掌上电脑进行数据保存，该仪器由专用软件对接触线磨耗面积数据进行统计分析，从而为运行维护提供可靠依据。

二、任务目标

1. 熟悉接触网导线磨耗测量仪的构造及原理。
2. 掌握接触网导线磨耗测量仪的使用方法。
3. 培养学生实际动手能力。

三、相关知识

1. 结构组成

接触网导线磨耗测量仪是根据电气化铁道接触网检测的需求，独立研制开发的电气化铁路接触网导线磨耗智能型带电测量设备。该仪器小巧、便携，能方便及时测量当前各锚段关节各定位点及跨中导线磨损，从而指导作业人员进行及时检修和分析事故原因，是电气化铁路接触网导线磨耗检测的有力工具。

磨耗测量终端结构设计精巧，采用精密传感器，测量精度高，并运用无线技术进行数据传输，不受电磁波等干扰，稳定性强；手持数据终端(手机)机身小巧、功能强大，采用流行的 Android 操作系统，测量界面大方、美观，可以实时显示测量数据、随时方便的保存测量数据、随时方便的查询、删除数据等，并能根据测量值自动计算磨损度，系统采用大屏幕真彩触摸屏，各项功能按键一目了然，易于操作。

2. CTMH 型柔性接触网磨耗测量仪

CTMH 型柔性接触网磨耗测量仪可利用行车间隔，进行高压不停电导线磨耗检测，不占用天窗时间。既安全可靠，又可降低工人劳动强度，减少人为的测量误差，提高作业效率。实物如图 8-17、图 8-18 所示。

接触线磨耗测量系统是由高精度的传感器承担数据(磨耗后接触线残存高度)采集任务，测头通过超高压绝缘杆接触各测点，运用 Zigbee 技术数据无线传输并进行数据统计。

四、任务实施

1. 启动手持端软件

第一次使用或者测量一个新的区间锚段前需添加区间、锚段和张力，如图 8-19 所示。

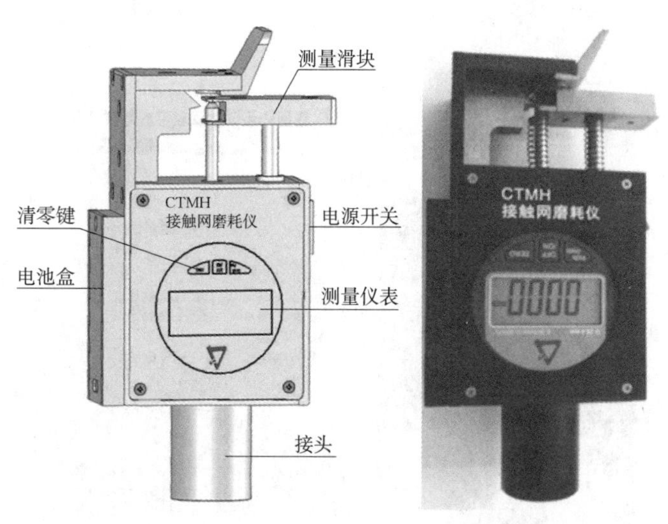

图 8-17 CTMH 型柔性接触网磨耗测量仪测量终端

图 8-18 CTMH 型柔性接触网磨耗测量仪测量手持终端

图 8-19 CTMH 型柔性接触网磨耗测量仪测量软件终端

2. 打开磨耗测量端电源开关，搜索设备 CTMH

用手试压测量滑块(最好保持一个固定的值)，观察手持端接收到的数据是否和测量仪器上的一致，手持端的温度、设备电量是否正常显示。若手持端接收到的数据和测量仪器上的一致，则松开测量滑块，然后复位测量仪器(可以通过测量仪器上的清零按键或者触摸手持端的复位探头按钮)如图 8-20 所示。

3. 开始测量

将测量端小心的接到高压操作杆上，然后将高压绝缘操作杆依次连接，再将高压绝缘操作杆小心举起。将测量头对准接触线，并顺势将接触线卡入测量头，稍等片刻后，手持端将显示接触线残存高度，如图 8-21 所示。

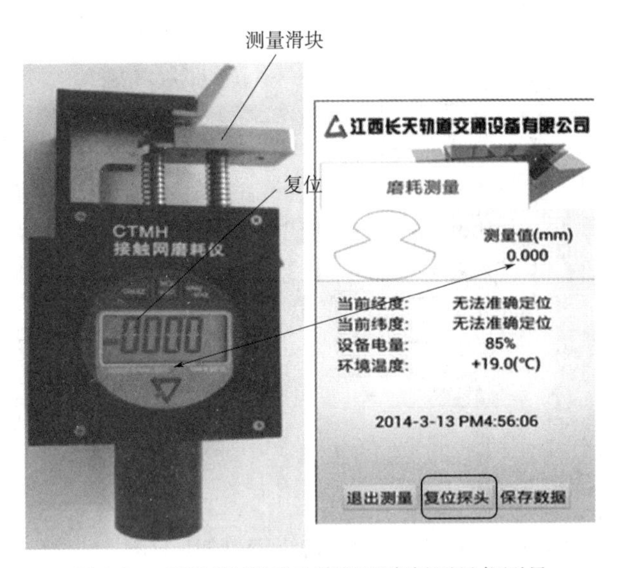

图 8-20　CTMH 型柔性接触网磨耗测量仪测量

4. 保存数据

(1)测量完成后触摸保存数据按钮进行数据保存。依次选择当前所测的区间、锚段、线型、位置和支柱号后方可保存数据,如图 8-22 所示。

图 8-21　CTMH 型柔性接触网磨耗测量仪接触网测量

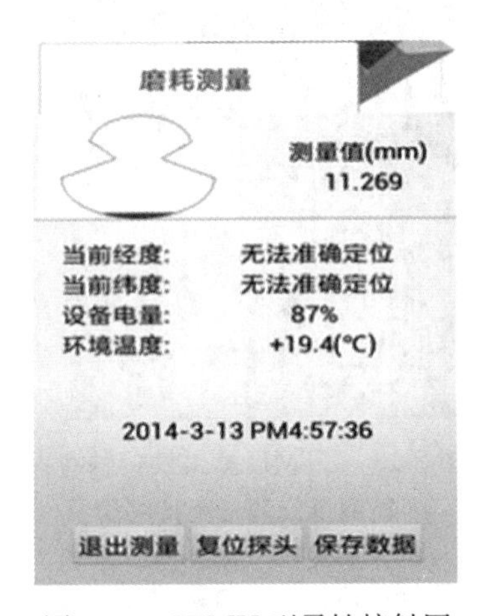

图 8-22　CTMH 型柔性接触网磨耗测量仪接触网数据保存

(2)导出数据将数据库导入到 SD 卡中接触网磨耗测量数据文件夹,手持设备与电脑连接后配合电脑上的软件将这个数据库导入便于大量数据的管理。

五、注意事项

1. 不能在可能引起爆炸的环境中使用本测量仪。

2. 使用前请先确认测量仪是否损坏。测量仪掉落或受到其他机械力作用后,必须检查其精度。

3. 测量仪从极寒环境带到温暖环境（或情况相反）时，使用前应让测量仪适应新的环境。

4. 测量仪的设计虽适用于不良环境，仍应如其他精密仪器般善加保养。

5. 仪器虽有防潮功能，但每次放回仪器箱内必须将其擦干。

任务4　氧化锌避雷器带电测试仪

一、任务描述

为了防止雷击或者操作过电压等对接触网线路的损害，需要安装避雷器。氧化锌避雷器带电测试仪是用于检测氧化锌避雷器电气性能的专用仪器，该仪器适用于各种电压等级的氧化锌避雷器的带电或停电检测，从而及时发现设备内部绝缘受潮及阀片老化等危险缺陷。

二、任务目标

1. 熟悉氧化锌避雷器带电测试仪的构造及原理。
2. 掌握氧化锌避雷器带电测试仪的使用方法。
3. 培养学生实际动手能力。

三、相关知识

1. 避雷器测量原理

判断氧化锌避雷器是否发生老化或受潮，通常以观察正常运行电压下流过氧化锌避雷器阻性电流的变化，即观察阻性泄漏电流是否增大作为判断依据。

阻性泄漏电流往往仅占全电流的10%～20%，因此，仅仅以观察全电流的变化情况来确定氧化锌避雷器阻性电流的变化情况是困难的，只有将阻性泄漏电流从总电流中分离出来。

本测试仪依赖电压基准信号，高速采集基准电压和避雷器泄漏电流，通过谐波分析法，进行快速傅立叶变换，分别计算阻性分量（基波、谐波），容性分量等。

阻性电流基波＝全电流基波・$\cos\phi$，ϕ 为全电流对电压基波的相角差，如图8-23所示。

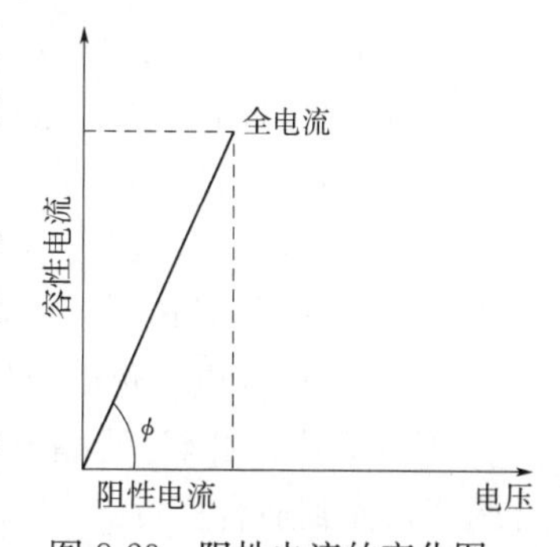

图8-23　阻性电流的变化图

2. 避雷器性能判断

（1）正常避雷器的相位角在80°以上，当功率因数角小于80°时应停电检查。

（2）阻性电流基波含量正常情况应大于各次谐波电流，如果谐波电流增大，超过基波电流或谐波电流含量增加1倍，基波电流增加不明显时，是避雷器氧化锌阀片老化，应停电检查。

（3）阻性基波电流与初始值相比有明显变化，而谐波电流变化不明显时，可能是避雷器污秽严重或受潮，基波电流增加一倍时，应停电检查。

(4)全电流明显增大，而阻性电流没有变化的情况可能是绝缘脏污造成，应将绝缘擦拭干净进行试验，如果全电流仍然增大，说明是外部绝缘老化或破损造成。

(5)同一个厂家相同型号同批次的避雷器测试参数相差不大，因此不仅可以与历史数据比较来判断避雷器运行状况，还可以横向比较同批次的避雷器测试参数来判断避雷器的运行状况。

(6)从测试原理可以看出，仅仅以观察总电流的变化情况来确定氧化锌避雷器阻性电流的变化情况是困难的，只有将阻性泄漏电流从总电流中分离出来，分析阻性电流中的谐波含量，才能清楚地了解它的变化情况。

3. 仪器面板介绍

氧化锌避雷器仪器面板如图 8-24 所示，各部分按键作用为：

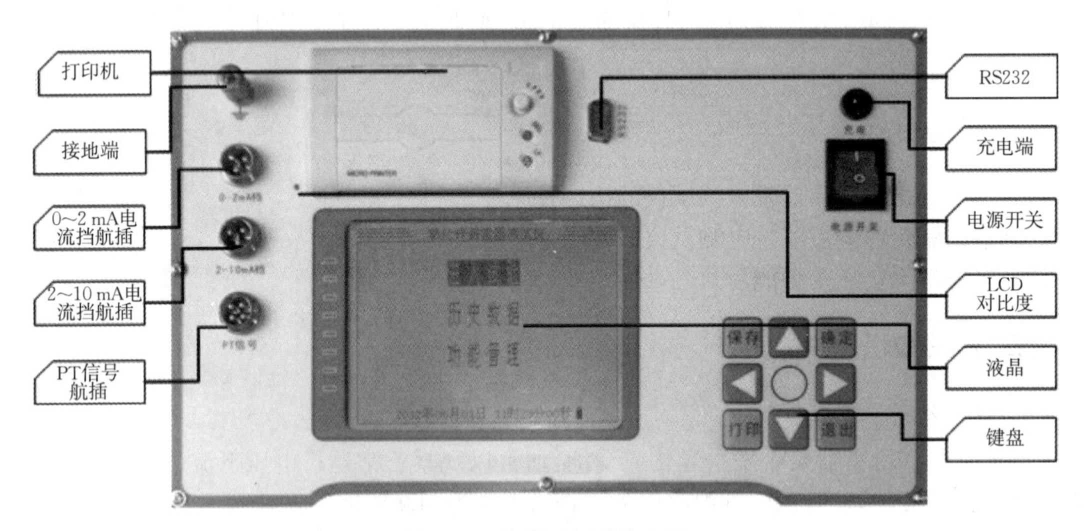

图 8-24　仪器面板功能介绍

PT 信号航插：接 PT 二次电压信号。

氧化锌避雷器泄漏电流按有效值分为 0～2 mA/2～10 mA 两个挡。

电流航插：接氧化锌避雷器泄漏电流信号。

接地端：接地端必须接地，泄漏电流通过接地端流向大地。

打印机：打印机是热敏打印机，当试验完成后按键盘上的“打印”按钮打印试验结果。

LCD 对比度：因为液晶显示屏在温度和光线有所不同时稍有些变化，可通过 LCD 对比度调节背光到适合亮度。

液晶：320×240 像素点阵白色背光液晶，在阳光和黑暗环境下都十分清楚。

键盘：由上、下、左、右、保存、打印、确定、退出 8 个键组成，是用户和设备交互的终端。

电源开关：电源开关一般接 AC 220 V 外部电源并带保险，用来切断/闭合外部电源；若选配内置高能锂离子电池，电源开关用来切断/闭合供电电池电源。

充电端：若选配内带高能锂离子电池，仪器带此端子，接入充电器充电。

四、任务实施

1. 带电测试接线方法

带电接线方法如图 8-25 所示，请先将仪器可靠地线，再接电流测试线(单根红线接计数器上端)，最后接电压测试线(二芯线红线接氧化锌避雷器对应的 PT 的相别，黑线接 N 相)。接电流测试线的方法，首先根据电流大小，接电流测试线到 0～2 mA 或 2～10 mA 量程挡上，再将另一端接到计数器的上端。接电压测试线的方法，也是先接仪器这一端，再去接 PT 端，一定要小心谨慎接线以避免 PT 二次或试验电压短路。

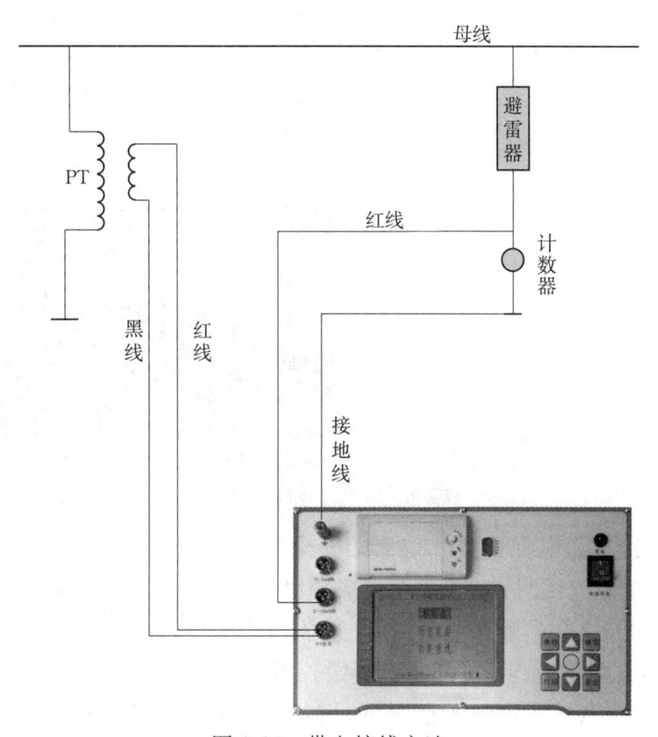

图 8-25　带电接线方法

2. 实验室测试接线方法

在变压器停电状态下，实验室接线方法如图 8-26 所示，请先将仪器可靠地线，再接电流测试线(单根红线接氧化锌避雷器下端)，最后接电压测试线(二芯线的红线、黑线接变压器的测量绕组，注意方向)。接电流测试线的方法，首先根据电流大小，接电流测试线到主机端 0～2 mA 或 2～10 mA 量程挡上，再将另一端接氧化锌避雷器下端。接电压测试线的方法，也是先接仪器这一端再去接变压器测试绕组。检查正确接线后，慢慢升压到氧化锌避雷器的额定电压，然后操作仪器开始试验。

五、注意事项

1. 检查仪器、安装等性能发现异常及时反馈，确认完好后方可使用。
2. 正确接线，接线顺序必须是仪器首先可靠接地，再来接其他的线。

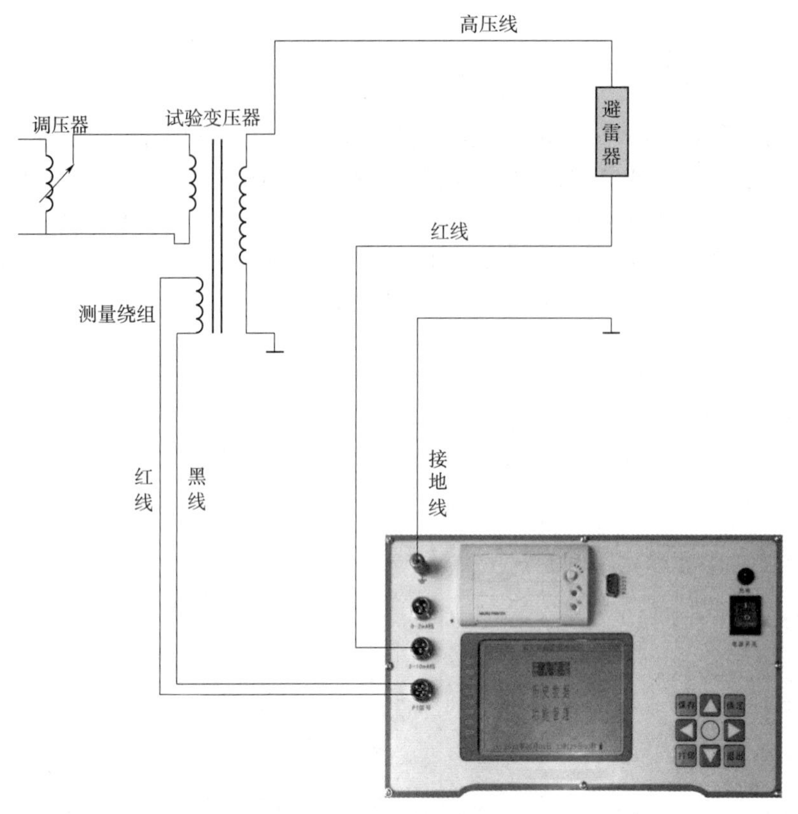

图 8-26　实验室接线方法

3. 仪器必须可靠接地,保证人和仪器的安全。

4. PT 二次取参考电压时,应仔细检查接线以避免 PT 二次短路。

5. 电压信号输入线和电流信号输入线务必不要接反,如果将电流信号输入线接至 PT 二次侧或者试验变压器测量端,则可能会烧毁仪器。

6. 在有输入电压和输入电流的情况下,切勿插拔测量线,以免烧坏仪器。

7. 本仪器不得置于潮湿和温度过高的环境中,试验完毕或人员离开必须断电。

8. 仪器损坏后,请立即停止使用并通知生产厂家,不要自行开箱修理。

巩固练习

1. 试述激光测距的基本测量原理。
2. 试述接触网激光测量仪器的基本操作步骤。
3. 试述霍尔效应基本原理。
4. 试述接触网线路磨损的危害。
5. 试述避雷器的基本测量原理。

参 考 文 献

[1]周启龙.电工仪表及测量[M].北京:中国水利水电出版社,2008.
[2]贺令辉.电工仪表与测量[M].北京:中国电力出版社,2011.
[3]李崇贺.电工测试基础[M].北京:中国电力出版社,2000.
[4]文春帆,金受非.电工仪表与测量[M].北京:高等教育出版社,2004.
[5]陈斌,黄大林.电工仪表的使用与调修[M].北京:中国电力出版社,2003.
[6]杜传奇.电工仪表与测量[M].西安:西北工业大学出版社,2008.
[7]王剑平,李殊骁.电工测量[M].北京:中国水利水电出版社,2004.
[8]陈斌.电工仪表测量与调修[M].北京:中国电力出版社,2003.
[9]陈建.电工仪表与测量[M].北京:北京理工大学出版社,2009.
[10]林向淮.电工仪表的使用入门[M].北京:中国电力出版社,2008.